# 园林生态化建设与植物育种学

张 勇 刘 锋 赵成日 主编

吉林科学技术出版社

图书在版编目（CIP）数据

园林生态化建设与植物育种学 / 张勇，刘锋，赵成
日主编 . -- 长春：吉林科学技术出版社，2023.10
　　ISBN 978-7-5744-0909-5

　　Ⅰ . ①园… Ⅱ . ①张… ②刘… ③赵… Ⅲ . ①园林植
物—植物生态学—研究②植物育种—研究 Ⅳ .
① S688.01 ② S33

中国国家版本馆 CIP 数据核字 (2023) 第 197970 号

# 园林生态化建设与植物育种学

主　　编　张　勇　刘　锋　赵成日
出 版 人　宛　霞
责任编辑　郝沛龙
封面设计　刘梦杳
制　　版　刘梦杳
幅面尺寸　185mm×260mm
开　　本　16
字　　数　305 千字
印　　张　17.25
印　　数　1–1500 册
版　　次　2023年10月第1版
印　　次　2024年2月第1次印刷

出　　版　吉林科学技术出版社
发　　行　吉林科学技术出版社
地　　址　长春市福祉大路5788号
邮　　编　130118
发行部电话/传真　0431-81629529 81629530 81629531
　　　　　　　　　81629532 81629533 81629534
储运部电话　0431-86059116
编辑部电话　0431-81629518
印　　刷　三河市嵩川印刷有限公司

书　　号　ISBN 978-7-5744-0909-5
定　　价　72.00元

# 前 言

科学技术的迅猛发展在创造世界经济奇迹的同时使地球的资源和环境遭到前所未有的破坏。生态安全已在全球部分地区亮起红灯，代表人类与环境关系的生态健康正在受到严重威胁。筛选与培育高生态效益的园林植物并应用于生态园林建设，是维护生态安全、维系生态健康和建设低碳城市的重要内容。

从人类影响和改变自然生态过程的角度来看，环境问题始终伴随着人类的发展。16—17世纪以来，特别是现代化大工业，大大提高了人类利用自然、改造自然的能力，也使人类在创造高度物质文明的同时，为自身的生存环境带来了巨大危害。特别是20世纪中期以后，由于工业化、人口膨胀和城市化进程的快速发展，人类社会的经济活动对地球环境的干扰愈演愈烈，从而造成了严重的环境污染和生态破坏。20世纪以来，人类在创造世界经济奇迹的同时，正以惊人的速度破坏着地球几十亿年来保持的生态平衡。倡导生态文明，维护生态安全，已成为构建生态健康的和谐社会的紧迫任务。

当前园林生态事业的发展，急切需要增多园林植物的种类。要培育新品种，种质资源的搜集和研究就显得十分重要，而随着现代生物技术在生态园林中的应用，丰富和改良了园林植物的品种，提升了园林的整体建设水平，使得园林植物这一生态园林建设的根基得以稳定、迅速发展。

本书参考了大量的相关文献资料，借鉴、引用了诸多专家、学者和教师的研究成果，其主要来源已在参考文献中列出，如有个别遗漏，恳请作者谅解并及时和我们联系。本书写作得到很多专家学者的支持和帮助，在此深表谢意。由于能力有限，时间仓促，虽极力丰富本书内容，力求著作的完美无瑕，并经多次修改，仍难免有不妥与遗漏之处，恳请专家和读者指正。

# 目 录

# 第一章 生态园林设计

## 第一节 园林植物、生态环境与园林生态系统

### 一、园林生态系统概述

#### （一）园林生态系统组成

1.园林生态环境

园林生态环境通常包括园林自然环境、园林半自然环境和园林人工环境三部分。

（1）园林自然环境

园林自然环境包含自然气候和自然物质两类：①自然气候的要素包括光照、温度、湿度、降水、气压、雷电等。②自然物质是指维持植物生长发育等方面需求的物质，如自然土壤、水分、氧气、二氧化碳、各种无机盐类以及非生命的有机物质等。

（2）园林半自然环境

园林半自然环境是经过人们适度管理，影响较小的园林环境，即经过适度的土壤改良、适度的人工灌溉、适度的遮风等人为干扰或管理下的环境，仍以自然属性为主的环境。通过各种人工管理措施，使园林植物等受各种外来干扰适度减小，在自然状态下保持正常的生长发育。各种大型的公园绿地环境、生产绿地环境、附属绿地环境等就属于这种类型。

（3）园林人工环境

园林人工环境是人工创建的，并受人类强烈干扰的园林环境，该类环境下的植物必须通过强烈的人工干扰才能保持正常的生长发育，如温室、大棚及各种室内园林环境等都属

于园林人工环境。在该环境中，协调室内环境与植物生长之间的矛盾时要采用的各种人工化的土壤、人工化的光照条件、人工化的温湿度条件等，是园林人工环境的组成部分。

2.园林生物群落

（1）园林植物

凡适合于各种风景名胜区、休闲疗养胜地和城乡各类型园林绿地应用的植物均统称为园林植物。园林植物包括各种园林树木、草本、花卉等陆生和水生植物。园林植物是园林生态系统的初级生产者，利用光能（自然光能和人工光能）合成有机物质，为园林生态系统的良性运转提供物质、能量基础。

（2）园林动物

园林动物指在园林生态环境中生存的所有动物。园林动物是园林生态系统的重要组成部分，对于维护园林生态平衡，改善园林生态环境，特别是指示园林环境，有着重要的意义。

园林动物的种类和数量随不同的园林环境有较大的变化：在园林植物群落层次较多，物种丰富的环境中，特别是一些园林区，园林动物的种类和数量较多，而在人群密集、园林植物种类和数量贫乏的区域，园林动物较少。

常见的园林动物主要有各种鸟类、兽类、两栖类、爬行类、鱼类以及昆虫等。

由于受人类活动的影响，园林环境中大中型兽类早已绝迹，小型兽类偶有出现，常见的有蝙蝠、黄鼬、刺猬、蛇、蜥蜴、野兔、松鼠、花鼠等。在绿地面积小、层次简单的区域，兽类的种类和数量较少，而在面积较大、层次丰富的区域园林动物较多。

园林环境中昆虫的种类相对较多，在城市绿地环境中以鳞翅目的蝶类、蛾类的种类和数量最多，它们多是人工植物群落中乔灌木的害虫。此外，鞘翅目、同翅目、半翅目的昆虫也很常见。

（3）园林微生物

园林微生物即在园林环境中生存的各种细菌、真菌、放线菌、藻类等。园林微生物通常包括园林环境空气微生物、水体微生物和土壤微生物等。城区内各种植物的枯枝落叶均被及时清扫干净，这也大大限制了园林环境中微生物数量，因此城市必须投入较多的人力和物力行使分解者的功能，以维持正常的园林生物之间、生物与环境之间的能量传递和物质交换。

## （二）园林生态系统的结构

### 1.物种结构

园林生态系统的物种结构是指构成系统的各种生物种类以及它们之间的数量组合关系。

园林生态系统的物种结构多种多样，不同的系统类型其生物的种类和数量差别较大。草坪类型物种结构简单，仅由一个或几个生物种类构成；小型绿地如小游园等由几个到十几个生物种类构成；大型绿地系统，如公园、植物园、树木园、城市森林等，是由众多的园林植物、园林动物和园林微生物构成的物种结构多样、功能健全的生态单元。

2.空间结构

（1）垂直结构

园林生态系统的垂直结构即成层现象，是指园林生物群落，特别是园林植物群落的同化器官和吸收器官在地上的不同高度和地下不同深度的空间垂直配置状况。

（2）水平结构

园林生态系统水平结构是指园林生物群落，特别是园林植物群落在一定范围内植物类群在水平空间上的组合与分布。它取决于物种的生态学特性、种间关系及环境条件的综合作用，在构成群落的静态、动态结构和发挥群落的功能方面有重要作用。

3.时间结构

（1）季相变化

季相变化是指园林生物群落的结构和外貌随季节的更迭依次出现的改变。植物的物候现象是园林植物群落季相变化的基础。在不同的季节，会有不同的植物景观出现，如传统的春花、夏叶、秋果、冬态等。随着各种园林植物育种、切花等新技术的大范围应用，人类已能部分控制传统季节植物的生长发育，相信未来的季相变化会更丰富。

（2）长期变化

长期变化即园林生态系统经过长时间的结构变化。一方面表现为园林生态系统经过一定时间的自然演替变化，如各种植物，特别是各种高大乔木经过自然生长所表现出来的外部形态变化等，或由于各种外界（如污染）干扰使园林生态系统发生的自然变化；另一方面是通过园林的长期规划所形成的预定结构表现，这以长期规划和不断地人工抚育为基础。

4.营养结构

园林生态系统的营养结构是指园林生态系统中的各种生物以食物为纽带所形成的特殊营养关系。其主要表现为由各种食物链形成的食物网。

园林生态系统的营养结构由于人为干扰严重而趋向简单，特别是在城市环境中表现得尤为明显。园林生态系统的营养结构简单的标志是园林动物、微生物稀少，缺少分解者。这主要是由于园林植物群落简单、土壤表面的各种动植物残体，特别是各种枯枝落叶被及时清理造成的。园林生态系统营养结构的简单化，迫使既为园林生态系统的消费者，又为控制者和协调者的人类不得不消耗更多的能量以维持系统的正常运行。

按生态学原理，增加园林植物群落的复杂性，为各种园林动物和园林微生物提供生存空间，既可以减少管理投入，维持系统的良性运转，又可营造自然氛围，为当今缺乏亲近自然的人们，特别是城市居民提供享受自然的空间，为人类保持身心的生态平衡奠定基础。

地球表面生态环境的多样性和植物种类的丰富性，是植物群落具有不同结构特点的根本原因。在一个植物群落中，各种植物个体的配置状况，主要取决于各种植物的生态生物学特性和该地段具体的生境特点。

## （三）园林生态规划

### 1.园林生态规划的含义

园林生态规划即生态园林和生态绿地系统的规划，其含义包括广义和狭义两方面。从广义上讲，园林生态规划应从区域的整体性出发，在大范围内进行园林绿化，通过园林生态系统的整体建设，使区域生态系统的环境得到进一步改善，特别是对人居环境的改善，促使整个区域生态系统向着总体生态平衡的方向转化。实现城乡一体化、大地园林化。从狭义上讲，园林生态规划主要是在以城市（镇）为中心的范围内，特别是在城市（镇）用地范围内，根据各种不同功能用途的园林绿地，合理进行布置，使园林生态系统改善城市小气候，改善人们的生产、生活环境条件，改善城市环境质量，创建卫生、清洁、美丽、舒适的城市。

在城市（镇）范围内，园林生态规划必须与城市总体规划保持一致，在此基础上，通过园林生态规划使园林绿地与城市融合为一个有机的整体，并用艺术性的手法，既保证园林绿地的结构协调和功能完善，又要使其具有高度的观赏性和艺术性。同时，园林生态规划也可为城市总体规划提供依据，保证城市总体规划的合理性。

园林生态规划应确定城市各类绿地的用地指标，选定各项绿地的用地范围，合理安排整个城市园林生态系统的结构和布局方式，研究维持城市生态平衡的绿地覆盖率和人均绿地等，合理设计群落结构、选配植物，并进行绿化效益的估算。

### 2.园林生态规划的步骤

制定一个城市或地区的园林生态规划，首先要对该城市或地区的园林绿化现状有充分的了解，并对园林生态系统的结构、布局和绿化指标做出定性和定量的评价，在此基础上，根据以下步骤进行园林生态规划：（1）确定园林生态规划原则。（2）选择和合理布局各项园林绿地，确定其位置、性质、范围和面积。（3）根据该地区生产、生活水平及发展规模，研究园林绿地建设的发展速度与水平，拟定园林绿地各项定量指标。（4）对过去的园林生态规划进行调整、充实、改造，提出园林绿地分期建设及重要修建项目的实施计划，以及划出需要控制和保留的园林绿化用地。（5）编制园林生态规划的图纸及文件。（6）提出重点园林绿地规划的示意图和规划方案，根据实际工作需要，还须提出重点园林绿地的设计任务书，内容包括园林绿地的性质、位置、周围环境、服务对象、估计游人量、布局形式、艺术风格以及主要设施的项目与规模、建设年限等，作为园林绿地详细规划的依据。

## 二、园林植物与生态系统

### （一）植物与生态环境的生态适应

1.植物的生态适应

（1）趋同适应

不同种类的生物，生存在相同或相似的环境条件下，常形成相同或相似的适应方式和途径，称为趋同适应。这些生物在长期相同或相似的环境作用下，常形成相同或相似的习性，并从生物体的形态、内部生理和发育上表现出来。如长期干旱的环境条件下不同的生物往往都具有抵抗干旱的形态、行为或生理适应。

（2）趋异适应

亲缘关系相近的生物体，由于分布地区的间隔，长期生活在不同的环境条件下，因而形成了不同的适应方式和途径，称为趋异适应。趋异适应常在变化的环境中不断地发展和完善，从而构成了生物分化的基础。

2.植物生态适应的方式及其调整

（1）植物生态适应的方式

植物生态适应的方式取决于植物所处的环境条件以及与其他生物之间的关系，在一般逆境时，生物对环境的适应通常并不限于一种单一的机制，往往要涉及一组（或一整套）彼此相互关联的适应方式，甚至存在协同和增效作用。这一整套协同的适应方式就称为适应组合。如沙漠植物为适应该环境，不但表皮增厚、气孔减少、叶片卷曲（这样气孔的开口就可以通向由叶片卷缩所形成的一个气室，从而在气室中保持很高的湿度），而且有的植物还形成了贮水组织等特性，同时具有减少蒸腾（只有在温度较低的夜晚才打开气孔）的生理机制，运用适应组合来维持（如有的植物在夜晚气孔开放期间吸收环境中的二氧化碳并将其合成有机酸贮存在组织中，在白天该有机酸经过脱酸作用将二氧化碳释放出来，以维护低水平的光合作用）低水分条件下的生存，甚至达到了干旱期不吸水也能维持生存的程度。

在极端环境条件下，植物通常采用一个共同的适应方式——休眠。因为休眠植物的适应性更强，如果环境条件超出了植物生存的适宜范围而没有超过其致死点，植物往往通过休眠方式来适应这种极端逆境，休眠是植物抵御暂时不利环境条件的一种非常有效的生理机制。有规律的季节性休眠是植物对某一环境长期适应的结果，如热带、亚热带树木在干旱季节脱落叶片进入短暂的休眠期，温带阔叶树则在冬季来临前落叶以避免干旱与低温的威胁，等等。植物种子通过休眠度过不利的环境条件并可延长其生命力，如埃及睡莲历经1000年仍保持80%以上的萌芽能力。

（2）植物生态适应的调整

植物对于某一环境条件的适应是随着环境变化而不断变化的，这种变化表现为范围的扩大、缩小和移动，使植物的这种适应改变的过程就是驯化的过程。

植物的驯化分为自然驯化和人工驯化两种。自然驯化往往是由于植物所处的环境条件发生明显的变化引起的，被保留下来的植物往往能更好地适应新的环境条件，所以说驯化过程也是进化的一部分；人工驯化是在人类的作用下使植物的适应方式改变或适应范围改变的过程。人工驯化是植物引种和改良的重要方式，如将不耐寒的南方植物经人工驯化引种到北方，将不耐旱的植物经人工驯化引种到干旱、半干旱地区，将不耐盐碱的植物经人工驯化引种到耐盐碱地区等。

## （二）生态因子对园林植物的生态作用

### 1.环境因子和生态因子的概念

组成环境的因素称为环境因子。在环境因子中对生物个体或群体的生活或分布起着影响作用的因子统称为生态因子，如岩石、温度、光、风等。在生态因子中生物的生存所不可缺少的环境条件称为生存条件（或生活条件）。各种生态因子在其性质、特性和强度等方面各不相同，但各因子之间相互组合，相互制约，构成了丰富多彩的生态环境（简称生境）。

### 2.环境中生态因子的生态作用分析

（1）生态因子的不可替代性和可补偿性

在生态因子中，光、热、水、氧气、二氧化碳及各种矿质养分，都是生物生存所必需的，它们对生物的作用不同，生物对它们的数量要求也不同，但它们对生物来说同等重要，缺一不可。如果缺少其中任何一个因子，生物就不能正常生长发育，甚至会导致死亡。任何一个生态因子都不能由其他因子代替。当水分缺乏到足以影响植物的生长时，不能通过调节温度、改变光照条件或矿质营养等来解决，只能通过灌溉去解决。不但光、热、水等大量因子不能被其他因子代替，连生物需要量非常少的微量元素也不能缺少，如植物对锌元素的需求量较少，但当土壤中完全缺乏锌元素时，植物生命活动就会受到严重影响。从根本上说，生态因子具有不可替代性。但是，在一定程度上却具有可补偿性，即如果某因子在量上存在不足，可以由其他因子来补偿，以获得相似的生态效应。当光照强度不足时，光合作用减弱，通过提高光强度或增加二氧化碳浓度，都可以达到增强光合作用的效果，如在林冠下生长的幼树，能够在光线较弱的情况下正常生长发育，就是因为近地表二氧化碳浓度较大补充了光照不足的结果。显然，这种补偿作用是非常有限的，而且并不是任何因子间都有这种补偿作用。

（2）生态因子的主导作用

众多因子中有一个对生物起决定作用的生态因子为主导因子。不同生物在不同环境条件下的主导因子不同。如生长在沙漠中的植物其主导因子为水因子，水的多少决定了植物的生长形态及数量，水分充足的地方为绿洲，植物生长茂盛，而水分十分缺乏的地方植物稀少。如在光线较暗的环境中生长的植物其主导因子为光照，光照的强度决定了植物能否生存。还有许多其他的一些因子在特定情况下会成为生物的主导因子，如高海拔地区的氧气成为限制动物生存的主导因子。在高纬度地区水由于从液态变成了固态，土壤中虽然有大量的水，但是因为植物根系吸收不到水而成为限制主导因子，在这些地区分布的往往都是一些浅根系的植物，深根性的植物往往无法在此处生存。

（3）生态因子的阶段性

植物在整个生长发育过程中，对各个生态因子的需求随着生长发育阶段的不同而有所变化，也就是说，植物对生态因子的需求具有阶段性。

最常见的例子就是温度，通常植物的生长温度不能太低，如果太低往往会对植物造成伤害，但在植物的春化阶段低温又是必需的。同样，在植物的生长时期，光照时间的长短对植物影响不大，但在有些植物的开花、休眠期间光照时间的长短至关重要，如果在冬季低温来临之前仍维持较长的光照时间，植物就会因不能及时休眠而容易受到低温伤害。

（4）生态因子的直接作用和间接作用

生态因子对于植物的影响往往表现在两个方面：一是直接作用，二是间接作用。

直接作用的生态因子一般是植物生长所必需的生态因子，如光照、水分、养分元素等，它们的大小、多少、强弱都直接影响植物的生长甚至生存。如水分的有或无将影响植物能否生存；光强也直接影响植物的生长、发育甚至繁殖，过弱的光照使植物生长不良，甚至死亡，过强光照则使植物受到灼烧。

间接作用的生态因子一般不是植物生长过程中所必需的因子，但是它们的存在会间接影响其他必需的生态因子而影响植物的生长发育，如地形因子，地形的变化间接影响着光照、水分、土壤中的养分元素等生态因子，进而影响植物的生长发育。如火，不是植物生长中的必需因子，但是由于火的存在导致大部分植物被烧死而不能生存。

## 三、园林植物的生态效应

### （一）园林植物的净化作用

**1.吸收有毒气体，降低大气中有害气体浓度**

由于环境污染，空气中各种有害气体增多，主要有二氧化硫、氯气、氟化氢、氨、汞、铅蒸汽等，其中二氧化硫是大气污染的"元凶"，在空气中数量最多，分布最广，危害最大。在污染环境条件下生长的植物，都能不同程度地拦截、吸收和富集污染物质。园林植物是最大的"空气净化器"，植物首先通过叶片吸收二氧化硫、氟化氢、氯气和致癌物质安息香比林等多种有害气体或富集于体内而减少大气中的有毒物质含量。有毒物质被植物吸收后，并不是完全被积累在体内，植物能将某些有毒物质在体内分解、转化为无毒物质，或减弱毒性，从而避免有毒气体积累到有害程度，达到净化大气的目的。

**2.净化水体**

城市和郊区的水体常受到工厂废水及居民生活污水的污染，进而影响环境卫生和人们的身体健康，而植物有一定的净化污水的能力。研究证明，树木可以吸收水中的溶解质，减少水中的细菌数量。如在通过30～40m宽的林带后，一升水中所含的细菌数量比不经过林带的减少1/2。

许多植物能吸收水中的毒质而在体内富集起来，富集的程度可比水中毒质的浓度高几十至几千倍，因此水中的毒质降低，得到净化。而在低浓度条件下，植物在吸收毒质后，有些植物可在体内将毒质分解，并转化成无毒物质。

不同的植物以及同一植物的不同部位，其富集能力是很不相同的。如对硒的富集能力，大多数禾本科植物的吸收和积聚量均很低，约为30mg/kg，但是紫云英能吸收并富集硒达1000～10000mg/kg。一些在植物体内转移很慢的毒质，如汞、氰、砷、铬等，以在根部的积累量最高，在茎、叶中较低，在果实种子中最低。所以在上述物质的污染区应禁止栽培根菜类作物以免人们食用受害。至于镉、硒等物质，在植物体内很易流动，根吸入后很少贮存于根内而是迅速运往地上部贮存在叶片内，亦有一部分存于果实、种子之中。镉是骨痛病的元凶，所以在硒、镉污染区应禁止栽种菜叶种类和禾谷类作物，如稻、麦等，以免人们长期食用危害健康。水中的浮萍和柳树均可富集镉，可以利用具有强度富集作用的植物来净化水质。但在具体实施时，应考虑到食物链问题，避免人类受害。

最理想的是植物吸收毒质后转化和分解为无毒物质，例如水葱、灯心草等可吸收水或土中的单元酚、苯酚、氰类物质使之转化为酚糖苷、$CO_2$、天冬氨酸等而失去毒性。

许多水生植物和沼生植物对净化城市的污水有明显的作用。每平方米土地上生长的芦苇一年内可积聚6kg的污染物，还可以消除水中的大肠杆菌。在种有芦苇的水池中，水中的悬浮物要减少30%，氯化物减少90%，有机氮减少60%，磷酸盐减少20%，氨减少600%，总硬度减少33%。水葱可吸收污水池中的有机化合物；水葫芦能从污水里吸收银、金、铅等金属物质。

### 3.净化土壤

植物的地下根系因能吸收大量有害物质而具有净化土壤的能力。有的植物根系分泌物能使进入土壤的大肠杆菌死亡；有植物根系分布的土壤，好气性细菌比没有根系分布的土壤多几百倍至几千倍，故能促使土壤中有机物迅速无机化，因此，既净化了土壤，又增加了肥力。并且，研究证明，含有好气细菌的土壤，有吸收空气中一氧化碳的能力。

### 4.减轻放射性污染

绿化植物具有吸收和抵抗光化学烟雾污染物的能力，能过滤、吸收和阻隔放射性物质，降低光辐射的传播和冲击波的杀伤力，并对军事设施等起隐藏作用。

## （二）园林植物的滞尘降尘作用

城市空气中含有大量的尘埃、油烟、碳粒等。大气除被有毒气体污染外，灰尘、粉尘等也是主要的污染物质。这些微尘颗粒虽小，但其在大气中的总重量却十分惊人。尘埃中除含有土壤微粒外，尚含有细菌和其他金属性粉尘、矿物粉尘、植物性粉尘等，它们会严重影响人体健康。

城市园林植物可以起到滞尘和减尘作用，是天然的"除尘器"。树木之所以能够减尘，一方面因为枝叶茂密，具有降低风速的作用，随着风速的降低，空气中携带的大颗粒灰尘便下降到地面；另一方面是因为叶子表面是不平滑的，有的多褶皱，有的多绒毛，有的还能分泌黏性的油脂和汁浆，当被污染的大气吹过植物时，它能对大气中的粉尘、飘尘、煤烟及铅、汞等金属微粒起到明显的阻拦、过滤和吸附作用。蒙尘的植物经过雨水淋洗，又能恢复其吸尘的能力。由于植物能够吸附和过滤灰尘，使空气中灰尘减少，从而也减少了空气中的细菌含量。

## （三）园林植物的降温增湿作用

园林植物是城市的"空调器"。园林植物通过对太阳辐射的吸收、反射和透射作用以及水分的蒸腾，来调节小气候，降低温度，增加湿度；减轻了"城市热岛效应"，降低风速，在无风时还可以引起对流产生微风。冬季因为降低风速的关系，又能提高地面温度。在市区内，由于楼房、庭院、沥青路面等比重大，形成一个特殊的人工下垫面，对热量辐射、气温、空气湿度都有很大影响。盛夏在市区内形成热岛，因而对市区增加湿度、降低温度尤为重要。植物通过蒸腾作用向环境中散失水分，同时大量地从周围环境中吸热，降低了环境空气的温度，增加了空气湿度。这种降温增湿作用，特别是在炎热的夏季，起着改善城市小气候状况，提高城市居民生活环境舒适度的作用。

### （四）园林植物的减噪作用

城市园林植物是天然的"消声器"。城市植物的树冠和茎叶对声波有散射、吸收的作用，树木茎叶表面粗糙不平，其大量微小气孔和密密麻麻的绒毛，就像凹凸不平的多孔纤维吸音板，能把噪声吸收，减弱声波传递，因此具有隔音、消声的功能。

不同绿化树种及不同类型的街道绿带、不同类型的绿化布置形式、不同的树种绿化结构以及不同树高、不同冠幅、不同郁闭度的成片成带的绿地对噪声的消减效果也不同。有研究指出，森林能更强烈地吸收和优先吸收对人体危害最大的高频噪声和低频噪声。

# 第二节  园林设计指导思想、原则与设计模式

## 一、园林设计的指导思想与原则

### （一）园林设计的指导思想

#### 1.可持续发展观

可持续发展是一种立足于环境和自然资源角度提出的关于人类长期发展的战略和模式，它特别强调环境承载力和资源的永续利用对发展进程的重要性和必要性。可持续发展的标志是资源的永续利用和良好的生态环境。

对于园林的设计建造来说，设计师应在了解生态学的一些基本概念如生态系统的结构和功能、物质循环、能量流动等的基础上，借鉴可持续发展与生态学的理论和方法，从中寻找影响设计决策、设计过程的内容。园林设计师需要采用整体综合研究的生态思维和观点来看待园林设计。

可持续的发展观要求我们在进行园林建设时，使园林建设环境中的材料等有效资源应用处于一种循环状态。这不仅能减少对自然生态系统的影响，同时也有利于后代持续地获取资源。

2.生态系统服务功能

生态系统服务功能是指生态系统与生态所形成及所维持的人类赖以生存的自然环境条件与效用，并认为它不仅为人类提供了食品、医药及其他生产生活资料，还创造与维持了地球生命支持系统，形成了人类生存所必需的环境条件。在城市生命支持系统中，净化空气、调节城市小气候、减轻噪声污染、调节降雨与径流、废水处理（废物处理）和文化娱乐价值等生态系统服务功能是至关重要的。

生态系统的服务功能原理强调人与自然过程的共生和合作关系，尽可能减少园林设计对自然生态系统的影响。

生态设计要充分利用自然系统的能动作用。自然是具有能动性的，大自然的自我愈合能力和自净能力，维持了大地上的山清水秀。如湿地对污水的净化能力目前已广泛应用于污水处理系统之中。

## （二）园林设计的原则

1.园林设计的美学原则

（1）园林美的内容

园林美是指在特定的环境中，由部分自然美、社会美和艺术美相互渗透构成的一种整体美。它通过山水、植物、建筑等客观物质实体的线条、色彩、体量、质感等属性表现出一种动态特征，直接作用于人的感官，给人以美的感受。园林美源于自然，又高于自然，是大自然造化的典型概括，是自然美的再现。

（2）园林美的形态

园林因具体条件和环境不同而有各种不同的表现形态，如旷、奥、雄、秀、奇、幽、险、畅等。这些形态特征，既通过自然的人化反映出来，又通过人化的自然创造出来。所谓自然的人化，即人们对特定的大自然空间、山岳、水体、动植物等产生某种感受，赋予某种想象与联想，使人在自然物上看到更多人的本质，运用比、兴等手法形成自然物的人格化；所谓人化的自然，是人们通过认识、发掘和把握自然美，运用造园艺术理论、手法和技巧，"外师造化，内得心源"，再现自然之形状与神态。

（3）中国古典园林的自然美

中国古典园林又称自然式、风景式、不规则式、山水派园林。

中国三千多年悠久的造园历史，造就了精湛而又独具特色的造园艺术。我国丰富深厚的思想文化内涵，对造园技艺有很大影响，是形成中国独具特色的古典园林的重要原因。我们从现存众多的古典园林中，不难看出中国深厚的思想文化内涵对造园艺术所起的作用。

2.园林设计的功能性原则

园林是完善城市四项基本功能中游憩职能的场所。其基本作用就是满足广大人民群众的精神文明需求，功能性和适用性是园林的基本原则。

如果把园林作为一种艺术的话，那么，不论有多少自然主义和浪漫主义的性质和渊源，它都必然还要遵循理性主义的原则，这是因为现代园林通常是一种实用场所，而且涉及环境安全的相关内容。

现代园林是功能体系的一种特殊形式，或是本身带有某种功能性质，这就要求把相关的功能因素放在优先位置考虑，不能因为追求某种预定的纯艺术形式而与功能相抵触。园林要提倡有机性，它与功能之间也应该有机地联系在一起。除了附属的功能之外，园林本身也有功能义务，除了悦目以外，园林场所必须让人感到舒适，至少要提供树荫、座椅、散步等功能因素，还要根据自身的性质，进一步提供如慢跑径、水池及游泳池、运动场地和设施等内容。

功能原则可以为园林设计提供一些装饰。然而，由园林的一些特殊性质决定，对空间进行装饰本身就是园林的一种功能责任，当然这不是摆摆鲜花之类的纯装饰行为。更主要的一点在于，与建筑这种功能实体也是一种艺术类型或一件艺术品一样，园林本身也是一种独立的艺术形式，每处园林也都应该成为艺术品。这就要求它尽情展示其艺术魅力，能否成功，就要看园林设计师对园林的形式和风格把握得如何了。

作为一种空间场所的园林，首先要在物质意义上完善空间的构造，要建立起有效的边界体系，与外界其他空间建立适宜的关系。同时，要对自己的空间进行完善，就要用内部边界和内部实体来细化、美化，充实这一空间，使它成为一件名副其实的艺术品。这是一个设计过程，在其中完全可以利用绘画、雕塑等其他艺术类型的形式进行设计，最终得到自己的形式。形式已经空前丰富，园林质料也空前的丰富，所以园林设计也是多种多样的。

现代设计已使许多功能设施超越了功能本身成为概念、意义和内容的载体，而且设计意念的发展越来越丰富、越来越明确。可以说，现代设计把作品部分的构素与材料都直接转换成表达现代设计观念、现代美学观点的语言符号。功能设施在某种程度上成了表现我们美学思想的载体。

设施、构素、意义、功能等属性之间的可转换性，使设计构思有了极大的自由度和可能性。而利用它们之间的转换特性也成了现代设计的重要手段。设计艺术，既可以使功能性设施艺术化，也可以使艺术化的作品功能化。造型设计，使软质东西在视觉上硬化，把硬物体在视觉上软化。一个真正的设计大师，即使在最简单的构图上也可以展开其丰富的想象力。一块石头、一个花池、一张座椅、一处步级、一段小径在他们大脑中的美的形式都千变万化，都有出人意料的新奇形象，这就是人类的文化精神。

3.园林设计的经济学原则

由于园林是社会生产力发展到一定水平的产物，也可以说是由经济基础决定的上层建筑。因此，进行园林设计时必须有经济学理念。在正确选址的前提下，因地制宜，巧于因借，用较少的投入取得最大的效果，做到"事半功倍"。因为，同样是一处园林，甚至是同一设计方案，采用不同的建筑材料，不同规格的苗木，不同的施工标准，其工程造价是完全不同的。所以，作为园林设计师，在考虑园林美学、功能性的前提下，设计出最佳的方案，采用最佳的施工方案及材料，以获得最佳化的效果，是最明智的选择。一切不切实际的贪大求洋均是不可取的，尤其是当下更应注意这一问题。

总之，"经济、适用、美观"是园林设计必须遵循的原则。三者之间辩证统一，相互依存，不可分割。

## 二、园林设计模式

### （一）园林构成要素

1.园林的山水地形

地形是地表以上固定物共同呈现出的高低起伏的各种状态，是园林设计的基础，主要包括沼泽、湖泊、山地、丘陵、峡谷、凹地、坪、坞等。地形要素的利用和改造，对园林形式的确定、掇山理水形态、园林建筑布局、植物群落的分布、道路和广场设置、园林水电工程设计、局部小气候的形成等因素有重要影响，合理的地形设计能为园林提供基础条件。

2.园林的建筑

园林中的建筑是为游人提供休息娱乐、遮阳避雨的人造空间，也是造园师设置观赏景观视点的重要对象，对体现园林艺术的人文内涵起到极其重要的作用。因此，园林中的建筑风格、布局、体量、造型等设计应考虑与园林功能需求、园林主题定位、周围的园林景物等形成联系和呼应。

3.园林的广场道路

广场是园林中较为广阔的场地，是重要的兼具游人集散和交通疏导作用的公共开敞空间。而道路是连接广场、建筑及其他景观的重要纽带，可以自然迂回，也可以规整笔直。广场、道路与建筑的有机结合，是园林形式的决定因素。且在进行景观节点设置时，要考虑在整体、连贯、起伏的园林空间中，广场和道路系统作为园林的脉络，所起到的交通联系和疏导作用。

**4.园林的植物**

植物繁茂是生态园林环境生机勃勃的重要象征，也是园林工程建设中最重要的材料。各种植物包括乔木、灌木、地被、攀缘、岩生、水生以及常绿、落叶、草本等多种类共生共存。室内花卉、装饰用的植物也属园林植物。根据植物的生长习性、景观特性（色彩、香气、形态、季节变化等）以及园林主题意境的设定，使植物与山水、建筑、雕塑、小品等要素有机配置，能形成山水图画之佳境，繁花覆地，杂树参天，奇亭巧榭，构分红紫之丛也。

另外，生态系统需要多种生物共同构建健康的生存空间，在进行园林设计时往往需要把动物和植物两方面联系起来综合考虑。生物系统的良性循环、自然气候宜人有赖于丰富的植物群落和自由栖息的动物种群。所以，动植物结合的生态景观给园林景观增添了生机，能让人感受鸟语花香、莺歌燕舞、水暖鸭肥的生活气息，体验戏蝶观鱼、赏花听泉的生活情趣。

**5.园林的小品**

园林小品是园林中供休息、装饰、照明、展示和为园林管理及方便游人之用的小型公共设施及公共艺术作品等。其造型别致，创意独特，能使园林表现出无穷的活力、个性与美感，是园林艺术的点睛之笔。因此，构思独特的园林小品与环境结合，会产生不同的艺术效果，使环境宜人且更具感染力。

## （二）园林的设计模式和特征

**1.规则式园林**

规则式园林又称整形式、建筑式、几何式、对称式园林，是一种具有几何美、秩序美和强烈人工美的园林形式。从公元前5世纪开始古希腊就有了突出人工造园的趋势，直至18世纪末东方园林风靡欧洲和19世纪英国风景园林盛行之前。欧洲的园林一切都突出表现人工意志，设计方正规端，整个园林及各景区景点皆表现出人为控制下的形式美。其中最有代表性的就是文艺复兴时期的意大利台地园林和17—18世纪法国勒诺特式园林。意大利台地园林的代表作有埃斯特庄园、美第奇庄园等；法国园林的代表作为维康府邸花园、凡尔赛宫大花园；而北京的天坛则是中国规则式园林的代表。

这种园林设计形式具有以下特点。

中轴线：全园在平面布置上有明显的中轴线，并大抵依中轴线的左右前后对称或拟对称布置，园地的划分大都成几何形体。

地形：在开阔较平坦的地段，由不同高程的水平面及缓倾斜的平面组成；在山地及丘陵地段，由阶梯式大小不同的水平台地倾斜平面及石级组成，其剖面均由直线组成。

水体：其外轮廓均为几何形，主要是圆形和长方形，水体的驳岸多整形、垂直，有时加以雕塑。水景的类型有整形水池、整形瀑布、喷泉及水渠运河等。

广场和道路：广场多为规则对称的几何形，主轴和副轴上的广场形成主次分明的系统，道路均为直线形、折线形或几何曲线形。封闭性的草坪、广场空间，以对称建筑群或规则式林带、树墙包围。广场与道路构成方格形、环状放射形、中轴对称或不对称的几何设计。

建筑：主体建筑群和单体建筑多采用中轴对称均衡设计，多以主体建筑群和次要建筑群形成与广场、道路相结合的主轴、副轴系统，形成控制全局的总格局。

种植设计：配合中轴对称的总格局，全园树木配植以等距离行列式、对称式为主。树木修剪整形多模拟建筑形体、动物造型、绿篱、绿墙、绿柱、绿门、绿塔、绿亭等，此为规则式园林较突出的特点。园内常运用大量的绿篱、绿墙、丛林划分和组织空间，常布置以图案为主要内容的绣毯式植坛和花带，有时布置大规模的花坛群。

园林小品：园林雕塑、瓶饰、园灯、栏杆等装饰点缀了园景。西方园林的雕塑主要以人物雕像布置于室外，雕塑雕像的基座为规则式，并且雕像多配置于轴线的起点、焦点或终点，常与喷泉、水池构成水体的主景。

2.自然式园林

自然式园林又称为风景式、不规则式、山水派园林等，以中国的古典自然山水园林为代表。北京颐和园，承德避暑山庄，苏州拙政园、留园等是其中典型作品。中国自周代开始一直秉承自然山水的审美取向，从唐代开始就深刻影响日本的园林，18世纪后半期世界园林风格开始相互融合，英国的风景园林率先出现了一定的自然式园林的设计特征。自然式园林随形而定，景以境出。利用起伏曲折的自然状貌，栽植时如同天然播种，蓄养鸟兽虫鱼以增加天然野趣，掇山理水顺乎自然法则，是一种全景式仿真自然或浓缩自然的构园方式。

这种园林设计形式的特点如下。

轴线：全园不以轴线控制，但局部仍有轴线的处理，并以主要导游线构成的连续构图控制全园。

地形地貌自然式园林的创作讲究"相地合宜，构园得体"。处理地形的主要手法是"高方欲就亭台，低凹可开池沼"的"得景随形"。自然式园林的主要特征是"自成天然之趣"，所以在园林中要求再现自然界的山峰、山巅、崖、冈、岭、峡、岬、谷、坞、坪、洞、穴等地貌景观。在平原地带，要求呈现自然起伏、和缓的微观地形。地形的断面为自然和缓的曲线。在山地和丘陵地，则利用自然地形地貌，除建筑和广场基地以外不做人工阶梯形的地形改造工作，原有破碎割切的地形地貌也加以人工整理，使其自然。

水体：讲究"疏源之去由，察水之来历"。园林水景的主要类型有河、湖、池、潭、沼、汀、驳、溪、涧、洲、渚、港、湾、瀑布、跌水等。总之，水体要再现自然水景。水体轮廓为自然曲折，水岸为各种自然曲线的倾斜坡度，驳岸主要用自然山石驳岸、石矶等形式。在建筑附近或根据造景需要部分用条石砌成直线或折线驳岸。

建筑：园林内单体建筑多为对称或不对称均衡的布局，其建筑群和大规模建筑组群，多采取不对称均衡的布局。中国自然山水园的建筑类型有厅、堂、楼、阁、亭、廊、榭、舫、轩、馆、台、塔、桥、墙等。

广场与道路：除建筑前广场为规则式外，园林中的空旷地和广场的外轮廓为自然式。以不对称的建筑群、土山、自然式的树丛和林带包围。道路的走向、布列多随地形，其平面和剖面多由自然起伏曲折的平曲线和竖曲线组成。

种植设计：自然式园林种植不成行列式，以反映自然界植物群落自然之美。树木不修剪，配植以孤植、丛植、群植、密林为主要形式。花卉布置以花丛、花群为主，庭院内也有花台的应用。

园林小品：包括假山、石品、盆景、石刻、砖雕、木刻等。园林小品是画龙点睛之笔，为自由、活泼的自然山水增添人文气息、艺术品位、生活情趣和情调。

3.混合式园林

所谓混合式园林，主要指规则式、自然式交错组合，全园没有或形不成控制全园的中轴线和副轴线，只有局部景区、建筑以中轴对称布局，或全园没有明显的自然山水骨架，形不成自然格局。一般情况，多结合地形，在原地形平坦处根据总体设计需要，安排规则式的布局；在原地形条件较为复杂，具备起伏不平的丘陵、山谷、洼地等，结合地形设计成自然式。类似上述两种不同形式的设计组合，即为混合式园林。

混合式园林具有开朗、明快、变化丰富的特点。混合式手法是园林规划布局的主要手法之一，它的运用同空间环境地形及功能性质要求有密切关系。采用规则式布置的环境一般为面积不大、地势平坦、无甚种植基础、功能性较强的区域（如园入口、中心广场等），进行不规则式布置的环境一般为原有地形起伏不平，丘陵、水面较多，树木生长茂密，以游赏、休息为主的区域，以求曲折变化，有利于形成幽静安谧的环境气氛。

# 第三节 生态园林的建设与调控

## 一、生态城市理论框架及特征标准

### （一）生态城市建设的理论基础

任何一种城市建设的模式与城市化道路的选择，都应该有支持它的理论基础，理论基础是实践活动的基石，对实践活动起着指导作用。生态城市建设的理论依据，主要有园林生态学理论、可持续发展理论和园林生态规划理论及耗散结构理论等。

1.园林生态学原理

园林生态学从宏观角度讲，是对城市自然生态系统、经济生态系统、社会生态系统之间关系进行研究，把城市作为以人类为主体的人类生态系统来加以考察研究。

当代园林生态学的研究途径之一是从生态系统的理论出发，研究园林生态系统的特点、结构、功能的平衡，以及它们在空间形态上的分布模式与相互关系。园林生态学强调城市中自然环境与人工环境、生物群落与人类社会、物理生物过程与社会经济过程之间的相互作用，同时把城市作为整个区域范围内的一个有机体，揭示城市与其腹地在自然、经济、社会诸方面的相互关系，分析同一地区的城市分布与分工合作以及规模、功能各异的人类聚落间的相互关系。

园林生态学原理在生态城市建设过程中的应用，体现在从生态学的角度去探索城市人类生存所必需的最佳环境质量，运用园林生态系统中物质与能量运动的规律，自觉地调节物质与能量运动中的不平衡状态，同时，运用先进的科学方法和技术手段，充分合理地利用自然资源，使园林生态系统最低限度地排出废弃物。园林生态学原理是建立园林生态模型的依据，为城市总体规划服务。

2.可持续发展理论

可持续发展理论强调的是社会、经济、环境的协调发展，追求人与自然、人与人之间的和谐。城市可持续发展理论是可持续发展理论在城市领域的应用，这是一种崭新的城市发展观，是在充分认识到城市在其发展历史中的各种"城市病"及原因的基础上，寻找到的一种新的城市发展模式，即它在强调社会进步和经济增长的重要性的同时，更加注重城市质量的不断提高，包括城市的环境质量、园林生态结构质量、城市建筑的美学质量、城市的精神文化氛围质量等方面，最终实现城市社会、经济、生态环境的均衡发展。

从城市可持续发展理论的内涵可以看出，它与我们所要建设的生态城市的要求在本质上是一致的，因此生态城市建设一定要遵从城市可持续发展理论。

城市可持续发展理论与生态学原理结合，能够给予生态城市建设更丰富的内涵，能够促进城市这个人工复合生态系统的良性循环。

可持续发展作为我国发展的战略之一，对生态城市发展起到了指导性的作用，有助于搞好城市的合理布局、完善基础设施、改善环境，有助于协调好城市环境、城市经济发展、城市社会发展的关系。

3.园林生态规划理论

园林生态规划是运用系统分析手段、生态经济学知识和各种社会、自然、信息、经验，规划、调节和改造城市各种复杂的系统关系，在城市现有的各种有利和不利条件下寻找扩大效益、减少风险的可行性对策所进行的规划。包括界定问题、辨识组分及其关系、适宜度分析、行为模拟、方案选择、可行性分析、运行跟踪及效果评审等步骤。

园林生态规划致力于城市各要素间生态关系的构建及维持，园林生态规划的目标强调园林生态平衡与生态发展，并认为城市现代化与城市可持续发展亦依赖于园林生态平衡与园林生态发展。

园林生态规划首先强调协调性，即强调经济、人口、资源、环境的协调发展，这是规划的核心所在；其次强调区域性，这是因为生态问题的发生、发展及解决都离不开一定区域，生态规划是以特定的区域为依据，设计人工化环境在区域内的布局和利用；最后，强调层次性，园林生态系统是个庞大的网状、多级、多层次的大系统，从而决定其规划有明显的层次性。

园林生态规划不同于传统的城市环境规划只考虑城市环境各组成要素及其关系，也不仅仅局限于将生态学原理应用于城市环境规划中，而是涉及城市规划的方方面面。致力于将生态学思想和原理渗透于城市规划的各个方面和部分，并使城市规划"生态化"。园林生态规划在应用生态学的观点、原理、理论和方法的同时，不仅关注城市的自然生态，也关注城市的社会生态和经济生态。此外，园林生态规划不仅重视城市现今的生态关系和生态质量，还关注城市未来的生态关系和生态质量，以及园林生态系统的可持续发展，这些也正是生态城市建设的目的之所在。因此，园林生态规划理论应成为生态城市建设的理论依据。

4.耗散结构理论

如果系统要向有序的方向发展，远离平衡态，就必须处于耗散结构状态。一个系统要处于耗散结构，就要符合以下几个条件：开放系统、远离平衡态、非线性结构、涨落。在耗散结构里，在不稳定之后出现的宏观有序是由最快增长的涨落决定的，在远离平衡的非线性区，涨落起着完全相反的非平衡相变触发器的作用，即随机的小涨落通过相关的作用不断增加形成"巨涨落"，使系统从不稳定状态跃变到一个新的稳定的有序状态，随时间的变化，新的状态又变得不稳定，又可以通过涨落形成更有序的结构，即耗散结构。如此循环往复，使系统不断地向更有序的方向发展。

园林生态系统是社会发展到一定历史阶段的产物，它是一个开放的复杂的巨系统。耗散结构理论在理论上能够判断一个城市是否处于有序状态，能否持续性地发展。

但是，在实际应用中，很少用耗散结构理论来判断城市的发展，因为园林生态系统中物流、能流的输入输出比较复杂，也比较难判断，更难以定量化地描述。因此，耗散结构理论目前应用于城市建设中大多只限于理论探讨。

## （二）生态城市的特征标准

1.生态城市的基本特征

（1）和谐性

生态城市的和谐性，不仅反映在人与自然的关系上，即自然与人共生，人回归自然、贴近自然，自然融于城市，更重要的是体现在人与人的关系上。现在人类活动促进了经济增长，却未能实现人类自身的同步发展，生态城市是营造满足人类自身进化所需要的环境，拥有强有力的互帮互助的群体，富有生机与活力，生态城市不是一个用自然绿色点缀而僵死的人居环境。这种和谐性是生态城市的核心内容。

（2）高效性

生态城市一改现代城市建设中"高能耗""非循环"的运行机制，提高一切资源的利用效率，物尽其用，地尽其利，人尽其才，各施其能，各得其所，物质、能量得到多层次分级利用，废弃物循环再生，各行业、各部门之间注重协调联系。

（3）持续性

生态城市是以可持续发展思想为指导的，兼顾不同时间、空间，合理配置资源，公平地满足现代与后代在发展和环境方面的需要，不因眼前的利益而用"掠夺"的方式促进城市暂时的"繁荣"，保证其健康、持续和协调发展。

（4）整体性

生态城市不是单单追求环境优美或自身的繁荣，而是兼顾社会、经济、环境三者的整体效益，不仅重视经济发展与生态环境协调，更注重人类生活质量的提高，它是在整体协调的新秩序下寻求发展的。

（5）地方性

生态城市应和其所处的地理、自然、社会环境相统一，突出地方特色，避免追求发展模式的雷同。

（6）区域性

生态城市本身即为一区域概念，是建立区域平衡基础上的，而且城市之间是相互联系、相互制约的，只有平衡协调的区域才有平衡协调的生态城市。生态城市是以人与自然和谐为价值取向的，就广义而言，区域观念就是全球观念。

（7）全球性

要实现这一目标，就需要全人类共同合作，共享技术与资源，形成互惠共生的网络系统，建立全球生态平衡。全球性映衬出生态城市是具有全人类意义的共同财富。"地球村"的概念即道出了当今不再鼓励分离的现代世界。

2.生态城市的建设标准

"生态城市"的核心思想是它的区域整体观和可持续的生态社会发展，衡量生态城市的标准应当充分体现这一核心思想。从这一思想出发，人们认为未来的生态城市，应当解决好人与自然的关系、城市与区域的关系、经济发展与保护环境的关系，根本是人与自然的关系。人与自然和谐共处是生态城市的最基本的标准。另外，还有经济高效率、生活高质量等标准。生态城市的创建标准（目标）应从社会生态、经济生态、自然生态三方面来确定。

3.生态城市的衡量标准

高效率的流转系统：从自然物质—经济物质—废弃物的转换过程中，必须是自然物质投入少，经济物质产出多，废弃物排泄少。

以现代化的城市基础设施为支撑骨架，为物流、能流、信息流、价值流和人流的运动创造必要的条件，从而在加速各流的可有序运动过程中，减少经济损耗和对园林生态环境的污染。

此外，还有高质量的环境状况、多功能立体式的绿化系统、高素质的人文环境、高水平的管理功能。

4.生态城市的主要标志

生态环境良好，污染基本消除，资源合理利用；稳定的生态安全保障体系；环保法律、法规、制度有效贯彻执行；循环经济迅速发展；人与自然和谐共存；生态文明蔚然成风；环境整洁、优美，人民生活水平提高。

其中：安全、和谐的生态环境是生态城市的基本保障；高效率的城市产业体系是生态城市的必要条件；高素质的城市文化是生态城市的根本动力；以人为本的城市景观是生态城市的形象标志。

## 二、园林生态系统的调控

园林生态系统调控应依据自然生态系统的优化原理进行。自然生态系统的优化原理归纳起来不外乎两条：一是高效，即对物质能量的高效利用，使系统生态效益最高；二是和谐，即各组分间关系的平衡融洽，使系统演替的机会最大而风险最小。因此，园林生态系统调控就是要根据自然生态系统高效、和谐的原理去调控园林生态系统的物质、能量流动，使之趋于平衡、协调。园林生态系统调控应遵循高效生态工艺原理和生态协调原理。

### （一）生态工艺原理

高效生态工艺原理包括：循环再生原则、机巧原则、共生原则。

1.循环再生原则

生物圈中的物质是有限的，原料、产品、废物的多重利用和循环再生是生物圈生态系统长期生存并不断发展的基本对策。为此，生态系统内部必须形成一套完善的生态工艺流程。

城市环境污染、资源短缺的内在原因，就在于系统内部缺乏物质和产品的这种循环再生机制，而把资源和环境全当作外生变量处理，致使资源利用效率和环境效益都不高。只有将园林生态环境系统中的各条"食物链"接成生态环，在城市废物和资源之间、内部和外部之间搭起桥梁，才能提高城市的资源利用效率，改善园林生态环境。

2.机巧原则

"机"即机会、机遇，强调要尽可能占领一切可利用的生态位，尤其是要占领一切可用的边缘生态位，开拓边缘。"巧"即技巧，强调要有灵活地运用现有的力量和能量去控制和引导系统。机巧原则的基本思想是变对抗为利用，变征服为驯服，变控制为调节，以退为进，化害为利，顺其自然，尊重自然，因地制宜。

3.共生原则

共生是不同种的有机体或子系统合作共存、互惠互利的现象。共生者之间差异越大，系统的多样性越高，从共生中受益也就越大。共生的结果，使所有共生者都节约原料、能量和运输成本，系统获得多重效益。

### （二）生态协调原理

园林生态环境调控的核心是城市协调发展。生态协调是指城市各项人类活动与周围环境间相互关系的动态平衡，维持园林生态平衡的关键在于增强城市的自我调节能力。生态协调原理包括以下基本原则。

1.相生相克原则

生态系统的任何相关组分之间都可能存在促进、抑制这两种不同类型的生态关系。生态系统中任何一个组分都处在某一个封闭的关系环上，当其中的抑制关系为偶数时，该环是正反馈环，即某一组分A的增加（或减少）通过该环的累积放大（或衰减作用），最终将促进A本身的增加（或减少）；负反馈环则相反，其中A的增加（或减少）通过该环的相生相克作用，最终将抑制A本身的发展。

在园林生态系统网络中，系统组分之间可能有很多个关系环，其中必有一个是起主导作用的主导环。对于稳定的园林生态系统来说，其主导环一定是负反馈环。园林生态系统的主导因子一定是限制因子。主导因子好比城市的"瓶颈"，它决定了城市的环境容量或负载能力。

由于受"瓶颈"的限制，城市生产量与生活水平的增长量组合S型，即在开始时需要开拓环境，发展很缓慢，继而是适应环境，近乎直线或指数上升，最后受"瓶颈"的限制而接近某一饱和水平。一旦主导因子变化，"瓶颈"扩展，容量限即可加大，城市活动又会呈现S型增长，并出现新的主导因子和"瓶颈"。城市正是在这种缩颈和扩颈或正反馈与负反馈的交替过程中不断发展壮大，实现动态平衡的。

2.最适功能原则

园林生态系统是一个自组织系统，其演替的目标在于整体功能的完善，而不是其组分结构的增长。一切组织增长必须服从整体能力的需要，一切生产部门，其产品的生产是第二位的，而其产品的功效或服务目的才是第一位的。随着环境的变化，生产部门应能及时修订产品的数量、品种、质量和成本。

3.最小风险原则

限制因子原理告诉我们，任何一种生态因子在数量和质量上的不足和过多，都会对生态系统的功能造成损害。城市密集的人类活动给社会创造了高的效益，同时，也给生产与生活进一步发展带来了风险。要使经济持续发展，生活稳步上升，城市也必须采取自然生态系统的最小风险对策，即各种人类活动应处于上、下限风险值相距最远的位置，使城市长远发展的机会最大。

## （三）园林生态调控的方法

园林生态系统调控的目标有三：一是高效，即高的经济效益和发展速度；二是和谐，即和谐的社会关系和稳定性；三是舒适优美，即优美的生态环境和高质量的生活条件。

目前园林生态调控的途径有4种：生态工艺的设计与改造；共生关系的规划与协调；生态意识的普及与提高；建立园林生态调控决策支持系统。

# 第四节　生态园林的规划与发展

## 一、园林生态规划的含义

园林生态规划（landscape architecture ecological planning）即生态园林和生态绿地系统的规划，其含义包括广义和狭义两方面。从广义上讲，园林生态规划应从区域的整体性出发，在大范围内进行园林绿化，通过园林生态系统的整体建设，使区域生态系统的环境得到进一步改善，特别是对人居环境的改善，促使整个区域生态系统向着总体生态平衡的方向转化，实现城乡一体化、大地园林化。从狭义上讲，园林生态规划主要是在以城市（镇）为中心的范围内，特别是在城市（镇）用地范围内，根据各种不同功能用途的园林绿地，合理进行布置，使园林生态系统改善城市小气候，改善人们的生产、生活环境条件，改善城市环境质量，创建卫生、清洁、美丽、舒适的城市。

在城市（镇）范围内，园林生态规划必须与城市总体规划保持一致，在此基础上，通过园林生态规划使园林绿地与城市融合为一个有机的整体，并用艺术性的手法，既保证园林绿地的结构协调和功能完善，又要具有高度的观赏性和艺术性。同时，园林生态规划也可为城市总体规划提供依据，保证城市总体规划的合理性。

园林生态规划应确定城市各类绿地的用地指标，选定各项绿地的用地范围，合理安排整个城市园林生态系统的结构和布局方式，研究维持园林生态平衡的绿地覆盖率和人均绿地等，合理设计群落结构、选配植物，并进行绿化效益的估算。

## 二、园林生态规划的步骤

制定一个城市或地区的园林生态规划，首先要对该城市或地区的园林绿化现状有一个充分的了解，并对园林生态系统的结构、布局和绿化指标做出定性和定量的评价，在此基础上，根据以下步骤进行园林生态规划：①确定园林生态规划原则。②选择和合理布局各项园林绿地，确定其位置、性质、范围和面积。③根据该地区生产、生活水平及发展规模，研究园林绿地建设的发展速度与水平，拟定园林绿地各项定量指标。④对过去的园林生态规划进行调整、充实、改造，提出园林绿地分期建设及重要修建项目的实施计划，以及划出需要控制和保留的园林绿化用地。⑤编制园林生态规划的图纸及文件。提出重点园林绿地规划的示意图和规划方案，根据实际工作需要，还需提出重点园林绿地的设计任务书，内容包括园林绿地的性质、位置、周围环境、服务对象、估计游人量、布局形式、艺术风格、主要设施的项目与规模、建设年限等，作为园林绿地详细规划的依据。

## 三、园林生态规划的布局形式

### （一）园林绿地一般布局的形式

城市园林绿地的布局主要有8种基本形式：点状（或块状）、环状、放射状、放射环状、网状、楔状、带状和指状。从与城市其他用地的关系来看，可归纳为4种：环绕式、中心式、条带式和组群式。

我国城市园林绿地的布局形式主要有以下4种：第一，块状绿地布局。这类绿地多出现在旧城改造中，如上海、天津、武汉、大连、青岛等。块状绿地的布局方式，可以做到均匀分布，接近居民。但如面积太小则对改善城市环境质量和调节小气候作用不显著，对构成城市整体景观艺术面貌作用也不大。带状绿地这种布局形式因多利用河湖水系、城市道路、旧城墙等而形成纵横向绿带、放射性绿带与环状绿地交织的绿地网，如哈尔滨、苏州、西安、南京等地。第二，带状绿地的布局。有利于组织城市的通风走廊，也容易表现城市景观艺术面貌。第三，楔形绿地布局。城市中由郊区深入市中心的由宽到狭的绿地称为楔形绿地。一般是利用河流、起伏地形、放射干道等结合市郊农田、防护林等而形成，如合肥市。它的优点是可以改善城市小气候和环境质量，也有利于城市景观艺术面貌的表现。第四，混合式绿地布局。这种布局是对前3种形式的综合利用。可以做到园林绿地点、线、面的结合，形成较完整的体系。其优点是可以使生活居住区获得最大的绿地接触面，方便居民游憩，有利于对城市的小气候的改善，有助于改善城市环境卫生条件和丰富城市景观艺术面貌。

### （二）园林生态绿地规划布局的形式

实践证明："环状+楔形"的园林绿地空间布局形式是园林生态绿地规划的最佳模式，并已经得到普遍认可。

因为"环状+楔形"式的园林绿地系统布局有如下优点：首先利于城乡一体化的形成，拥有大片连续的城郊绿地，既保护了城市环境，又将郊野的绿引入城市；其次，楔形绿地还可将清凉的风、新鲜的空气，甚至远山近水都借入城市；再次，环状绿地功不可没，最大的优点是便于形成共同体，便于市民到达，而且对城市的景观有一定的装饰性。

在经济和社会发展过程中，人类对自然资源的掠夺式开发和不合理使用，导致人类面临资源枯竭的危险。因此，生态规划的发展应该对水、土地资源、生物多样性与矿产资源等进行合理的开发利用与保护规划。

自然资源的合理利用规划，应依据区域规划、环境保护目标并适应城市社会经济发展要求来制定，要遵循以下原则：经济、社会和生态效益相结合的原则；生物资源开发量应与其生长、更新速度相适应的原则；当前利益与长远利益相结合的原则；因地制宜的原则；统筹兼顾、综合利用的原则。

自然资源的合理利用与保护规划包括以下两方面内容。

第一，水土资源保护规划根据下游生态环境的状况和社会经济的需要，制定上游水源涵养林和水土保持林的建设规划；禁止乱围垦，保护鱼类和其他水生生物的生存环境；积极研究和推广保护水源地、水生态系统和防止水污染的新技术；兴建一批跨流域调水工程和调蓄能力较大的水利工程，恢复水生生态平衡；健全水土资源保护和管理体制，制定相应的政策、法规和条例。

第二，生物多样性保护和自然保护区建设规划。加强生物多样性保护的管理工作。包括制定生物多样性保护的规范和标准；建立和完善生物多样性保护的法律体系；制定生物多样性保护的战略和计划，建立区域性的示范工程；积极推行和完善各项管理制度，教育和培训管理队伍；强化监督管理，包括生物多样性保护的监测网络和国家的生物多样性保护的信息系统，逐步使生物多样性的管理制度化、规范化和科学化。

## （三）生态规划的方法

高度综合是生态规划的特征之一，它是由规划的主要对象——区域或城镇生态系统的特点所具有的范围广大、结构复杂、功能综合、因子众多、目标多样等特点决定的。因此，也决定了生态规划必须向多目标、多层次、多约束的动态规划方向发展。目前，国内的生态规划方法大都根据对园林生态系统的了解，采用新兴的控制论、信息论、泛系统理论等现代科学理论来进行研究，形成了全息规划法、泛系统规划法、控制论规划法等。

生态规划的方法和体系尚处于探索发展之中，目前发展的趋势是从定性的描述向定量化方向发展，从单项规划向综合规划方向发展。

# 第二章 园林景观设计原理与要素

## 第一节 园林景观设计的基本原理

### 一、园林景观设计的原则

园林景观在设计的过程中一般要遵循一定的原则，本节就简要介绍园林景观设计所要遵循的原则。

#### （一）生态性原则

景观设计的生态性主要表现在自然优先和生态文明两个方面。自然优先是指尊重自然，显露自然。自然环境是人类赖以生存的基础，尊重并净化城市的自然景观特征，使人工环境与自然环境和谐共处，有助于创造城市特色。另外，在设计中要尽可能地使用再生原料制成的材料，最大限度地发挥材料的潜力，减少能源的浪费。

#### （二）文化性原则

作为一种文化载体，任何景观都必然地处在特定的自然环境和人文环境中，自然环境条件是文化形成的决定性因素之一，影响着人们的审美观和价值取向。同时，物质环境与社会文化相互依存、相互促进、共同成长。

景观的历史文化性主要是人文景观，包括历史遗迹、遗址、名人故居、古代石刻、坟墓等。一定时期的景观作品，与当时的社会生产、生活方式、家庭组织、社会结构都有直接的联系。从景观自身发展的历史分析，景观在不同的历史阶段，具有特定的历史背景，景观设计者在长期实践中不断地积淀，形成了一系列的景观创作理论和手法，体现了各自的文化内涵。从另一个角度讲，景观的发展是历史发展的物化结果，折射着历史的发展，是历史某个片段的体现。随着科学技术的进步，文化活动的丰富，人们对视觉对象的审美要求和表现能力在不断地提高，对视觉形象的审美体征也随着历史的变化而变化。

景观的地域文化性指某一地区因自然地理环境的不同而形成的特性。人们生活在特定的自然环境中，必然形成与环境相适应的生产生活方式和风俗习惯，这种民俗与当地文化相结合形成了地域文化。

在进行景观创作甚至景观欣赏时，必须分析景观所在地的地域特征、自然环境，入乡随俗，见人见物，充分尊重当地的民族系统，尊重当地的风俗礼仪和生活习惯，从中抓住主要特点，经过提炼融入景观作品中，这样才能创作出优秀的作品。

### （三）艺术性原则

景观不是绿色植物的堆积，不是建筑物的简单摆放，而是各生态群落在审美基础上的艺术配置，是人为艺术与自然生态的进一步和谐。在景观配置中，应遵循统一、协调、均衡、韵律四大基本原则，使景观稳定、和谐，让人产生柔和、平静、舒适和愉悦的美感。

## 二、园林景观设计的构图

本节主要从园林景观设计的构图形式和构图原理两方面对园林景观设计的构图进行讲述。

### （一）园林景观的构图形式

#### 1.规则式园林

这类园林又称整形式、建筑式或几何式园林。西方园林，从埃及、希腊罗马起到18世纪英国风景式园林产生以前，基本上以规则式为主，其中以文艺复兴时期意大利台地建筑园林和17世纪法国勒诺特平面图案式园林为代表。这一类园林，以建筑式空间布局作为园林风景的主要题材。

其特点是强调整齐、对称和均衡。有明显的主轴线，在主轴线两边的布置是对称的。规则式园林给人以整齐、有序、形色鲜明之感。中国北京天安门广场园林、大连市斯大林广场、南京中山陵以及北京天坛公园，都属于规则式园林。其基本特征是：

（1）地形地貌

在平原地区，由不同标高的水平面及缓倾斜的平面组成，在山地及丘陵地，需要修筑成有规律的阶梯状台地，由阶梯式的大小不同的水平台地、倾斜平面及石级组成，其剖面均为曲线构成。

（2）水体

外形轮廓均为几何形。采用整齐式驳岸，园林水景的类型以整形水池、壁泉、喷泉、整形瀑布及运河等为主，其中常运用雕像配合喷泉及水池为水景喷泉的主题。

（3）建筑

园林不仅个体建筑采用中轴对称均衡的设计，而且建筑群和大规模建筑组群的布局，也采取中轴对称的手法，布局严谨，以主要建筑群和次要建筑群形式的主轴和副轴控制全园[①]。

（4）道路广场

园林中的空旷地和广场外形轮廓均为几何形。封闭性的草坪、广场空间，以对称建筑群或规则式林带、树墙包围，在道路系统上，由直线、折线或有轨迹可循的曲线构成，构成方格形或环状放射形，中轴对称或不对称的几何布局，常与模纹花坛、水池组合成各种几何图案。

（5）种植设计

植物的配置呈现有规律有节奏的排列、变化，或组成一定的图形、图案或色带，强调成行等距离排列或做有规律的简单重复，对植物材料也强调整形，修剪成各种几何图形。园内花卉布置以图案为主题的模纹花坛和花境为主，花坛布置以图案式为主，或组成大规模的花坛群，并运用大量的绿篱、绿墙以区划和组织空间。树木整形修剪以模拟建筑体形和动物物态为主，如绿柱、绿塔、绿门、绿亭和用常绿树修剪而成的鸟兽等。

（6）园林其他景物

除建筑、花坛群、规则式水景和大量喷泉等主景以外，其余常采用盆树、盆花、瓶饰、雕像为主要景物，雕像的基座为规则式，雕像位置多配置于轴线的起点、终点或支点上。

表现规则式的园林，以意大利台地园和法国宫廷园为代表，给人以整洁明朗和富丽堂皇的感觉。遗憾的是缺乏自然美，让人一目了然，并有管理费工之弊。中国北京天坛公园、南京中山陵都是规则式的，给人以庄严、雄伟、整齐和明朗之感。

2.自然式园林

这一类园林又称风景式、不规则式、山水派园林等。中国园林，从有历史记载的周秦时代开始，无论大型的帝皇苑囿还是小型的私家园林，多以自然式山水园林为主，古典园林中以北京颐和园，承德避暑山庄，苏州拙政园、留园为代表。中国自然式山水园林，从唐代开始影响了日本的园林。从18世纪后半期传入英国，从而引起了欧洲园林对古典形式主义的革新运动。自然式园林在世界上以中国的山水园与英国式的风致园为代表。

---

① 刘乐，杨冰清，偶春 . 城市的"生态空间"——公共建筑屋顶生态景观设计探讨 [J]. 赤峰学院学报（自然科学版），2015，31（7）：40-42.

自然式构图的特点是：它没有明显的主轴线，其曲线无轨迹可循，自然式绿地景色变化丰富、意境深邃、委婉。中华人民共和国成立以来的新建园林，如北京的陶然亭公园、紫竹院公园，上海虹口鲁迅公园等也都进一步发扬了这种传统布局手法。这一类园林，以自然山水作为园林风景表现的主要题材，其基本特征如下：

（1）地形地貌

平原地带，地形起伏富于变化，地形为自然起伏的和缓地形与人工堆置的若干自然起伏的土丘相结合，其断面为和缓的曲线，在山地和丘陵地，则利用自然地形地貌，除建筑和广场基地以外不搞人工阶梯形的地形改造工作，原有破碎侧面的地形地貌也加以人工整理，使其自然。

（2）水体

其轮廓为自然的曲线，岸为各种自然曲线的倾斜坡度，如有驳岸，亦为自然山石驳岸。园林水景的类型多以小溪、池塘、河流、自然式瀑布、池沼、湖泊等为主，常以瀑布为水景主题。

（3）建筑

园林内个体建筑为对称或不对称均衡的布局，其建筑群和大规模建筑组群，多采取不对称均衡的布局。对建筑物的造型和建筑布局不强调对称，善于与地形结合。全园不以轴线控制，而以主要导游线构成的连续构图控制全园。

（4）道路广场

广场的外缘轮廓线和通路曲线自由灵活。园林中的空旷地和广场的轮廓为自然形的封闭性的空旷地和广场，被不对称的建筑群、土山、自然式的树丛和林带所包围。道路平面和剖面为自然起伏曲折的平面线和竖曲线组成。

（5）种植设计

绿化植物的配置不成行列式，没有固定的株行距，充分发挥树木自由生长的姿态。不强求造型，着重反映植物自然群落之美。树木配植以孤立树、树丛、树林为主，不用规则修剪的绿篱，树木整形不做建筑、鸟兽等体形模拟，而以模拟自然界苍老的大树为主，以自然的树丛、树群、树带来区划和组织园林空间。注意色彩和季相变化，花卉布置宜以花丛、花群为主，不用模纹花坛。林缘和天际线有疏有密、有开有合，富有变化，自然和缓。在充分掌握植物的生物学特性的基础上，不同种和品种的植物可以配置在一起，以自然界植物生态群落为蓝本，构成生动活泼的自然景观。

（6）园林其他景物

除建筑、自然山水、植物群落等主景以外，其余尚采用山石、假石、桩景、盆景、雕刻为主要景物，其中雕像的基座为自然式，多配置于透视线集中的焦点，自然式园林在世界上以中国的山水园与英国式的风致园为代表。

## 3.混合式园林

严格来说，绝对的规则式和绝对的自然式园林，在现实中是很难做到的。像意大利园林除中轴以外，台地与台地之间，仍然为自然式的树林，只能说是以规则式为主的园林。北京的颐和园，在行宫的部分以及构图中心的佛香阁，也采用了中轴对称的规则布局，因此，只能说它是以自然式为主的园林。

实际上，在建筑群附近及要求较高的园林植物类型必然要采取规则式布局，而在离开建筑群较远的地点，在大规模的园林中，只有采取自然式的布局，才易达到因地制宜和经济的要求。

园林中，如规则式与自然式比例差不多的园林，可称为混合式园林，如广州起义烈士陵园、北京中山公园、广东新会城镇文化公园等。混合式园林是综合规则与自然两种类型的特点，把它们有机地结合起来，这种形式应用于现代园林中，既可发挥自然式园林布局设计的传统手法，又能吸取西洋整齐式布局的优点，创造出既有整齐明朗、色彩鲜艳的规则式部分，又有丰富多彩、变化无穷的自然式部分。其手法是在较大的现代园林建筑周围或构图中心，采用规则式布局，在远离主要建筑物的部分，采用自然式布局，因为规则式布局易与建筑的几何轮廓线相协调，且较宽广明朗，然后利用地形的变化和植物的配置逐渐向自然式过渡，这种类型在现代园林中用之甚广。实际上大部分园林都有规则部分和自然部分，只是所占比重不同而已。

在做设计规划时，选用何种类型不能单凭设计者的主观愿望，而要根据功能要求和客观可能性。比如说，一块处于闹市区的街头绿地，不仅要满足附近居民早晚健身的要求，还要考虑过往行人在此做短暂逗留的需要，则宜用规则不对称式。绿地若位于大型公共建筑物前，则可作规则对称式布局；绿地位于具有自然山水地貌的城郊，则宜用自然式；地形较平坦，周围自然风景较秀丽，则可采用混合式。由此可知，影响规划形式的有绿地周围的环境条件，还有物质来源和经济技术条件。环境条件包含的内容很多，有周围建筑物的性质、造型、交通、居民情况等。经济技术条件包括投资和物质来源，技术条件指的是技术力量和艺术水平。一块绿地决定采用何种类型，必须对这些因素作综合考虑后，才能作出决定。

在公园规划工作中，原有地形平坦的可规划成规则式，原有地形起伏不平的，丘陵、水面多的可规划为自然式；原有树木较多的可规划为自然式，树木少的可规划为规则式；大面积园林，以自然式为宜，小面积以规则式较经济；四周环境为规则式宜规划成规则式，四周环境为自然式则宜规划成自然式。

林荫道、建筑广场的街心花园等以规则式为宜。居民区、机关、工厂体育馆、大型建筑物前的绿地以混合式为宜。

## （二）园林景观的构图原理

1.园林景观构图的含义

所谓构图即组合、联想和布局的意思。园林景观构图是在工程、技术、经济可能的条件下，组合园林物质要素（包括材料、空间、时间），联系周围环境，并使其协调，取得景观绿地形式美与内容高度统一的创作技法，也就是规划布局。这里，园林景观绿地的内容，即性质、空间、时间是构图的物质基础。

2.园林景观构图的特点

（1）园林是一种立体空间艺术

园林景观构图是以自然美为特征的空间环境规划设计，绝不是单纯的平面构图和立面构图。因此，园林景观构图要善于利用地形、地貌、自然山水、绿化植物，并以室外空间为主又与室内空间互相渗透的环境创造景观。

（2）园林景观的构图是综合的造型艺术

园林美是自然美、生活美、建筑美、绘画美、文学美的综合，它是以自然美为特征，有了自然美，园林绿地才有生命力。因此，园林景观绿地常借助各种造型艺术增强其艺术表现力。

（3）园林景观构图受时间变化影响

园林绿地构图的要素如园林植物、山、水等的景观都随时间、季节而变化，春、夏、秋、冬植物景色各异，山水变化无穷。

（4）园林景观构图受地区自然条件的制约

不同地区的自然条件，如日照、气温、湿度、土壤等各不相同，其自然景观也都不一样，园林景观绿地只能因地制宜，随势造景。

3.园林景观构图的基本要求

（1）园林景观构图应先确定主题思想，即意在笔先，它还必须与园林绿地的实用功能相统一，要根据园林绿地的性质、功能确定其设施与形式。

（2）要根据工程技术、生物学要求和经济上的可能性进行构图。

（3）按照功能进行分区，各区要各得其所，景色在分区中要各有特色，化整为零，园中有园，互相提携又要多样统一，既分隔又联系，避免杂乱无章。

（4）各园都要有特点，有主题，有主景；要主题突出主次分明，避免喧宾夺主。

（5）要根据地形地貌特点，结合周围景色环境，巧于因借，做到"虽由人作，宛自天开"，避免矫揉造作。

要具有诗情画意，发扬中国园林艺术的优秀传统。把现实风景中的自然美，提炼为艺术美，上升为诗情和画境。园林造景，要把这种艺术中的美，搬回到现实中来。实质上就

園林生态化建设与植物育种学

是把规划的现实风景，提高到诗和画的境界，使人见景生情，产生新的诗情画意。

### （三）园林景观构图的基本规律

**1.统一与变化**

任何完美的艺术作品，都有若干不同的组成部分，各组成部分之间既有区别，又有内在联系，通过一定的规律组成一个整体。其各部分的区别和多样，是艺术表现的变化，其各部分的内在联系和整体，是艺术表现的统一。既有多样变化，又有整体统一，是所有艺术作品表现形式的基本原则。园林构图的统一变化，常具体表现在对比与协调、韵律与节奏、主从与重点、联系与分隔等方面。

（1）对比与协调

对比、协调是艺术构图的一种重要手法，它是运用布局中的某一因素（如体量、色彩等）两种程度不同的差异，取得不同艺术效果的表现形式，或者说是利用人的错觉来互相衬托的表现手法，差异程度显著的表现称对比，能彼此对照，互相衬托，更加鲜明地突出各自的特点；差异程度较小的表现称为协调，使彼此和谐，互相联系，产生完整的效果。园林景色要在对比中求协调，在协调中求对比，使景观既丰富多彩，生动活泼，又突出主题，风格协调。

对比与协调只存在于同一性质的差异之间，如体量的大与小，空间的开敞与封闭，线条的曲与直，颜色的冷与暖、明与暗，材料质感的粗糙与光滑等，而不同性质的差异之间不存在协调与对比，如体量大小与颜色冷暖就不能比较。

（2）韵律与节奏

韵律节奏就是艺术表现中某一因素作有规律的重复，有组织的变化。重复是获得韵律的必要条件，只有简单的重复而缺乏规律的变化，就令人感到单调、枯燥，而有交替、曲折变化的节奏就显得生动活泼。所以韵律节奏是园林艺术构图多样统一的重要手法之一。

（3）联系与分隔

园林绿地都是由若干功能使用要求不同的空间或者局部组成的，它们之间都存在必要的联系与分隔，一个园林建筑的室内与庭院之间也存在联系与分隔的问题。

园林布局中的联系与分隔是组织不同材料、局部、体形、空间，使之成为一个完美的整体的手段，也是园林布局中取得统一与变化的手段之一。

**2.均衡与稳定**

由于园林景物是由一定的体量和不同材料组成的实体，因而常常表现出不同的重量感，探讨均衡与稳定的原则，是为了获得园林布局的完整和安定感，这里所说的稳定，是指园林布局的整体上下轻重的关系。而均衡是指园林布局中的部分与部分的相对关系，例如，左与右、前与后的轻重关系等。

（1）均衡

自然界静止的物体要遵循力学原则，以平衡的状态存在，不平衡的物体或造景使人产生不稳定和运动的感觉。在园林布局中要求园林景物的体量关系符合人们在日常生活中形成的平衡安定的概念，所以除少数动势造景外，一般艺术构图都力求均衡。

（2）稳定

自然界的物体由于受地心引力的作用，为了维持自身稳定，靠近地面的部分往往大而重，而在上面的部分则小而轻，例如，山、土壤等，从这些物理现象中，人们就获得了重心靠下、底面积大可以获得稳定感的概念。园林布局中的稳定，是相对于园林建筑、山石和园林植物等上下大小不同所呈现的轻重感的关系而言。

在园林布局上，往往在体量上采用下面大、向上逐渐缩小的方法来取得稳定坚固感，中国古典园林中的高层建筑如颐和园的佛香阁、西安的大雁塔等，都是通过建筑体量上由底部较大而向上逐渐递减缩小，使重心尽可能降低以给人结实稳定的感觉。

另外，在园林建筑和山石处理上也常利用材料、质地所给人的不同的重量感来获得稳定感。如园林建筑的基部墙面多用粗石和深色的表面处理，而上层部分采用较光滑或色彩较浅的材料，在带石的土山上，也往往把山石设置在山麓部分而给人以稳定感。

3.空间组织

空间组织与园林绿地构图关系密切，空间有室内、室外之分，建筑设计多注意室内空间的组织，建筑群与园林绿地规划设计，则多注意室外空间的组织及室内外空间的渗透过渡。

园林绿地空间组织的目的是在满足使用功能的基础上，运用各种艺术构图的规律创造既突出主题又富于变化的园林风景；其次是根据人的视觉特性创造良好的景物观赏条件，适当处理观赏点与景物的关系，使一定的景物在一定的空间里获得良好的观赏效果。

（1）视景空间的基本类型

①开敞空间与开朗风景。人的视平线高于四周景物的空间是开敞空间，开敞空间中所见到的风景是开朗风景。开敞空间中，视线可延伸到无穷远处，视线平行向前，视觉不易疲劳。开朗风景，目光宏远，心胸开阔，壮阔豪放。古人诗"登高壮观天地间，大江茫茫去不还"，正是开敞空间、开朗风景的写照。但开朗风景中如游人视点很低，与地面透视成角很小，则远景模糊不清，有时只见到大片单调天空。如提高视点位置，透视成角加大，远景鉴别率也大大提高，视点越高，视界越宽阔，因而有"欲穷千里目，更上一层楼"的需要。

②闭锁空间与闭锁风景。人的视线被四周屏障遮挡的空间是闭锁空间，闭锁空间中所见到的风景是闭锁风景。屏障物之顶部与游人视线所成角度越大，则闭锁性越强，反之成角越小，则闭锁性也越小，这也与游人和景物的距离有关，距离越近，闭锁性越强，距离

越远，闭锁性越小。闭锁风景，近景感染力强，四面景物，可琳琅满目，但久赏易感闭塞和疲劳。

③纵深空间与聚景。道路、河流、山谷两旁有建筑、密林、山丘等景物阻挡视线而形成的狭长空间叫纵深空间。人们在纵深空间里，视线的注意力很自然地被引导到轴线的端点，这样形成风景叫聚景。开朗风景，缺乏近景的感染，而远景又因和视线的成角小，距离远，而使人感觉色彩和形象不鲜明，所以园林中如果只有开朗景观，虽然给人以辽阔宏远的情感，但久看觉得单调。因此，希望能有些闭锁风景近览，但闭锁的四合空间，如果四面环抱的土山、树丛或建筑，与视线所成的仰角超过15度，景物距离又很近时，则有井底之蛙的闭塞感，所以园林中的空间构图，不要片面强调开朗，也不要片面强调闭锁。在同一园林中，既要有开朗的局部，也要有闭锁的局部，开朗与闭锁综合应用，开中有合，合中有开，两者共存，相得益彰。

④静态空间与静态风景。视点固定时观赏景物的空间叫作静态空间，在静态空间中所观赏的风景叫静态风景。在绿地中要布置一些花架、座椅、平台供人们休息和观赏静态风景。

⑤动态空间与动态风景。游人在游览过程中，通过视点移动进行观景的空间叫作动态空间，在动态空间观赏到的连续风景画面叫作动态风景。在动态空间中游人走动，景物随之变化，即所谓"步移景易"。为了使动态景观有起点，有高潮，有结束，必须布置相应的距离和空间。

（2）空间展示程序与导游线

风景视线是紧密联系的，要求有戏剧性的安排、音乐般的节奏，既要有起景、高潮、结景空间，又要有过渡空间，使空间可主次分明，开、闭、聚适当，大小尺度相宜。

（3）空间的转折有急转与缓转之分

在规则式园林空间中常用急转，如在主轴线与副轴线的交点处。在自然式园林空间中常用缓转，缓转有过渡空间，如在室内外空间之间设有空廊、花架之类的过渡空间。

两空间之分隔有虚分与实分。两空间干扰不大，须互通气息者可虚分，如用疏林、空廊、漏窗、水面等。两空间功能不同、动静不同、风格不同宜实分，可用密林、山阜、建筑实墙来分隔。虚分是缓转，实分是急转。

# 三、园林景观设计的理论基础

## （一）文艺美学

在当代社会发展中，景观设计师往往必须具备规划学、建筑学、园艺学、环境心理艺术设计学等多方面的综合素质，那么所有这些学科的基础便是文艺美学。具备这一基础，再加之理性的分析方法，用审美观、科学观进行反复比较，最后才能得出一种最优秀的方案，创造出美的景观作品。

而在现代园林景观设计中，遵循形式美的规律已成为当今景观设计的一个主导性原则。美学中的形式美规律是带有普遍性和永恒性的法则，是艺术内在的形式，是一切艺术流派学的依据。运用美学法则，以创造性的思维方式去发现和创造景观语言是人们的最终目的。

和其他艺术形式一样，园林景观设计也有主从与重点的关系。自然界的一切事物都呈现出主与从的关系，例如植物的干与枝、花与叶，人的躯干与四肢。社会中工作的重点与非重点，小说中人物的主次等都存在着主次的关系。在景观设计中也不例外，同样要遵守主景与配景的关系，要通过配景突出主景。

总之，园林景观设计需要具备一定的文艺美学基础才能创造出和谐统一的景观，正是经过在自然界和社会的历史变迁，人们发现了文艺美学的一般规律，才会在景观设计这一学科上塑造出经典，让人们在美的环境中继续为社会乃至世界创造财富。

## （二）景观生态学

景观生态学（Landscape Ecology）是研究在一个相当大的领域内，由许多不同生态系统组成的整体的空间结构、相互作用、协调功能以及动态变化的一门生态学新分支。1938年，德国地理植物学家特罗尔首先提出景观生态学这一概念。他指出景观生态学由地理学的景观和生物学的生态学两者组合而成，是表示支配一个地域不同单元的自然生物综合体的相互关系分析。进入20世纪80年代以后，景观生态学才真正意义上引发全球的研究热潮。

"二战"以后，全球人类面临着人口、粮食、环境等众多问题，加之工业革命带动城市的迅速发展，使生态系统遭到破坏。人类赖以生存的环境受到严峻考验。这时一批城市规划师、景观设计师和生态学家开始关注并极力解决人类面临的问题。美国景观设计之父奥姆斯特德正是其中之一，他的《Design With Nature 1969》一书奠定了景观生态学的基础，建立了当时景观设计的准则，标志着景观规划设计专业勇敢地承担起后工业时代重大的人类整体生态环境设计的重任，使景观规划设计在奥姆斯特德奠定的基础上又大大扩展了活动空间。

景观生态要素包括水环境、地形、植被等几个方面。

1.水环境

水是全球生物生存必不可少的资源，其重要性不亚于生物对空气的需要。地球上的生物包括人类的生存繁衍都离不开水资源。而水资源对于城市的景观设计来说又是一种重要的造景素材。一座城市因为有山水的衬托而显得更加有灵气。除了造景的需要，水资源还具有净化空气、调节气候的功能。在当今的城市发展中，人们已经越来越重视对河流湖泊的开发与保护，临水的土地价值也一涨再涨。虽然人们对于河流湖泊的改造和保护达成了一致共识，但具体的保护水资源的措施却存在着严重的问题。比如对河道进行水泥护堤的建设，却忽视了保持河流两岸原有地貌的生态功效，致使河水无法被净化等。

2.地形

大自然的鬼斧神工给地球塑造出各种各样的地貌形态，平原、高原、山地、山谷等都是自然馈赠于人们的生存基础。在这些地表形态中，人类经过长期的摸索与探索繁衍出一代又一代的文明和历史。今天，人们在建设改造宜居的城市时，关注的焦点除了将城市打造得更加美丽、更加人性化以外，更重要的还在于减少对原有地貌的改变，维护其原有的生态系统。在城市化进程迅速加快的今天，城市发展用地略显局促，在保证一定的耕地的条件下，条件较差的土地开始被征为城市建设用地。因此，在进行城市建设时，如何获得最大的社会、经济和生态效益是人们需要思考的问题。

3.植被

植被不但可以涵养水源，保持水土，还具有美化环境、调节气候、净化空气的功效。因此，植被是景观设计中不可缺少的素材之一。因此，无论是在城市规划、公园景观设计还是居民区设计中，绿地、植被均是其中重要的组成部分。此外，在具体的景观设计实践中，还应该考虑树形、树种的选择，以及速生树和慢生树的结合等因素。

## （三）环境心理学

社会经济的发展让人们逐渐追求更新、更美、更细致的生活质量和全面发展的空间。人们希望在空间环境中感受到人性化的环境氛围，拥有让人心情舒畅的公共空间环境。同时，人的心理特征在多样性的表象之中，又蕴含着规律性。比如有人喜欢抄近路，当知道目的地时，人们都倾向于选择最短的旅程。

另外，在公共空间，如果标识性建筑、标识牌、指示牌的位置明显、醒目、准确到位，那么对于方向感差的人会有一定的帮助。

人居住地周围的公共空间环境对人的心理也有一定的影响。如果公共空间环境提供给人的是所需要的环境空间，在空间体量、形状、颜色、材质视觉上感觉良好，能够有效地被人利用和欣赏，最大限度地调动人的主动性和积极性，培养良好的行为心理品质。这将对人的行为心理产生积极的作用。马克思认为："环境的改变和人的活动的一致，只能被看作是合理的理解，为革命的实践。"人在能动地适应空间环境的同时，还可以积极改造空间环境，充分发挥空间环境的有利因素，克服空间环境中的不利因素，创造一个宜于人生存和发展的舒适环境。

如果公共空间环境所提供的与人的需求不适应时，会对人的行为心理产生调整改造信息。如果公共空间环境所提供的与人的需求不同时，会对人的行为心理产生不文明信息。如果空间环境对人的作用时间、作用力累积到一定值，将产生很多负面效应。比如有的公共空间环境，只考虑场景造型，凭借主观感觉设计一条"规整、美观"的步道，结果却事与愿违，生活中行走极不方便，导致人的行为心理产生不舒服的感觉。有的道路两边的绿篱断口与斑马线衔接得不合理，人走过斑马线被绿篱挡住去路。人为地造成"丁字路"通行不方便的现状，对人的行为心理产生消极作用。可见，现代公共空间环境对人的行为心理作用是不容忽视的。

在公共空间环境的项目建造处于设计阶段时，应把人这个空间环境的主体元素考虑到整个设计的过程中，空间环境内的一切设计内容都应以人为主体，把人的行为需求放在第一位。这样，人的行为心理能够得以正常维护，环境也得到应有的呵护。同时避免了环境对人的行为心理产生不良作用，避免产生不适合、不合理的环境及重修再建的现象，使城市的"会客厅"更美，更适宜人类生活。

# 第二节　园林景观设计要素

## 一、风景园林规划设计

我国风景园林规划设计作品数量越来越多，但其主要风格都大致雷同，大部分风景园林都是在其他作品的基础上稍加改动而形成的，缺乏自己独特的个性；规划思路十分空洞，实际作品无法体现具体的设计理念；规划过程过分关注外在美观而忽略实用性，人性关怀不足；设计内容与可持续发展理念不相符，无法贴近市民需求；风景园林作品无法与最新科技接轨，具有明显的滞后性，且不符合绿色生态理念。

### （一）风景园林规划设计问题的主要诱因

1.行政管理的非理性干预

我国风景园林规划设计工作基本是由各种非专业出身的管理人员从事的，存在浓烈的官僚主义氛围，且在行政管理过程中并没有严格依法办事，时常为了保持风景园林作品的延续性而进行随意更改，对城市的可持续发展造成了极大的困扰。

**2.设计人员缺乏专业素养及水平**

现阶段我国风景园林规划设计工作中大部分设计人员是由政府行政管理人员担任的，由于非专科出身，因此在专业素质以及技能方面自然缺乏专业性，不仅无法设计出较为专业的风景园林作品，且所设计作品的质量也难以得到保障。

**3.没有正确处理传统园林与现代园林间的关系**

目前，我国大部分风景园林作品都是依靠模仿甚至是抄袭设计而成的，盲目地将其他作品中的创意以及元素照搬至自己的作品中，只会让整个风景园林显得更加苍白无意义，失去自己的特色，无法凸显设计者的设计理念，内涵以及思想自是不言而喻。

**4.过快的信息科技发展速度所产生的影响**

随着我国信息科技的不断发展，风景园林设计者的思路与方式更加广阔，并可以选择多样化的手段进行风景园林的设计。例如以GIS为代表的应用开发，就能够使规划人员做出更高效的决策。然而在实际应用过程中，有大量规划设计人员应用新科技进行风景园林规划设计的主要目的在于体现自己卓越的技术水平，而最终的分析成果并不会真正落实到具体的作品当中。

## （二）风景园林规划设计的要点及特征

**1.风景园林场地特征**

在现代风景园林的规划设计过程当中，需要充分遵循规划设计场地的基本特点，设计方案的制定及后期实施均应当最大限度地控制对该区域内基本地貌及地形特征的影响与破坏，在此过程当中将整个风景园林场地中的自然属性与人工属性予以充分保留，同时配合有效的设计方案，将上述属性充分强化与完善。从现代风景园林规划设计工作实践的角度来说，要求规划设计工作人员预先针对整个设计区域内各项事物的联结情况进行综合观察与调研，以最小干预为基本设计原则，做到风景园林与自然环境共存。

**2.风景园林地域延续特征**

在现代经济社会的建设发展过程当中，风景园林规划设计工作人员在对国内外先进文化成果进行吸收的同时，将民族元素充分赋予风景园林实践中。然而上述设计工作的开展均应当以风景园林所处土壤环境以及社会环境为基础。从现代风景园林规划设计工作实践的角度来说，要求在规划设计的过程中遵循以下原则：①传统设计原则与现代化的规划设计理论应当充分融于现代风景园林的规划设计实践中；②传统设计形式下最为出彩的设计规划元素应当在抽象处理的基础之上，创造性地应用于现代风景园林规划设计过程当中，从而真正意义上地实现地域延续。

**3.风景园林植物群落特征**

大量的实践研究结果表明，植物群落的营造能够发挥显著的生态效用。通过营造植物群落的方式，能够达到净化空气，改善区域性气候环境、降低噪声的重要目的。从这一角度上来说，在现代风景园林规划设计的过程当中，植物群落的营造需要充分体现科学性、合理性以及可观赏性。还需要特别注意的一点是：在现代风景园林规划设计的过程当中，植物配置的类型应当以乡土树种为主，实现乔木、灌木以及草木的充分融合，按照此种方式，实现整个植物群落结构功能具有完善性、稳定性以及合理性。通过上述规划设计措施的落实，能够最大限度地保障植物群落与生态环境的协调发展。

4.风景园林水资源特征

从生态性的规划设计研究角度来说，在风景园林设计过程中需要尽量实现对水资源的充分节约，同时配合对地表水循环系统、人工湿地系统以及雨水收集系统的综合应用，充分体现水资源在现代风景园林规划设计过程中的重要意义。

5.风景园林废弃材料利用特征

在后工业时代背景下，部分风景园林景观规划设计工作人员基于对上文中所述"最小干预"设计思想的应用，在针对城市既有废弃区域进行综合改造的过程当中，充分还原并遵循了这部分废弃区域的生态景观发展特性。以德国杜伊斯堡市北部北杜伊斯堡景观公园为例，该公园建设区域原为炼炉厂及钢铁厂，在风景园林设计过程中，将该区域内的大量仓库及铁轨轨道均充分保留了下来，并将其作为风景园林规划设计中的关键组成部分之一，在构成主题花园方面有着极为关键的意义。而原本属于废弃物的各种工业材料及设备均成为风景园林建筑中的关键材料，充分实现了再循环利用。

## （三）风景园林规划设计基本原则

1.尊重地方文化特色

随着我国风景园林规划设计所受到的国际因素影响越来越大，这使得相关设计人员在风景园林规划上偏好工业化设计语言。虽然这能够在一定程度上体现出文化与国际的接轨，但是严重脱离我国地方本土文化特色，从而造成设计人员所设计的风景园林缺乏地域特色。

2.重视视觉与功能的统一

众所周知，风景园林是城市的文化代表之一，不仅要能够带来视觉上的冲击，还要满足功能和内涵的需求。对此，相关设计人员在进行风景园林规划设计时，要能够注重作品的功能，之后，还要对视觉效果进行深入分析。

3.建筑与景观和谐的原则

结合实际发现，多数建筑师与园林设计师在目标理念上存在较大的差异。具体来说就是这两者在实际融合中明显不够协调。针对这种情况，需要相关单位在园林规划设计工作中，遵循相关原则，也就是坚持建筑与景观和谐原则，确保建筑与景观之间的融合性。

### （四）风景园林规划设计的方向

**1.功能需求**

风景园林的最根本作用即美化环境，改善城市气候条件。因此，在风景园林规划设计创新过程中，应确保满足这一功能需求，并要进一步增强园林景观的使用功能，这样才能设计出更有特色、设计感的园林景观，且实现美化净化城市气候的功能。风景园林独特的功能性，能真正满足人们的实际需求和期望，会使人们由衷赞美园林的实际价值和设计者的创新精神。

**2.空间序列**

空间序列是风景园林专业设计中的一个重要组成部分，其可在很大程度上体现出设计者的文化底蕴和艺术才能。空间序列要求对功能价值和空间层次进行科学安排，要求在创新思维的引导下，使风景园林具有更加独特的风格和强大的使用性能，这样的园林才更具有价值。传统上的园林空间序列比较单一落后，因此设计时可考虑在色彩搭配、材料组合以及灯具排列等方面进行创新，使得空间序列变得更加完善，展现出一种层次递进的效果，这样更能凸显园林主题。此外，可通过融合现代化元素与传统元素，使园林景观展现出文化厚重感，从而聚焦人们的视线，使人们沉浸在这种立体化空间结构的园林中，尽情欣赏，深入探索园林中的各个区域空间，使其深刻感受到自然风景与人工景观融合的巧妙，最终达到放松身心、寻求安宁自由的目的。

**3.民族文化**

我国拥有十分厚重的传统文化，早在数千年前就已经有了园林设计，甚至很多经典的园林设计理念一直流传至今，在现代园林设计中也可加以模仿和借鉴，例如，苏州园林、北京颐和园等均是古代园林的经典。从传统园林建设到现代园林设计，充分体现了历史文化的积淀，已突破了风景园林本身的局限性，具有极高的文化内涵和审美价值。在对风景园林规划进行创新设计时，设计人员要注重尊重民族文化，深入学习和研究民族文化，尤其是当地的民族特色，将其合理运用到园林规划设计方案中，从而建造出具有民族文化和独特韵味的园林作品，使我国园林充分体现传统民族精神特色文化，推动人类社会的发展进步。

### （五）风景园林规划设计的方法

**1.因地制宜，依托区域地理特征**

现在多数城市风景园林在规划设计时往往过多地考虑设计感，模仿和追求现代化科学感的现象突出，盲目追求新颖，多数设计人员成为设计的"搬运者"，并未与当地实际情况相结合，未关注当地群众的实际需求，这样的园林设计建设极易失败。对于风景园林的布局和规划来说，相关设计者应具备专业的理论指导思想，要符合行业的统一标准，但同时要避免抄袭雷同的情况，必须坚持因地制宜的原则，注重依托当地的区域地理特征，充分考虑植物的气候条件适应性等方面要求，以保证绿色植物的存活率，从而真正将园林景观与自然景观相融合，确保园林建设成果，凸显地域特色。例如，河南省洛阳国家大学科技园，在植物设计上针对春夏秋冬4个季节选用了不同的开花植物和常绿乔木。夏季采用紫薇、合欢等开花植物，辅以黄金槐等彩叶树种；冬季雪松、白皮松等常绿树种，辅以蜡梅等开花植物，整个游园季相分明、四季有花、四季常绿，打造出充满活力、贴近自然的园林景观。

2.挖掘地方文化，突出人文特色

各地区均具有独特的地方文化，应将这些历史文化融入风景园林规划设计中，赋予其独特的灵魂，从而取得良好的创新发展成效。园林设计者要注重深入挖掘当地的历史文化，充分了解当地著名的历史人物和传说故事，并合理将这些元素融入园林设计中，从而使当地人民群众产生强烈的认同感和归属感，建设出独具文化特色的园林作品。人文因素会对人们产生潜移默化的影响，因此在设计时应注重突出人文特色，使风景园林具备特殊的文化传播功能，这样可对人们产生很大的文化影响力。例如，江苏省宿迁市南园风景区，景区建有张相文故居、中国地文馆，为大力普及地理知识，创新提出了"五界"（星界、陆界、气界、水界和生物界）景观规划设计理念。

3.合理利用空间，优化布局层次

在园林景观规划设计中，要充分合理利用有限空间，科学设计景观序列，优化布局层次，这样才能呈现出良好的视觉效果，体现出设计者在空间布局上独具匠心。例如，动静结合即是一种典型的空间布局形式，可为人们展现出一种动态美和静态美相映衬的画卷，可促使整个园林显得更加灵动，独具魅力。

风景园林规划设计是一个系统化的工程。面对当前部分地区在园林设计方面缺乏创新思考、照搬照抄、千篇一律的现象，园林设计单位及人员要注重创新思维方面的探索；要始终坚持从当地实际情况出发，优化空间布局；尤其要注重挖掘地方文化，突出风景园林的人文特色，这样才能使园林景观更有审美价值和文化内涵，从而提高我国风景园林的建设质量和水平。

## 二、风景园林建筑设计

地形是风景园林建设工程的基础，在良好地形的基础上加入植物及水体，更能够体现出该项建筑设计的艺术性。地形、植物、水体等元素的结合，能够使园林设计更加自然，下面将对这三者在风景园林建筑中的良好结合等相关话题分别加以讨论。

### （一）地形在风景园林建筑中的应用

1.在园林绿化中地形景观的优势

风景园林设计的基础就是制造空间感，因此，合理利用地形能够满足该项条件，常见的园林地形有开放或半开放型及垂直型。在设计地形的同时可参考其位置的道路情况，适当添加绿化树木充当路线引导。由于地形并不完全呈笔直状态，因此可根据地形地势的起伏，在两侧种植相应的植物，形成固定景色。由于城市污染现象愈加严重，在设计园林地形景观时可以适当调节所在地区周围的生态环境，保持空气新鲜。借助地形的多变性可以改变绿化地区的光照范围，从而产生阴坡、阳坡，使其内部植物都能够接收到阳光，从而能够正常生长。科学、合理地利用地形还有利于增加绿地范围或地表面积，增强储水功能并起到防风作用。

2.园林绿化中对地形的处理

若园林绿化所在地区临水较近，在设计的过程中就可以将其作为临水地区与绿化地区的沟通桥梁。在园林绿化设计的过程中，临水绿地是被高频利用的自然景观之一，其主要设计形式是将水与绿化地区相连，在临岸位置通过倾斜可向水面逐渐蔓延，也可使用台阶的方式，将其放置在水与岸的连接处，为人们营造简单的水上乐园。在陆地上的设计方面，关于风景园林的绿化设计，道路与广场的修建是其必备的元素，并要求具有绿化带、正常交通、停车场等多种绿化区域，并根据以上区域进行道路规划，在两侧进行植物搭配，保证其道路的美观性。除此之外，也可将地表形态设置为龟背状，保证道路畅通的同时也能够起到线路引导的作用。

### （二）风景园林建筑设计中山石的运用

如若将风景园林景观比作一个活生生的人物，那么山石便是其"骨头"。没有了"骨头"，任何的风景园林景观都将显得空洞，没有立体感，形式单一、枯燥，必定无法给人以宏伟、美好的视觉享受和情感享受。对山石的简单运用，也无法充分发挥山石的"骨头"作用。山石的种类繁多，如何选择合适的山石，运用怎样的原则与方法，如何较好地与风景园林本身进行搭配，更加凸显山石和风景园林两者本身的优点，以及两者结合的效果等，成为山石在风景园林建筑设计中需要重点关注的问题。

1.山石的分类

普遍来说，风景园林的建筑设计离不开对山石的巧妙运用。山石的种类之多，可以根据不同的方法进行分类，可按照山石的颜色分类，按照山石的材质分类，按照山石的景观艺术形式分类。在风景园林的建筑设计中，可分为自然地貌类、艺术造型类、意境类、抽象类山石景观。在风景园林的建筑设计中，设计者根据风景园林的整体风格和实际需要，选择协调的山石种类，获得超凡意外的效果，给予观众美的享受。

2.山石的布置方法

前面提到，山石的分类很多，自然种类也很多。依据不同的山石材质、特征，与园林建筑相搭配，可以呈现出不同效果。山石的布置，应遵循与自然相协调的原则，进行科学合理、认真的搭配利用。首先明确风景园林的建筑设计风格是古典还是现代，再认真地选择山石的材质、颜色、形状等，同时在山石的镶嵌、融入过程中，尽量保持山石的自然特征和完整性，保证山石与自然环境相协调，力求将山石与景观融为一体，创造出美的意境。

3.山石构造的方法

景观园林学中的应用：纵观世界，有许多令人惊叹的风景园林建筑，其中的建筑技巧和建筑风格、山石构造等值得所有风景园林设计者借鉴。山石的巧妙构造，充分体现了风景园林学的艺术性、文学性，同时在风景园林学的理论指导下，山石构造在风景园林建筑设计中发挥了重要作用。

现代山石园林景观体系的构建：随着风景园林的发展，山石构造也逐渐演变为一门艺术科学。对山石构造的研究，对建立现代山石风景园林体系有积极的促进作用。

风景园林建筑中山石构造的创新：随着社会的发展人们对于高雅艺术的要求越来越高，山石在风景园林中的构造方法也需进行创新。丰富山石景观的内容，抑或是调整山石构造的形式等，都能促进山石作用的发挥。

## （三）水体在建筑中的应用

1.水景的设计方式

在园林内部添加水景设计，能够为其增添一份灵动，水是万物之源，水景可使园林景观更为自然。在水景的设计中，因其可塑性较强，可以使用动静结合的方式，以动制静更显其静，可在其水面设置喷泉，或在假山周围将水设计成小溪内的涓涓细流，经过蜿蜒的地形地势，展现其水体独具的柔美，最后均使其融合到总体的水面中，给人以翻越千山万岭最终汇入大海的大气之感。在水流的周围也可将其与植物相结合，尽量将自然风貌复制到城市中，使观赏者能够在该片园林内感受自然之美。若园内有地势较高处，为不使其显得突兀，也可利用水体，以瀑布的形式呈现。

2.设计科学的供水方式

在水体设计中，为避免水资源的浪费，设计人员需结合园林内地形的情况，设置回流水或重复使用水，但要保持水的清澈，避免水因长时间不更换而变色或散发异味。在供水时，可根据出水位置来设计。例如，在设计小溪流水时，需控制水流力度及水量。在给人工瀑布供水时，需增加供水的高度和加大水阀力度，保证在一定高度各个出水口均能够顺利出水。在更换水源时，为避免水资源浪费，可用其来浇灌植物，进行远距离的喷灌，这样不仅能够使植物吸收水分，还能够冲刷叶面残留的灰尘。

3.将动植物与水融合

若只是单一地进行水体设计，会稍显单调，可在水内放置合适的元素来增强水的动感性和柔美性。可在水中加入植物，例如水草或相关的水生植物，同时，还应注意植物的主体搭配。在水中加入水生动物，例如适合室外生长的鱼类、虾类等。在喷泉区水池内放入较大的鲤鱼或彩色鲫鱼，在假山或自然风味强的水源区投入体型较小的鱼类，为保证其自然性，尽量不注重鱼类的颜色，在小溪中放入鹅卵石或加入少量植物，给鱼类提供良好的自然生存环境。在面积较大的水体中，可在其中心位置设置假山或凉亭，建设凉亭的材料需选择防水性能好的木质或仿木制品，凉亭风格必须与桥梁风格相搭配。若设计古风凉亭，可与九曲蜿蜒的木质桥梁结合，并在两侧水面种植荷花，从而缓解水面的单一性。动物与植物完美结合，能够使风景园林建筑更显生动。

风景园林建设已经随着时代发展及设计的精美而逐渐受到人们的重视，近年来，由于现代化的成熟与稳定发展，在城市中，多处地区都属于高楼林立的状态，在城市中生活的人们仿佛已经远离了自然，因此，将地形、植物及水体等多种自然元素融入风景园林建筑中，更能够使人们亲近自然、回归自然。

# 三、风景园林种植设计

## （一）苗木种植

1.园林苗木种植与养护的关键环节

（1）做好园林工程施工前的准备工作

认真地做好园林工程施工的前期准备工作，具体涵盖苗木的选择、种植及修剪，对土壤的处理、苗木的运输及假植等方面的内容，为此，要大力发展乡土植物，这样的植物在本地是极易生长的，有助于植物在适合的温度下苗壮成长。与此同时，本土种植对乡土植物的生理特征、易发病害等是非常了解的，当植物在有病虫害发生时能够采取有针对性的解决措施，除此之外，本土苗木的种植可在一定程度上推动本地区社会经济的快速发展。

（2）为园林绿化植物种植与养护制定正确的技术标准

"无规矩不成方圆"，做好园林苗木种植与养护也需要有专业的技术管理单位来整体负责，从而根据每一阶段的具体特征为园林苗木的种植与养护制定科学合理的技术指标。在确定统一的指标之后，全体的苗木种植与养护工作人员要严格执行，根据所处季节来挑选不同的苗木进行种植，并有针对性地做好苗木的养护工作，这样才能够促使园林苗木种植与养护水平得到进一步的提高。久而久之，养成良好的养护习惯，形成一种规范的、正确的养护习惯，防止有的养护人员以自我意志为中心发生错误的行为，最终造成过于勉强的种植和养护成效。

（3）提高园林苗木养护过程中的机械化程度

在科学技术不断更新的今天，机械自动化开始融入人们日常生活及生产的各个方面，园林苗木种植与养护过程中机械自动化的有效运用可在一定程度上促使园林工程的机械化管理水平大大提高，这与以往传统的设备相比不但能够减少此方面的人力投入，而且可以大幅提高苗木种植与养护工作效率，促使园林养护劳动成本显著降低。

2.园林苗木种植与养护

园林苗木的种植与养护工作是比较烦琐的，要根据不同苗木的特性来采取不同的种植与养护方法，从而促使苗木更好地生长。

对苗木栽种区域的土壤进行平整处理，以避免外表会有砖块瓦砾的情况存在。其中，重点对土壤深处建筑垃圾进行清理工作，只有确保土壤达到正常的盐碱度，才能够保证乔木的正常生长。此外，对土壤进行定期消毒处理。在对苗木进行杀虫处理的过程当中，要有效地借助生物药剂，尽可能地选用一些毒性较低、环保的无公害杀虫剂，这样才能够避免植物在感染毒性药剂后在人与之接触时对人的健康造成不利的影响。

根据苗木的大小对其进行施肥处理。通常情况下，大树木在内树的周边区域进行施肥处理，小树木的生命力较弱，可在周边区域进行施肥，从而促使苗木更好地吸收。

3.彩叶灌木的种植与养护

彩叶灌木的类别是多种多样的，并且以不同的姿态呈现在人们的面前。伴随着我国城市化进程的加快，各地园林工程比比皆是，因彩叶灌木类别非常多，为此，在挑选苗木的时候一定要以达到最佳绿化成效作为出发点。在种植彩叶灌木的过程当中，做好全过程的灌溉、施肥及修剪工作，积极做好苗木的养护措施，从而达到最佳的苗木种植与养护效果。

彩叶灌木的颜色非常多，其可观赏价值是大家公认的，为此，对彩叶灌木进行修剪的时候一定要做到全方位统筹把控，在全面兼顾灌木的艺术可观赏性的同时，要考虑整体园林工程所要达到的绿化效果。从园林工程的具体结构着手，促使彩叶灌木的观赏性得到最大限度上的体现。在抗病虫害能力方面，彩叶灌木有着显著的优势。在灌木成长的同时，及时清理灌木上脱落的叶子，确保整个彩叶灌木的整洁，确保苗木的生长拥有充分的光照，从而起到保护灌木正常生长的作用。

城市绿化工程建设工作的开展要认真遵循因地制宜的基本原则，做到平面绿化和立体绿化的有效融合，不断强化对绿化苗木进行全过程规划和系统性的管理，进一步完善绿化系统的防灾性能，彰显城市绿化工程的地区性特色。唯有如此，才能够更好地顺应社会时代发展的主流，满足人们日益增长的精神文化需求，走出一条具有中国特色的园林发展道路。

## （二）花卉种植

花卉属于非常鲜明的装饰植物，在园林景观设计中结合花卉的应用，能够组成各式各样的园林景观。在园林的花卉种植设计以及花卉布局相关工作中，需要工作人员熟知各种不同学科的知识，例如气候学、美学、植物学以及城市规划学等，需要工作人员把握好一草一木在生长过程中体现出来的生态习性，了解植物的观赏特性，并综合设计美学因素优化花卉设计。

1.园林花卉种植、布局设计要点

要想提高园林景观的设计质量，科学布局和规划园林中的花卉景观至关重要，因此，在进行花卉的种植设计与布局之前，首先要分析其中的设计与布局要点，并基于此展开后续的种植与布局规划，从而提高花卉种植与布局的合理性。

（1）设计要注意景观的协调性

园林景观的整体协调性在园林景观设计中非常重要，这样才能体现出园林景观的美感，例如花卉的种植以及景观中辅助小品的拍摄都要有一定的美感，才能体现出"错落缤纷"的观赏效果，如果在设计中忽视了协调性，一味使用大红大紫的设计方案，有喧宾夺主之嫌，影响园林景观的美观性。花卉和其他的园林要素之间需要根据要求，协调好相互比例，在设计中需要对比好不同景观的比例尺大小差异性，例如园林空间整体比较大，那么在设计中可以选择高大的植物作为装饰，这样植物的比例尺能够跟周围的环境要素更好地协调在一起。如果花园的面积比较小，可以在其中种植结构比较简单但是颜色鲜艳亮丽的植物，能够重点突出花园自身的存在感。在选择辅助小品时，可以根据周围建筑物的特点来选择辅助小品，如花架、花瓶、藤架等。

（2）花卉种植设计要重视均衡对称性

在我国的传统文化中非常重视对称美，在花卉设计中，也要求能够达到设计的均衡性和对称性，确保在园林景观设计中，每个细节处都能够处于对应相等的状态，例如地貌、建筑、植物等方面。例如我国苏州园林等著名园林景观设计，受到苏州历代习俗以及文人墨客影响，在植物品格选择上十分讲究，对于花卉种植设计也十分重视，做到大小、前后、左右呼应，怡园的梅林就具有非常好的花卉均衡对称设计效果。除此之外，均衡状态设计理念还出现在寺庙园林设计中，能够给人带来井然有序的感觉。花卉种植设计中均衡性和对称性能够增加稳定性设计感受，设计师需要在设计中加强对于花卉种植的设计，多选择立体感比较强的花卉种类，能够提升园林景观的观赏性。

（3）把握好设计的全局性

园林花卉景观种植设计的要点就是要把景观设计跟自然风景相融合，园林中的花卉景点，属于园林景观的构图中心，从设计和布局上来说十分引人注目，因此在花卉园林设计中设计师需要把握好景观的布局设计，在园林的景观构图中巧妙地设计园林花卉种植，能够吸引更多游客的目光，成为游览的主干线，提升游览质量。在花卉种植设计和布局中，还要重视意境美，自古我国就注重"诗中有画、画中有诗"的意境美效果，只有把情和景完美地结合在一起，二者互相产生意境，这样才能够让人在游览的过程中身心愉悦，提升园林景观的美观性。在园林景观中花卉属于非常重要的设计材料，园林中的花卉和其他植被互相搭配，营造出园林的整体意境。园林花卉种植设计想要提升设计效果，还需要在设计中重视花卉的生长情况和绽放情况，并使用辅助小品来营造出良好的园林意境，符合生命节律的变化，把握好园林景观的全局性，让景物能够彼此交融在一起。

2.园林景观设计中花卉的种植配置

园林设计的目的在于为人们创设空间以观赏美，从而提高人们的生活情趣，因此，在进行园林花卉种植设计的过程中，要充分考虑适当的布局，并提高花卉种植所营造的意境美，只有这样才能够满足园林整体建设水平提升的要求，为人们提供更美好的园林景观。

（1）尊重科学性原则

在园林景观中，花卉属于客观的植物体，想要把园林景观中植物的艺术美充分展现出来，需要确保花卉能够正常地生长发育。在园林景观建设过程中，如何选择花卉的品种非常重要，要根据花卉的生长习性以及本地的气候特点、土壤特性进行选择，确保所选择的植物能够顺利健康地成长。设计工作人员首先要了解不同花卉植物自身的生长特性，以及在养殖过程中的主要养殖工序，科学合理地应用现代化培植方式培植花卉。在园林花卉种植设计当中要遵循科学性原则，满足植物成长对于周围环境的要求，不要过于追求艺术上的美感，而要结合花卉生长特性优化设计方案。

（2）注重色彩和审美

园林景观主要利用花卉的丰富色彩来优化景观设计质量，通过注重设计中颜色的搭配以及审美要求，科学合理地进行花卉种植，能够更加尊重色彩的使用原则，提升园林景观设计效果。例如单色搭配原则是同一种颜色，选择该颜色的不同深浅变化作为配色，深黄、明黄和橘黄，都属于黄色调，能够通过颜色深浅的变化突出主次。近似色配置则是距离比较相近的颜色，例如黄色、橙色和红色，还有黄色、黄绿色和绿色等，这种近似色在应用过程中不要跳动过大，否则会给人不协调的感觉，这种颜色适合过渡应用，既能够体现出颜色的变化又不会显得呆板，重点突出了花卉的生机勃勃。色调配置原则是利用统一的亮度，调和不同色彩的差异性，例如浅粉色、乳白色和淡黄色。

对比配色原则分为两种，分别是色彩对比和色调对比，这两点的区别还是很大的。色彩对比指的是对比非常强烈的颜色，例如红色对绿色、黄色对紫色、橙色对蓝色等。在花卉种植设计中尊重色彩对比原则，可以在主体颜色设计的基础上科学合理地在周围配置对应色调，不仅不会破坏美感，还会起到非常优秀的突出设计效果。色调对比则属于不同色彩明暗度的对比，通过色调的明暗能够把不同色彩的特征充分展现出来，鲜艳夺目的色调可以给人留下鲜明的印象，调节好色调，是对比配色的关键点。

层次配色对比同样十分重要，利用色彩和色调按照一定的次序和方向形成色彩的变化，这种变化的效果给人一种非常强烈的规律感和整齐度。为了体现出色彩的层次配色还可以按照色相环自身的变化顺序进行设计，或者是按照设计师的设计要求进行组织，在具体的景观花卉种植设计中，还要综合具体花卉的种植方式进行确定。

3.营造意境美

提升园林景观的整体意境美是开展园林设计工作的重要目标，不仅要表现出意境美，还要表现出崇高的情感，注重园林景观设计中的情景交融。设计人员在工作中要精心地选择花卉的种类，充分考虑如何应用花卉的生长特点来配合周边静置，营造出更好的园林景观意境。在园林花卉种植设计中除了营造意境美之外，还要把丰富的文化内涵体现出来，体现出具有中国特色的花卉文化。例如有很多把花卉拟人化的文化，以莲花寓意清廉、以梅花寓意坚韧，既能够为园林景观营造出较好的意境，也能够把花卉文化内涵充分体现出来，为园林花卉种植设计和布局工作的开展打下良好的基础。

4.空间构图技巧

在园林景观设计中应用空间构图技巧，不仅能够补充园林景观的建筑元素，还能够提升园林景观的整体设计美感。在园林景观设计中使用比较广泛的构图形式有空间造型、立面构图和平面构图三种。平面构图是设计人员把不同花卉的设计方案综合考虑到统一的平面位置上，在平面构图设计中需要严格地遵守自然式构图、半规则构图和规则构图的原则要求。半规则构图方式是多种构图方式组合在一起，对于对称性要求比较低。在平面构图中花卉设计的主要内容是图案美。不同的植物拥有不同的空间形体，因此想要在共同的空间中组成特有的形态特征，需要协调好不同植物个体的不同形态，遵守形式美的重要设计规律，科学合理地把不同的花卉组合搭配在一起，利用植物之间姿态的差异性形成强烈的对比，能够通过互相烘托来体现出不同的景观设计效果。

5.做好花卉种植设计配植

在园林景观中进行花卉种植设计，需要跟周围建筑配合成景。在建筑前面选择花卉种植种类，建议选择色相姿态兼具的品种，并且需要跟建筑物保持一定距离，不能影响建筑物本身的采光和通风。针对土多石少的假山，可以选择种植花卉丛，几株到十几株都可以。花丛可以选择多年生宿根花卉或者是混交花卉。花丛种植的疏密度、颜色、形态要有变化，以丰富园林景观的设计感。在水池旁边种植植物要考虑水面构图，岸边的花木配植要稀疏，可以选择种植少许的乔木以及灌木，不能遮挡视线，也能够造成水面倒影的美景。

综上所述，在园林景观花卉种植设计和布局中，并不仅仅是进行简单的植物种植，而是要通过设计人员的设计，结合时间、空间以及当地人文文化的因素进行综合考虑，在不影响花卉正常生长发育的前提下，利用花卉不同的生长姿态和生长特点，提升园林花卉设计和布局的艺术性，把花卉本身的色彩特点充分利用起来，组合成为美丽的园林景观，提升园林景观设计效果。

## 四、风景园林景观设计

风景园林景观生态设计是对园林景观的一系列设计和改造活动。要满足人们日益增长的精神文化需求，可以因地制宜，将园林自然景观和人文景观相结合，达到良好的生态设计效果，实现在风景园林景观内人与自然的和谐共处，提高居民的生活质量。

### （一）风景园林景观生态设计的重要性

1.实现风景园林与生态设计的完美融合

风景园林景观设计将艺术与生态融于一体，在保证功能齐全、结构健全的基础上，合理搭配不同的植物，促进人与自然间的和谐相处，优化城市环境，增强人们的艺术修养，陶冶情操，可以全面提高居民的生活品质。

2.突出自然元素

随着人们生活质量的不断提高，居民越来越渴望亲近自然，但园林设计中自然元素逐渐减少。在风景园林的生态设计中可以充分体现自然元素，满足人们的生态需求，草木、灌木、乔木形成的复合植被可以有效提高绿化面积。在设计过程中，通过与地形地貌格局的完美结合，提高风景园林的生态设计水平，选择抗污染和耐污染植物，发挥植物对污染物的吸附和降解作用，从而实现城市生态的发展。

3.实现生态与艺术的结合，保护园林风景资源

风景园林景观设计涉及诸多领域，通过生态与艺术的结合，构造出自然与人文的复杂组合体，形成完整实用的功能体系和独特的艺术形式，将景观形象转化为实体图形，塑造出完美的空间结构，利用全新的生态技术及各种再生资源，实现园林景观的自给自足，减少对于环境的负面影响，维持园林景观的生态平衡，达到良好的环保效果。可以采用无土栽培技术，充分利用植物的水分和营养物质，为景观植物的繁殖和生长服务，实现园林生态的循环。

### （二）风景园林景观生态设计原则

1.植物群落多样性原则

在风景园林生态设计中保证植物的多样性，在植被的选择和设计中选择结构相近的生

物群落，减少植物配置的单一化，保证植物在结构和功能上的渐进性，提高其抗病虫害能力和抗天灾与抗人为干扰的能力。

2.群落结构的层次性原则

在风景园林生态设计中实现植物群落的层次性，增加地带性植物群落的种类，使构建的植物群落结构具有多层次特点。

3.经济适用原则

风景园林景观设计要做到在有限的条件下发挥出最佳的生态效应，因地制宜，减少投资和成本，解决经济问题，根据园林的建设需要确定必要的投资。

## （三）风景园林景观规划中生态设计的实际应用

1.应用于风景园林规划中

在风景园林规划中，景观生态设计是非常重要的构成，必须重视风景园林规划带来的影响。在景观生态设计安全性方面，景观生态设计是从生态合理保护入手，随着时间的改变预防景观发生改变，同时有效保护生物。风景园林规划中对景观物种、城市空间设计与布局、自然灾害破坏等方面的影响可能会影响景观生态安全性。在进行风景园林规划时，要注意园林所在地气候、物种特点与存在条件，以此充分保护景观生态环境，这是生态效果保障的基础。在景观生态保护方面，要注意保护物种的多样性，尽可能为动植物创造良好的生存与发展空间。风景园林建成后，有效监管景观生态环境，加大景观生态情况监测力度，及时采取措施保护景观生态。

2.应用于风景园林规划美感上

在风景园林规划中，符合美学原则是基本要求之一。首先要统一规划并设计项目所在场地自然环境，使其能够满足美感。在此过程中，引入景观生态设计理念，合理保留并改造山川与河流等自然景观，确保其满足生态要求，并保持和充分发挥其美感，这主要表现为风景园林规划中景观生态设计的基本应用。具体来讲，可通过以下方式展现景观生态设计的美感。一方面，自身形式具有丰富与多样性，为风景园林增添一定的美感性；另一方面，景观风格变化，可将时间、地域作为景观风格变化依据，还可利用民族文化区别各种景观生态。基于人的独特创造设计展现差异美与艺术美，充分发挥风景园林景观生态设计的独特效果。必须注意，无论是通过丰富的景观生态还是风格变化增强风景园林美感，景观设计都要与风景园林有相似的主题与风格。风景园林中景观有一定差异，但也与确定主题保持统一，风格突兀的生态只会削弱整个风景园林景观的效果。

### （四）风景园林景观生态设计方案

1.园林景观建设场地

进行风景园林景观建设时应先对建设场地做好规划分析，在明确用地条件的基础上，尽可能应用并调整展示效果。项目设计中，风景园林设计不同于传统城市规划设计，基于自身设计风格及生态条件，尽可能满足整体所处地区文化风格及地形地貌特点，确保建设的统一性，同时减少人为破坏概率。在保障场地原生态属性基础上，调整人为景观条件，处理人为景观适应性，以更好地满足生态化建设需求。突出原生态属性特点，层次化区分景观内容。景观建设目标的实现，要基于前期景观设计工作做好相应的市场调研与准备，保障原有地貌特征基础上增强景观环境自然属性，减少地形地貌处理损耗的成本，从而更好地保存自然景观原有特征并不断加以延续，以此为风景园林景观原生态属性的保障创造条件，有效融合自然环境与人工景观，弱化人工建设操作痕迹。

2.园林景观气候条件带来的影响

在风景园林景观生态设计中，区域内景观生态园林设计效果有很多影响因素，比如天气、降水、温度及风力等自然气候条件。其目标在于尽可能融合园林景观生态与原有生态环境，有效应用地理风貌，结合风景园林原有建筑物、水环境与植物，以此有效进行风景园林景观生态设计。在此过程中，尽可能不出现土方挖掘，结合景观生态设计地区自然气候条件与特点，逐步改善风景园林生态环境。

3.延续景观地域性

进行风景园林景观生态设计时，要符合风景园林景观原有设计理论，在保持原有设计的前提下取其精华，利用景观生态设计为城市营造新的意境，将风景园林景观生态设计与城市历史传统、地理文化与本土资源有效融合起来，保护城市原有文化底蕴。实际工作中，可借鉴国内外先进经验，构建地区民族风格与地理条件独具一格的园林景观生态设计方案[①]。景观生态设计中的自然环境设计统一是基础条件，可引入生态绿色环境设计理念，适当保留与改变自然景观，明确景观生态设计方向。此外，注意建筑物改变，确保景观设计符合居民要求，推动城市规划发展，促进城市可持续发展。

4.生态效应的展现

生态系统自身具有新陈代谢与能量循环功能，城市园林规划中应用生态设计理念，获得最好的生态效益，以此有效融合城市规划与地区原有生态环境。进行生态设计先要充分尊重原有物种生存环境与条件，科学筛选外来物种，以确保外来物种完美搭配原有环境，利用植物、建筑学等专业生态环境，引入先进设计理论、经验与技术，对生态环境设计进行深入研究与探讨，从根本上保障风景园林生态效果，实现环境保护与美化的目标。风景

---

① 钱达.景观规划控制构建城市特色研究 [J]. 北方园艺，2012（3）：82-85.

园林景观生态设计可整合关键资源，保持生态平衡，确保一定时期内景观不会发生改变。

5.生态群落的营造

城市规划中营造生态群落的目的在于利用植物加强土壤与水资源保护，调节城市气候条件，保护植物生态效益。不同城市有不同的地理、气候与生态环境，进行园林景观生态设计要深入实地考察，了解当地气候与地理条件，为城市发展制定合理的设计方案，促进人与自然和谐发展。在进行生态建设时，要注意风景园林景观建设的科学与美观性，基于当地生态环境保障原生植物发展，充分展现地区植物景观特点，再利用乔木、灌木、草本植物等植物搭配物种与色彩，保证结构完整性有明显的特点，景观协调且美观。

6.有效应用水资源

在城市风景园林景观生态设计中，高效使用水资源也是非常重要的。利用水循环、人工水系规划及雨水再利用等合理规划生态园林设计，提高水资源应用效果，充分体现节能环保原则。风景园林景观生态设计可借助景观中植被、水体环境与道路等方式展现生态设计理念。再利用雨水的收集与处理解决植物蓄水问题，降低暴雨造成的影响。

综上所述，在风景园林景观建设中引入生态设计理念具有基础性作用，满足客观因素如地理气候条件，根据地区文化氛围如风景地貌，有效改善建筑空间。同时在生态化调整道路与建筑物过程中有效设计乡土植被景观，对人文环境进行优化，以此促进城市规划实现生态化发展目标。

# 第三章 园林景观造景设计

## 第一节 园林赏景造景及布局

### 一、园林景观设计的造景方式

园林设计离不开造景，如面临的是美丽的自然风景，首要的就是通过造园的手法展现自然之美，或借自然之美来丰富园内景观；若是人工造景，可遵循中国传统造园的一个重要法则——"师法自然"，这就需要设计师匠心巧用、巧夺天工，从而达到"虽由人作、宛自天开"的效果，常用的造景方式有以下几种。

#### （一）主景与配景

景有主景与配景之分，主景是园林设计的重点，是视线集中的焦点，是空间构图的中心；配景对主景起重要的衬托作用，所谓"红花还得绿叶衬"正是此道理。在设计时，为了突出重点，往往采用突出主景的方法，常用的手法有主景（主体）升高；轴线焦点，即将主景置于轴线的端点或几条轴线的交点上；空间构图重心，即将主景置于几何中心或构图的重心处；向心点，诸如水面、广场、庭院这类场所具有向心性，可把主景置于周围景观的向心点上，例如水面有岛，可将主景置于岛上。

#### （二）层次与景深

景观就空间层次而言，有前景、中景、背景之分，没有层次，景色就会显得单调，就没有景深的效果。这其实与绘画的原理相同，风景画讲究层次，造园同样也讲究层次。一般而言，层次丰富的景观显得饱满而意境深远。中国的古典园林堪称其中的典范。

## （三）敞景与隔景

敞景即景物完全敞开，视线不受任何约束。敞最能给人以视线舒展、豁然开朗的感受，景观层次明晰，视野辽阔，容易获得景观整体形象特征，也容易激发人的情感。隔景即借助造景四要素（如建筑、墙体、绿篱、石头等）将大空间分隔成若干小空间，从而形成各具特色的小景点。隔景能达到小中见大、深远莫测的效果，能激起游人的游览兴趣。隔景有实隔、虚隔和虚实并用等处理方式。高于人眼高度的石墙、山石林木、构筑物、地形等的分隔为实隔，有完全阻隔视线、限制通过、加强私密性和强化空间领域的作用。被分隔的空间景色独立性强，彼此可无直接联系。而漏窗洞缺、空廊花架、可透视地隔断稀疏的林木等分隔方式为虚隔。此时人的活动受到一定限制，但视线可看到一部分相邻空间景色，有相互流通和补充的延伸感，能给人以向往、探求和期待的意趣。在多数场合中，采用虚实并用的隔景手法，可获得景色情趣多变的景观感受。

## （四）借景

明代计成在《园冶》中强调"巧于因借"，就是说要通过对视线和视点的巧妙组织，把园外的景物"借"到园内可欣赏的范围中来。借景能拓展园林空间，变有限为无限。借景因视距、视角、时间的不同而有所不同，常见的借景类型有：

1.远借与近借

远借就是把园林景观远处的景物组织进来，所借物可以是山、水、树木、建筑等，如北京颐和园远借玉泉山之塔及西山之景。近借就是把邻近的景色组织进来。周围环境是邻借的依据，周围景物只要能够利用成景的都可以借用。

2.仰借与俯借

仰借是利用仰视借取的园外景观，以借高景物为主。俯借是指利用居高临下俯视观赏园外景物，登高四望，四周景物尽收眼底。可借景物很多，如江湖原野、湖光倒影等。

3.因时而借

因时而借是指借时间的周期变化，利用气象的不同来造景，如春借绿柳、夏借荷池、秋借枫红、冬借飞雪、朝借晨曦、暮借晚霞、夜借星月。

4.因味而借

因味而借主要是指借植物的芳香，很多植物的花具芳香，如含笑、玉兰、桂花等植物，设计时可借植物的芳香来表达匠心和意境。

5.框景与漏景

框景就是利用窗框、门框、洞口、树枝等形成的框来观赏另一空间的景物。由于景框的限定作用，人的注意力会高度集中在其框中画面内，有很强的艺术感染力。漏景是在框景的基础上发展而来，不同的是漏景利用窗棂、屏风、隔断、树枝的半遮半掩来造景。框景所形成的景清楚、明晰，漏景则显得含蓄。

6.对景

对景即两景点相对而设，通常在重要的观赏点有意识地组织景物，形成各种对景。其重要的特点：此处是观赏彼处景点的最佳点，彼处亦是观赏此处景点的最佳点。一如留园的明瑟楼与可亭就互为对景，明瑟楼是观赏可亭的绝佳地点，同理，可亭也是观赏明瑟楼的绝佳位置。

7.障景

障景即是那些能抑制视线、引导空间转变方向的屏障景物，起着"欲扬先抑，欲露先藏"的作用，像建筑、山石、树丛、照壁等可以用来作为障景。

8.夹景

夹景就是利用建筑、山石、围墙、树丛、树列形成较封闭的狭长空间，从而突出空间端部的景物，夹景所形成的景观透视感强，富有感染力。

9.点景

点景即在景点入口处、道路转折处、水中、池旁、建筑旁，利用山石、雕塑、植物等成景，增加景观趣味。

10.题咏

中国的古典园林常结合场所的特征，对景观进行意境深远、诗意浓厚的题咏，多采用楹联匾额、石刻等形式。如济南大明湖亭所题的"四面荷花三面柳，一城山色半城湖"，沧浪亭的石柱联"清风明月本无价，近水远山皆有情"，等等。

这些诗文不仅本身具有很高的文学价值、书法艺术价值，而且还能起到概括、烘托园林主题、渲染整体效果，暗示景观特色、启发联想，激发感情，引导游人领悟意境，提高美感格调的作用，往往成为园林景点的点睛之笔。

# 二、园林景观布局

## （一）布局的形式

园林景观中尽管内容丰富，形式多样，风格各异，但就其布局形式而言不外乎规则式、自然式和混合式，而规则式又派生出规则对称式、规则不对称式。

1.规则对称式

其特点是强调整齐、对称和均衡。有明显的主轴线，且主轴线两边的布置是对称的，因而要求地势平坦，若是坡地，需要修筑成有规律的阶梯状台地；建筑应采用对称式，布局严谨；园林景观设计中各种广场，水体轮廓多采用几何形状，水体驳岸严正，并以壁泉、瀑布、喷泉为主；道路系统一般由直线或有轨迹可循的曲线构成；植物配置强调成行等距离排列或做有规律的简单重复，对植物材料也强调人工整形，修剪成名种几何图形；花坛布置以图案式为主，或组成大规模的花坛群。规则式的园林景观设计，以意大利台地园和法国宫廷园为代表，给人以整洁明快和富丽堂皇的感觉。遗憾的是缺乏自然美，让人一目了然，欠含蓄，并有管理费工之弊。

2.规则不对称式

绿地的构图是有规则的，即所有的线条都有轨迹可循。但没有对称轴线，所以空间布局比较自由灵活。林木的配置多变化，不强调造型，绿地空间有一定的层次和深度。这种类型较适用于街头、街旁以及街心块状绿地。

3.自然式

自然式构图没有明显的主轴线，其曲线也无轨迹可循；地形起伏富于变化，广场和水岸的外缘轮廓线和道路曲线自由灵活；对建筑物的造型和建筑布局不强调对称，善于与地形结合；植物配置没有固定的株行距，充分利用树木自由生长的姿态，不强求造型；在充分掌握植物的生物学特性的基础上，可以将不同品种的植物配置在一起。以自然界植物生态群落为蓝本，构成生动活泼的自然景观。自然式园林景观在世界上以中国的山水园与英国式的风致园为代表。

4.混合式

混合式园林景观设计是综合规则与自然两种类型的特点，把它们有机地结合起来。这种形式应用于现代园林景观设计中，既可发挥自然式园林布局设计的传统手法，又能吸取西洋整齐式布局的优点，创造出既有整齐明朗、色彩鲜艳的规则式部分，又有丰富多彩、变化无穷的自然式部分。其手法是在较大的现代园林景观建筑周围或构图中心运用规则式布局；在远离主要建筑物的部分采用自然式布局。因为规则式布局易与建筑的几何轮廓线相协调，且较宽广明朗，然后利用地形的变化和植物的配置逐渐向自然式过渡。这种类型在现代园林景观中间用之甚广。实际上大部分园林景观都有规则部分和自然部分，只是两者所占比重不同而已。

在做园林景观设计时，选用何种类型不能单凭设计者的主观意愿，而要根据功能要求和客观可能性进行。譬如说，一块处于闹市区的街头绿地，不仅要满足附近居民早晚健身的要求，还要考虑过往行人在此做短暂逗留的需要，则宜用规则不对称式；绿地若位于大型公共建筑物前，则可做规则对称式布局；绿地位于具有自然山水地貌的城郊，则宜用自然式；地形较平坦，周围自然风最较秀丽，则可采用混合式。同时，影响规划形式的不仅有绿地周围的环境条件，还有经济技术条件。

环境条件包含的内容很多，有周围建筑物的性质、造型、交通、居民情况，等等。经济技术条件包括投资和物质来源，技术条件指的是技术力量和艺术水平。一块绿地决定采用何种类型,必须对这些因素作综合考量后才能做出决定。

## (二)布局的基本规律

清代布图《画学心法问答》中论及布局要"意在笔先"。"铺成大地,创造山川其远近高卑,曲折深浅,皆令各得其势而不背,则格制定矣。然后相其地势之情形,可置树木处则置树木,可置屋宇处则置屋宇,可通人径处则置道路,可通行旅处则置桥梁,无不顺适其情,克全其理"。园林景观设计布局与此论点极为相似,造园亦应该先设计地形,然后再安排树木、建筑和道路等。

画山水画与造园虽理论相通,但园林景观设计毕竟是一个游赏空间,应有其自身的规律。园林景观绿地类型很多,有公共绿地、居住绿地、专用绿地、道路交通绿地、防护绿地和风景游览绿地等。这些类型由于性质不同,功能要求亦就不尽相同。以公园来说,就有市文化休息公园、动物园、植物园、森林公园、科学公园、纪念性公园、古迹公园、雕塑公园、儿童公园、盲人公园以及专类性花园,如兰圃、蔷薇园、牡丹园、芍药园,等等。显然由于这些类型公园性质的不同,功能要求也必然会有差异,再加上各种绿地的环境、地形地貌不同,园林景观绿地的规划设计很少能出现两块绿地完全相同的情况。"园以景胜,景因园异",园林景观绿地的规划设计不能像建筑那样搞典型,供各地套用,必须因地而异,因情制宜。因此园林景观绿地的规划设计可谓千变万化,但即使变化无穷,总有一定之轨,这个"轨"便是客观规律。

### 1.确定主题或主体的位置

主题与主体的意义是一致的,主题必寓于主体之中。以花港观鱼公园为例,花港观鱼公园顾名思义,以鱼为主题,花港则是构成观鱼的环境,也就是说,不是在别的什么环境中观鱼,而是在花港这一特定环境中观鱼,正因为在花港观鱼,才产生了"花著鱼身鱼嘬花"的意境,这与在玉泉观鱼大异其趣。所以花港观鱼就成为公园构图的主体部分。同理,曲院风荷公园的主题为荷,荷花处处都有,所不同的是其环境,不是在别的什么地方欣赏荷花,而是在曲院这个特定的环境中观荷,则更富诗情画意。荷池就成为这个公园的主体,主题荷花寓于主体之中。主题必寓于主体之中这是常规,当然也有例外,如保俶塔的位置虽不在西湖这个主体之中,但它却成为西湖风景区的主景和标志。

主题是根据绿地的性质来确定的,不同性质的绿地其主题也不一样。如上海鲁迅公园是以鲁迅的衣冠冢为主题的,北京颐和园是以万寿山上的佛香阁建筑群为主题的,北海公园是以白塔山为主题的。主题是园林景观绿地规划设计思想及内容的集中表现,整个构图从整体到局部,都应围绕这个主题做文章。主题一经明确,就要考虑它在绿地中的位置及其表现形式。如果绿地是以山景为主体的,可以考虑把主题放在山上;如果是以水景为主体的,可以考虑把主题放在水中;如果以大草坪为主体,可以把主题放在草坪重心的位置。一般较为严肃的主题，如烈士纪念碑或主题雕塑可以放在绿地轴线的端点或主副轴线的交点上（如长沙烈士公园纪念塔）。

主体与主题确定之后，还要根据功能与景观要求划出若干个分区，每个分区也应有其主体中心，但局部的主体中心，应服从于全园的构园中心，不能喧宾夺主只能起陪衬与烘托作用。

2.确定出入口的位置

绿地出入口是绿地道路系统的起点与终点。特别是公园绿地，它不同于其他公共绿地，为了便于养护管理和增加经济收益，在现阶段我国公园都是封闭型的，必须有明确的出入口。公园的出入口，可以有几个，这取决于公园面积大小和附近居民活动方便与否。主要出入口，应设在与外界交通联系方便的地方并且要有足够面积的广场，以缓冲人流和车辆，同时，附近还应将足够的空处作为停车场；次要出入口，是为方便附近居民在短时间内可步行到达而设的，因此大多设在居民区附近，还有设在便于集散人流而不至于对其他安静地区产生干扰的体育活动区和露天舞场的附近。此外还有园务出入口，交通广场、路旁和街头等处的块状绿地也应设有多个出入口，便于绿地与外界联系和通行方便。

3.功能分区

文化休息公园的功能分区和建筑布局公园中的休息活动，大致可分为动与静两大类。园林景观设计的目的之一就是为这两类休息活动创造优越的条件。安静休息在公园的活动中应是主导方面，满足人们安静休息，呼吸新鲜空气，欣赏美丽的风景的需求，放松心情消除疲劳是公园的基本任务，也是城市其他用地难以代替的。公园中空气新鲜，阳光充足，生境优美，再加上有众多的植物群及其对大自然变化的敏感性等，因而被称为城市的"天窗"。作为供人们安静休息的部分，在公园中所占面积应最大，分布也应最广，将丰富多彩的植被与湖山结合起来，构成大面积风景优美的绿地，包括山上、水边、林地、草地、各种专类性花园，药用植物区以及经济植物区，等等。结合安静休息，为了挡烈日、避风雨和点景与赏景而设的园林景观建筑，如在山上设楼台以供远眺，在路旁设亭以供游憩，在水边设榭以供凭栏观鱼，在湖边僻静处设钓鱼台以供垂钓，沿水边设计长廊进行廊游，房接花架，做室内向外的延伸，设茶楼以品茗。游人可以在林中散步、坐赏牡丹、静卧草坪、闻花香、听鸟语、送晚霞、迎日出，饱餐秀色。总之，在这儿能尽情享受居住环境中所享受不到的园林景观美。

公园中动的休息，包含的内容也十分丰富，大致可分为四类，即文艺、体育、游乐以及儿童活动等。文艺活动有跳舞、音乐欣赏，还有书画、摄影、雕刻、盆景以及花卉等展览；体育活动诸如棋艺、高尔夫球、棒球、网球、羽毛球。此外，还有航模和船模等比赛活动；游乐活动更是名目繁多。对上述众多活动项目，在规划中取其相近的相对集中，以便于管理。同时还要根据不同性质活动的要求，去选择或创造适宜的环境条件。如棋艺虽然属于体育项目，但它需要在安静环境中进行，又如书画、摄影、盆景以及插花等各种展览活动，亦需要在环境幽美的展览室中进行，还有各种游乐活动亦需要乔灌木及花草，将其分隔开来，避免互相干扰。总之，凡在公园中进行的一切活动，都应有别于在城市其他地方进行，最大的区别就在于公园有绿化完善的环境，在这儿进行各项活动都有助于休息，放松心情，使人精神焕发。此外，凡是活动频繁的，游人密度较大的项目及儿童活动部分，均宜设在出入口附近，便于集散人流。

经营管理部分包括公园办公室、圃地、车库、仓库和公园派出所等。公园办公室应设在离公园主要出入口不远的园内，或为了方便与外界联系也可设在园外，以不影响执行公园管理工作的适当地点为宜。其他设施一般布置在园内的一角，不供游人穿行，并设有专用出入口。

以上列举的功能分区，要根据绿地面积大小，绿地在城市中所处的位置，群众要求以及当地已有文体设施的情况来确定。如果附近已有单独的游乐场、文化宫、体育场或俱乐部等，在公园中就无须再安排相类似的活动项目了。

总之，公园内动与静的各种活动的安排，都必须结合公园的自然环境条件进行，并利用地形和树木进行合理的分隔，避免互相干扰。但动与静的活动很难全然分开，例如在风景林内设有大小不同的空间，这些空间可以用作日光浴场、太极拳练习场等，亦可用来开展集体活动，这就静中有动，动而不杂，能保持相对安静；又如湖和山都是宁静部分，但人们开展爬山和划船比赛活动时，宁静暂时被打破，待活动结束，又复归平静，即使活动量很大的游乐活动，也宜在绿化完成的环境中进行，在活动中渗透着一种宁谧，让游人得到更高水平上的休息。所以对功能分区来说，儿童游戏部分，各种球类活动以及园务管理部分是需要的，其他活动可以穿插在各种绿地空间，动的休息和静的休息并不需要有明确的分区界线。

4.景色分区

凡具有游赏价值的风景及历史文物，并能独自成为一个单元的景域称为景点。景点是构成绿地的基本单元。一般园林景观绿地，均由若干个景点组成一个景区，再由若干个景区组成风景名胜区，若干个风景名胜区构成风景群落。

北京圆明园大小景点有40个，承德避暑山庄有72个。景点可大可小，较大者，如西湖十景中的曲院风荷、花港观鱼、柳浪闻莺、三潭印月等，由地形地貌、山石、水体、建筑以及植被等组成的一个比较完整而富于变化的、可供游赏的空间景域；而较小者，如雷峰夕照、秋瑾墓、断桥残雪、双峰插云、放鹤亭等，可由一亭、一塔、一树、一泉、一峰、一墓组成。景区为风景规划的分级概念，不是每一个园林景观绿地都有的，要视绿地的性质和规模而定。把比较集中的景点用道路联系起来，构成一个景区，在景区以外还存在着独立的景点。这是自然现象，作为一个名胜区或大型公园，都应具有几个不同特色的景区，即景色分区，它是绿地布局的重要内容。景色分区有时也能与功能分区结合起来。

5.风景序列、导游线和风景视线

凡是在时间中开展的一切艺术，都有开始到结束的全部过程，在此过程中要有曲折变化，要有高潮，否则平淡无奇。无论文章、音乐还是戏剧都逃不出这个规律，园林景观风景的展示也概莫能外，通常有起景、高潮和结景的序列变化，其中以高潮为主景，起景为序幕，结景为尾声，尾声应有余音未了之意，起景和结景都是为了强调主景而设的。园林景观风景的展示，也有采用主景与结景合二为一的序列，如德国柏林苏军纪念碑，当出现主景时，序列亦宣告结束，这样使得园林景观绿地设计的思想性更为集中，游人因此产生的感觉也更为强烈。北京颐和园在起结的艺术处理上，取得了很高的成就。游人从东宫门入内，通过两个封闭院落，未见有半点消息。直到绕过仁寿殿后面的假山，顿时豁然开朗，偌大的昆明湖、万寿山、玉泉山、西山诸风景以万马奔腾之势，涌入眼底，到了全园制高点佛香阁，居高临下，山水如画，昆明湖辽阔无边，这个起和结达到了"一起如奔马绝尘，须勒得住而又有住而不住之势；一结如众流归海，要收得尽而又有尽而不尽之意"（《东庄论画》）的艺术境界，令人叹为观止。

总之，园林景观风景序列的展现，虽有一定规律可循，但不能程式化，要求创新，别出心裁，富有艺术魅力，方能引人入胜。

园林景观风景展示序列与看戏剧有相同之处，也有不同之处。相同之处，都有起始、展开曲折、高潮以及尾声等结构处理；不同之处是，看戏剧需一幕幕地往下看，不可能出现倒看戏的现象，但倒游园的情况却是经常发生的。因为大型园林景观至少有两个以上的出入口，其中任何一个入口都可成为游园的起点。所以在组织景点和景区时，一定要考虑这一情况。在组织导游路线时，要与园林景观绿地的景点、景区配合得宜，为风景展示创造良好条件，这对提高园林景观设计构图的艺术效果极为重要。导游线也可称为游览路线，它是连接各个风景区和风景点的纽带。风景点内的线路也有导游作用。导游线与交通路线不完全相同，导游线自然要解决交通问题，但主要是组织游人游览风景，使游人能按照风景序列的展现游览各个景点和景区。导游线的安排取决于风景序列的展现手法。

风景序列展现手法有：开门见山，众景先收入给游者以开阔明朗、气势宏伟之感，如法国凡尔赛公园、意大利的台地园以及我国南京中山陵园均属此种手法；深藏不露、出其不意使游者能产生柳暗花明的意境，如苏州留园、北京颐和园、昆明西山的华亭寺以及四川青城山寺庙建筑群，皆为深藏不露的典型例子；忽隐忽现，入门便能遇见主景，但可望而不可即，如苏州虎丘风景区即采用这种手法，主景在导游线上时隐时现，始终在前引导，当游人终于到达主景所在地时，已经完成全园风景点或区的游览任务。

在较小的园林景观中，为了避免游人走回头路，常把游览路线设计成环形，也可以环上加环，再加上几条登山越水的捷道即可。面积较大的园林景观绿地，可布置几条游览路线供游人选择。对一个包含着许多景区的风景群落或包含着许多风景点的大型风景区，就要考虑一日游、二日游或三日游程在内的景点和景区的安排。

导游线可以用串联或并联的方式，将景点和景区联系起来。风景区内自然风景点的位置不能任意搬动，有时离主景入口很近，为达到引人入胜的观景效果，或者另选入口，或将主景屏障起来，使之可望而不可即，然后将游览线引向远处，最终到达主景。

游览者有初游和常游之别。初游者应按导游线循序前进，游览全园；常游者则有选择性地直达所要去的景点或景区，故要设捷径，捷径宜隐不宜露，以免干扰主要导游线，使初游者无所适从。在这里需要指出的是，有许多古典园林景观如留园、拙政园和现代园林景观花港观鱼公园、柳浪闻莺公园以及杭州植物园等，并没有一条明确的导游线，风景序列不明，加之园的规模很大，空间组成复杂，层层院落和弯弯曲曲的岔道很多，入园以后的路线选择随意性很大，初游者犹如入迷宫一般。这种导游线带有迂回、往复、循环等不定的特点，然而中国园林景观的特点，就妙在这不定性和随意性上，一切安排或似偶然，或有意与无意之间，最容易使游赏者得到精神上的满足。

园林景观绿地有了良好的导游线还不够，还需开辟良好的风景视线，给人以良好的视角和视域，才能获得最佳的风景画面和最佳的意境感受。

综上所述，风景序列、导游线和风景视线三者密不可分，互为补充。三者组织得好坏，是直接关系到园林景观设计整体结构的全局和能否充分发挥园林景观艺术整体效果的大问题，必须予以足够的重视。

# 第二节　园林景观设计的程序及表现技法

## 一、园林景观设计的程序

园林景观设计程序实际上就是园林景观设计的步骤和过程，所涉及的范围很广泛，主要包括公园、花园、小游园、居住绿地及城市街区、机关事业单位附属绿地等。其中公园设计内容比较全面，具有园林景观设计的典型性，公园景观设计程序主要包括园林景观设计的前期准备、总体规划方案等阶段。

## （一）园林景观设计的前期准备阶段

1.收集必要的资料

必须考虑资料的准确性、来源和日期。

（1）图纸资料

原地形图，即园址范围内总平面地形图。

图纸应包括以下内容：设计范围，即红线范围或坐标数字。园址范围内的地形、标高及现状物，包括现有建筑物、构筑物、山体、水系、植物、道路、水井，还有水系的进出口位置、电源等的位置。现状物中，要求保留并分别注明利用、改造和拆迁等情况。

四周环境情况：与市政交通联系的主要道路名称、宽度、标高点数字以及走向和道路、排水方向；周围机关、单位、居住区的名称、范围，以及今后发展状况。图纸的比例尺可根据面积大小来确定，可采用1∶2000、1∶1000、1∶500等比例。

局部放大图。该图主要为规划设计范围内需要局部精细设计的部分。如保留的建筑或山石泉池等。该图纸要满足建筑单位设计及其周围山体、水系、植被、园林小品及园路的详细布局的需要。一般采用1∶100或1∶200的比例。

要保留使用的主要建筑物的平、立面图。注明平面位置，室内、外标高，建筑物的尺寸颜色等内容。

现状树木分布位置图。该图主要标明要保留树木的位置，并注明胸径、生长状况和观赏价值等。有较高观赏价值的树木最好附以彩色照片。图纸一般采用1∶200、1∶500的比例。

原有地下管线图。该图一般要求与施工图比例相同。图内应包括要保留的上水、雨水、污水、化粪池、电信、电力、暖气沟、煤气热力等管线位置及井位等。除平面图外，还要有剖面图，并需要注明管径的大小，管底或管顶标高、压力、坡度等。图纸一般采用1∶500、1∶200的比例。

（2）文字资料

除收集必要的图纸外，还需收集必要的文字资料。

甲方对设计任务的要求及历史状况。

规划用地的水文、地质、地形、气象等方面的资料。掌握地下水位，年、月降雨量；年最高、最低温度的分布时间，年最高、最低湿度及其分布时间；年季风风向、最大风力、风速以及冰冻线深度等。重要或大型园林建筑规划位置尤其需要地质勘察资料。

城市绿地总体规划与公园的关系，以及对公园设计上的要求，城市绿地总体规划图，比例尺为1∶5000～1∶10000。

公园周围的环境关系、环境的特点、未来发展情况，如周围有无名胜古迹、人文资源等。

2.收集需要了解的资料

（1）了解公园周围城市景观。建筑形式、体量、色彩等与周围市政的交通联系，人流集散方向，周围居民的类型与社会结构，如厂矿区、文教区或商业区等的情况。

（2）了解该地段的能源情况。电源、水源以及排污、排水，周围是否有污染源，如有毒有害的厂矿企业、传染病医院等情况。

（3）了解植物状况。了解和掌握地区内原有的植物种类、生态、群落组成，还有树木的年龄观赏特点等。

（4）了解建园所需主要材料的来源与施工情况，如苗木、山石、建材等情况。

（5）了解甲方要求的园林设计标准及投资额度等。

3.现场踏勘

通过现场踏勘，第一，核对和补充所收集的图纸资料，如现状建筑、树木等情况，水文地质、地形等自然条件。第二，设计者到现场踏勘，可根据周围环境条件，进行设计构思，如发现可利用、可借景的景物和不利或影响景观的物体，在规划过程中分别加以适当处理。因此，无论面积大小，设计项目难易，设计者都必须到现场进行踏勘。有的项目如面积较大或情况较复杂还必须进行多次踏勘。

4.拟定出图步骤及编制总体设计任务文件

设计者将所收集到的资料进行整理，并经过反复思考、分析和研究，定出总体设计原则和目标，编制出进行公园设计的要求和说明。

主要包括以下内容：公园在城市绿地系统中的关系；公园所处地段的特征及四周环境；公园的性质、主题艺术风格特色要求；公园的面积规模及游人容量等；公园的主次出入口及园路、广场等；公园地形设计，包括山体水系等；公园的植物如基调树种、主调树种的选择要求；公园分期建设实施的程序；公园建设的投资匡算。

## （二）园林景观设计的总体设计方案阶段

明确了公园在城市绿地系统中的关系，确定了公园总体设计的原则与目标以后，应着手进行以下设计工作。

1.总体方案设计的图纸内容及画法

（1）位置图

位置图属于示意性图纸，表示该公园在城市区域内的位置，要求简洁明了。

（2）现状分析图

现状分析图应根据已掌握的全部资料，经分析、整理、归纳后，分成若干空间，对现状作综合评述。可用圆形圈或抽象图形将其概括地表示出来。例如：经过对四周道路的分

园林生态化建设与植物育种学

析，根据主、次城市干道的情况，确定出入口的大体位置和范围。同时，在现状图上，可分析公园设计中的有利和不利因素，以便为功能分区提供参考依据。

（3）功能分区图

以总体设计的原则、以现状图分析图为基础，根据不同年龄阶段游人活动的要求及不同兴趣爱好的游人的需要，确定不同的分区，划出不同的空间或区域，使不同空间和区域满足不同的功能要求，并使功能与形式尽可能统一。另外，分区图可以反映不同空间、分区之间的关系。该图同样可以用抽象图形或圆圈来表示。

（4）总体规划方案图（总平面图）

根据总体设计原则和目标，将各设计要素概括性地表现在图纸上。总体设计方案图应包括以下内容。

公园与周围环境的关系：公园主要、次要、专用出入口与市政的关系，即面临街道的名称、宽度；周围主要单位名称，或居民区等；公园与周围园界的关系。围墙或透空栏杆都要明确表示。

公园主要、次要、专用出入口的位置、面积、规划形式等；主要出入口的内、外广场，停车场、大门等布局。

公园的地形总体规划：地形等高线一般用细虚线表示。

道路系统规划：一般用不同粗细的实线表示不同宽度的道路。

全园建筑物、构筑物等布局情况，建筑平面要能反映总体设计意图。

全园的植物规划：图上反映密林、疏林、树丛、草坪、花坛、专类花园、盆景园等植物景观。此外，总体设计图应准确标明指北针、比例尺图例等内容。图纸比例根据规划项目面积大小而定。面积100公顷以上的，比例尺多采用1：2000～1：500；面积为10～50公顷的，比例尺用1：1000；面积在8公顷以下的，比例尺可用1：500。

（5）全园竖向规划图

竖向规划即地形规划。地形是全园的骨架，要求能反映出公园的地形结构。以自然山水园而论，要求表达山体、水系的内在有机联系。根据规划设计的原则、分区及造景要求确定山形制高点、山峰、山脉、山脊走向、丘陵起伏、缓坡、微地形以及坞、岗、岫、岘等陆地地形；同时，还要表示出湖、池、潭、港、鸿、涧、溪、滩、沟、渚以及堤、岛等水体形状，并要标明湖面的最高水位、常水位、最低水位线以及入水口、排水口的位置（总排水方向、水源及雨水聚散地）等。也要确定主要园林建筑所在地的地面高程，桥面、广场以及道路变坡点高程等。还必须标明公园周围市政设施、马路、人行道以及与公园邻近单位的地坪高程，以便确定公园与四周环境之间的排水关系。

表示方法：规划等高线用细实线表示，原有等高线用细虚线表示，或用不同颜色的线条分别表示规划等高线和原有等高线。规划高程和原有高程也要以粗细不同的黑色数字或颜色不同的数字区别开来，高程一般精确到小数点后两位。

（6）园路、广场系统规划图

以总体规划方案图为基础，首先在图上确定公园的主次出入口、专用入口及主要广场的位置；其次确定主干道、次干道等的位置以及各种路面的宽度、排水坡度等。并初步确定主要道路的路面材料、铺装形式等。图纸上用虚线画出等高线，再用不同的粗线、细线表示不同级别的道路及广场，并将主要道路的控制标高注明。

（7）种植总体规划图

根据总体规划图的布局、设计的原则，以及苗木的情况，确定全园的基调树种，各区的侧重树种及最好的景观位置等。种植总体规划内容主要包括密林、草坪、疏林、树群、树丛、孤立树、花坛、花境、园林种植等不同种植类型的安排及月季园、牡丹园、香花园、观叶观花园、盆景园、观赏或生产温室、爬蔓植物观赏园、水景园等以植物造景为主的专类园。

表示方法：植物一般按园林绿化设计图例（主要表现种植类型）表示，要强化。其他设计因素按总体规划方案图的表示方法表示，要弱化。

（8）园林建筑布局图

要求在平面上反映全园总体设计中建筑在全园的布局，主要、次要、专用出入口的售票房、管理处、造景等各类园林建筑的平面造型，大型主体建筑、展览性、娱乐性、服务性等建筑平面位置及周围关系，还有游览性园林建筑，如亭、台、楼、阁、榭、桥、塔等类型建筑的平面安排等，除平面布局外，还应画出主要建筑物的平面、立面图。

（9）管线总体规划图

根据总体规划要求，以种植规划为基础，确定全园的上水水源的引进方式。水的总用量，包括消防、生活、造景、喷灌、浇灌、卫生等。上水管网的大致分布、管径大小、水压高低等。确定雨水、污水的水量，排放方式，管网大体分布。管径大小及水的去处等。北方冬天需要供暖，则要考虑供暖方式、负荷多少，锅炉房的位置等。表示方法：在种植规划图的基础上，以不同粗细或不同色彩的线条表示，并在图例中注明。

（10）电气规划图

根据总体规划原则，确定总用电量、用电利用系数、分区供电设施、配电方式、电缆的敷设以及各区各点的照明方式等，还要确定通信电缆的敷设及设备位置等。

（11）鸟瞰图

通过钢笔画、钢笔淡彩、水彩画、水粉画、计算机三维辅助设计或其他绘画形式直观地表达园林设计的意图；园林设计中各景区、景点、景物形象的俯视全景效果图。鸟瞰图制作要点：

可采用一点透视、二点透视、轴测法或多点透视法做鸟瞰图，但在尺度、比例上要尽

園林生态化建设与植物育种学

可能准确反映景物的形象。

鸟瞰图应注意"近大远小近清楚远模糊、近写实远写意"的透视法原则，以达到鸟瞰图的空间感、层次感、真实感。

一般情况下，除了大型公共建筑，城市公园内的园林建筑和树木比较，树木不宜太小，而以15~20年树龄的高度为画图的依据。

鸟瞰图除表现公园本身，还要表现周围环境，如公园周围的道路交通等市政关系，公园周围城市景观，公园周围的山体、水系等。

2.总体设计说明书编制

总体设计方案除了图纸外，还要求有一份相对应的文字说明书全面说明项目的建设规模、设计思想、设计内容以及相关的技术经济指标和投资概算等。具体包括：项目的位置、现状、面积；项目的工程性质、设计原则；项目的功能分区；设计的主要内容，如山体地形、空间围合、湖池、堤岛水系网络、出入口、道路系统、建筑布局、种植规划、园林小品等；管线、电信规划说明；管理机构。

## 二、园林景观设计表现技法

园林图纸是表达园林景观设计的基本语言。在设计过程中，为了更形象地说明设计内容，需要绘制各种具有艺术表现力的图纸。

### （一）手绘表现设计

目前在设计界，手绘图已成为一种流行趋势，在工程设计投标中常常能看到它。许多著名建筑师、室内外环境设计师常用手绘图作为表现手段，快速记录瞬间的灵感和创意。手绘图是眼、脑、手协调配合能力的表现。"人类的智慧就是在笔尖下流淌"，可想而知，徒手描绘对人的观察能力、表现能力、创意能力和整合能力的锻炼是很重要的。现在电脑设计相当普及，就效果图而言大多数设计师已习惯用电脑来制作，因为它能模拟出真实的场景，很容易被业主接受。一时间某些设计公司以会不会电脑绘图来判断学生的设计能力，致使很多学生忽视了设计师的看家本领——徒手表现，而扔掉画笔拿起鼠标，盲目地去追求电脑图表现。殊不知电脑图的表现只是一种工具、一种技能。如果能在手绘表现完成的基础上再做电脑图，会使你的电脑图更加真实，细节表现更加到位。所以作为一个现代领域的设计师掌握好手绘图和电脑表现图都是比较重要的。

手绘表现图是设计师艺术素养与表现技巧的综合能力的体现，它以自身的艺术魅力、强烈的感染力向人们传达设计的思想、理念以及情感，越来越受到人们的重视。素描、速写、色彩训练是我们画好手绘图的基础，对施工工艺、材料的了解是画好手绘图的前提条件。手绘图是利用一点透视、两点透视的原理，形象地将二维空间转化为三维空间，快速准确地表现对象的造型特征。徒手表现很大程度上是凭感觉画，这要通过大量的线条训练。中国画对线条的要求"如锥划沙""力透纸背""入木三分"，充分体现了对线条的理解。线条是绘画的生命和灵魂，我们强调线条的力度、速度、虚实的关系，利用线条表现物体的造型、尺度和层次关系。只有经过长期不懈的努力才能画出生动准确的画面。手绘图的最终目的是通过熟练的表现技巧来表达设计者的创作思想、设计理念。快速地徒手画出来的图如同一首歌、一首诗、一篇文章，精彩动人，只有不断地完善自我，用生动的作品感染人，才能实现自身的价值。

设计师在设计创作过程中，需要将抽象思维转化为外化的具象图形，手绘表现是一种最直接、最便捷的方式。它是设计师表达情感、表现设计理念、诉诸方案结果的最直接的"视觉语言"。其在设计过程中的重要性已越来越得到大家的认同。设计师在注重追求设计作品品位的同时，也要注重工作效益的提高。作为技术性较强的景观手绘表现图，每位设计师和学生都有自己的表现方法和习惯，但是如果充分借助并结合当今的科技手段，将会更加准确快速地完成景观手绘表现图的创作。计算机作为最先进的绘图工具之一，已被大家所熟知。

手绘图很难与计算机渲染图的准确性和真实性相比，计算机渲染图也很难与手绘图的艺术性和便捷性相比，两者都有各自的优点，也都存在着局限性。在设计的表现手法上，都各自占有一定的市场和位置，但是在绘制手绘表现图的过程中，如果取计算机之长，来弥补手绘图创作中的某些弱势，将大大提高手绘表现图的工作效率。计算机可以帮助你选择无穷的视点及视域，或某些实际不能用照相机拍摄到的角度。绘制时，可以利用计算机快速搭建所要表现的景观场景的基本模块。尽管计算机绘制的形体很简单，没有色彩，也没有细节，但其比例、透视、角度都可作为绘制景观手绘表现图的准确依据。当景观场景的基本模块在计算机中被建立后，再通过打印机将其输出，简单的模块就构筑了钢笔稿的基本框架。利用透明纸拷贝并深化，刻画出景观的结构和细节，最后增添植物、人物、车辆等配景，以烘托画面氛围。因此，手绘效果图如果能够很好地和计算机一起灵活运用，将会给我们的手绘表现带来极大的方便，当今学校教育以就业为导向，因此，手绘课程在艺术设计专业院校的课程设置中得到越来越多人的重视。

## （二）计算机辅助园林景观设计

近年来，计算机已得到极大普及，计算机技术已经渐渐深入许多学科，在设计行业中，计算机辅助设计Auto CAD（Computer Aid Design）已成为一种方便、快速的设计手段，它具有先进的三维模式，集绘图、计算、视觉模拟等多功能于一体，能将方案设计、施工图绘制、工程概预算等环节形成一个相互关联的有机整体，可大大节省设计人员制图的时间，并在校核方案时，具有良好的可观性、修改方便快捷等优点。目前，在进行园林景观设计时，常用多种计算机作图软件来完成从平面图到效果图的绘制，形成了完全不同于手绘图的表现特色。

手绘表现图缩短了图面想象与建成实景的距离。但这种传统的表现方式有时仍会有些表达上的遗憾。很多设计师常常感到建成作品明显达不到图面与模型效果。比如：画透视图，是为了以较为实际的视觉效果来验证设计效果，但我们在透视图上往往不自觉地忽略或淡化材质和颜色的误差，故意美化设计作品及其周围环境。有时存在取悦自己，特别是取悦业主来达到投标成功的目的，这在无形中使得设计师的感受和想象产生曲解，直到看到建成作品时才"如梦初醒"。虽然手绘有较好的场景表现，但对材料与颜色的淡化，以及光线的失真，都使得表达效果不那么准确。

当然，这些难题对于有着丰富经验与卓越能力的设计师影响较小，但对于大多数设计师，特别是刚刚从事设计工作及学生来说，影响很大。计算机应用于辅助设计方面，在弥补上述不足时，扮演了重要角色。

计算机影像处理与合成系统可以将现实照片输入计算机，直接在真实的透视图上进行快速设计，设计理念和表现形式都直接用最真实的方式表达，尽可能避免前述淡化问题或人为美化的现象。周围环境也是真实的再现，如此"因地制宜"，让业主也更加明白设计意图，进而对设计者产生信任感。真实环境的照片输入计算机后也可以作为计算机生成模型的背景，通过图面处理，显得更为真实，与周围环境也更为协调。

计算机生成模型与后期的处理弥补了传统模型与手绘表现的不足，它可以改变多个视角，以此获得许许多多不同的透视效果；也可以分解模型，用来呈现各部分的组织关系，计算机建模可以对材料、质感、光线等进行精密分析及传神模拟。例如：计算机可以很快地模拟出各种天气光线下的效果及夜间灯光效果。

在计算机模型中，可以通过模拟人的视点转换来设置路径，将路径上每个设定视点的透视效果图一张张存起来，制作成动画连续播放，就是人们游览整个环境（公园、广场、街道、从室外到室内等）的视觉感受过程。这种设定相对于人自由灵活的视点变换来说仍显得过于简单、不够真实。因此，20世纪90年代中后期开始发展"虚拟现实"系统，把人的资料输入计算机模型中，让人们自由地在空间中感受自己想要的效果，来进一步缩短想象与实景的差距。

当然，计算机辅助设计除了以上这些独到功能以外，它还可以被用来做设计筹备阶段的资料分析、数据整理、制定文字表格等工作。可以在设计制图中替代人力来绘制总平面图、平面图、立面图、剖面图、细部大样图、结构图及透视图等。这些绘图系统早已得到普遍应用，有方便储存、可复制、易修改、速度快等优点。计算机还可在施工阶段精确、快速地进行复杂的结构分析与计算，大大节省了人力。更为重要的是，越来越多的人使用计算机来进行空间分析，开发其在设计构思阶段的应用潜力，使计算机成为设计中真正人脑的延伸产品。

计算机几乎可以提供所有手绘图纸与模型所能涵盖的信息。这是不是说明计算机可以替代手绘的表现方式了？手绘表现方式有着很强的艺术性，有时它的随意性更能给设计师带来创作灵感。环境艺术设计是艺术与科学的统一，也就是说感性与理性同样重要。因此手绘表现方式也有其自身的长处。计算机辅助设计目前还不能代替设计师进行设计构思，过于夸大它的作用会导致进入误区，计算机有时带来设计中的程式化，导致雷同，而且其表现效果有时因过于理性化而显得呆板。总之，在环境艺术设计过程中，应参照个人习惯与具体设计的不同，在设计的不同阶段，将两种表达方式相结合，加以灵活应用。

# 第三节　园林水景构造设计

## 一、水景的分类

水体的存在是多样的，"举之如柱，喷之如雾，挂之如布，旋之如涡"都是用来形容水在自然界存在的形式。园林景观中水景的主要类型有湖、池、潭、沼、汀、溪、涧、洲、渚、港、湾、瀑布、跌水等，按照水体的形态，可以分为自然式水景和规则式水景；按照水流的状态，可以分为静态水景和动态水景。

### （一）按平面形式划分

1.自然式水景

自然式水景是园林景观中保持天然或仿造天然形态的河、湖、溪、涧、泉、瀑等，其平面形状自然曲折、轮廓柔美。这种形式的水体因形就势，水体随地形变化而变化，讲究"疏源之去由，察水之来历"，有聚有散，有直有曲，有动有静。自然水岸为自然曲线的倾斜坡度，驳岸主要采用自然山石驳岸、石矶等形式，在建筑附近或根据造景需要也可以部分用条石砌成直线或折线驳岸。

2.规则式水景

规则式的水景平面多为几何形，多由人为因素形成，如运河、水渠、方潭、园池、水井以及几何形体的喷泉、叠水、瀑布等，不宜单独成景，但运用较为灵活，不受空间局限，常与山石、雕塑、花坛、花架等园林小品组合成景。

## （二）按表现状态划分

### 1.静态水景

静态水景通常是指不流动、水面相对静止，或流动相对缓慢、水面相对平静的水体，包括湖泊、水池、湿地、潭、塘、井等。静态水景尤其是大面积的静水水体，具有光效应，能反映出倒影、粼粼的微波和水光，丰富了景观层次，扩大了景观视觉空间，增添了虚与实、明与暗的对比，增强了空间的韵味，给人以明洁、恬静、平和、开朗、舒缓、清幽等感受。

### 2.动态水景

动态水景是水体在高低落差或压力作用下产生流动、跌落、喷出的运动状态，常见的动态水体有三种：流动水体，如河流、小溪；跌落水体，如瀑布、水幕；喷出水体，如喷泉、涌泉、喷雾等。动态水景可以使环境显现出活跃的气氛和生机勃勃的景象，同时由于水体流动、跌落、喷出能够产生音响效果，具有水声效应，给人以声形兼备的视觉与听觉感受。

（1）流水

流水是由于地势、地形高低落差，使水体产生一定的势能，沿地表斜面流动而形成的景观。其动态效果受地势、地形、水量等的影响。自然界中最常见的流水形式是河流、溪流。园林景观设计中常以溪流为主，辅以滨水植物和置石等造景元素。流水舒缓亲切，景致幽静深邃，自然郊野气息浓厚。

（2）落水

落水是水体从高地势垂直流落下来形成的水体景观，多以瀑布和跌水的形式存在，或气势磅礴，或柔顺洒脱。水体的坠落还具有较好的声乐效果，如同一首美妙的交响乐。跌水是落水的另一种常见形式，其水流沿阶梯或斜面滑落，多依于人工构筑物。

（3）喷水（压力水）

喷水是水体因受到压力而喷出，形成喷泉、涌泉、喷雾、水幕等景观效果，又称压力水。随着技术的进步，喷水也越发多样，给人以不同的视听体验感受。喷水按池体分为普通喷水和旱池喷水两种类型。普通喷水是比较常见的形态，一般有水池喷水、浅池喷水、自然喷水、舞台喷水等表现形式，其特点是喷水置于水池容器中；旱池喷水是将喷头等设备隐藏于地面以下，工作时可形成水体景观，不工作时可作为活动场地使用。与普通喷水相比，旱喷的灵活性和亲水性更佳。喷水按控制形式分为光控喷水、电控喷水、电脑自动控制喷水三种类型。它们都有共同的特征，就是可以在不同的时间配合灯光或音乐的变换，以不同的水景形态出现，除了本身的动感之外，更添加了千姿百态的变化情趣。

## 二、水景的材料与构造设计

### （一）静水（湖、池）

1.静水设计要点

湖泊与水池是静水的两种主要类型，其设计要点主要包括形态、水质、水深、水岸、水底溢流和设备等内容。

2.水底材料与构造

（1）柔性池底

由下而上，柔性池底结构一般包括基层、防水层、保护层、覆盖层四个部分。

基层：采用的材料一般有素土、沙砾和卵石。一般土层经碾轧平整即可（素土夯实），沙砾或卵石基层经过碾轧平整，必须再铺15cm细土层。

防水层：主要有聚乙烯防水毯、聚氯乙烯（PVC）防水毯、三元乙丙橡胶（EPDM）、膨润土防水毯、赛柏斯掺和剂、土壤固化剂等材料。

保护层：在防水层上平铺15cm过筛细土，以保护防水层不被破坏。

覆盖层：在保护层上覆盖50cm回填土，防止防水层被撬动。

（2）刚性池底

刚性池底一般采用钢筋混凝土做结构层，表面采用卵石、面砖、大理石等装饰材料。

（3）常见水景工程池底构造

常见水景工程根据其规模、工艺等，分为小型水池、大中型水池、防止地基下沉水池、屋顶上水池、黏土底水池等类型。

（4）人工湖防水要点

根据地域不同采用不同的防水材料，通常采用聚乙烯（PE）膜、复合膜防水毯或膨润土防水毯，严寒地区推荐使用膨润土防水毯。

防水材料铺设：防水材料下方铺设80～100mm厚缓冲层，基础必须做夯实处理。防水材料上方铺50mm厚缓冲层，再用薄膜覆盖后浇筑100mm厚素混凝土。PE膜、复合膜防水毯上下方缓冲层使用沙，膨润土防水毯上下方缓冲层使用黏土。施工时注意每层材料要铺设平整，要去除尖刺物，不产生折弯。

人工湖基础的稳定层必须做好，可采用打桩、加凝固物等方式并结合当地经验进行加强处理。

地下水位高的地区，为保证人工湖基础的稳定性，要考虑排气泄压及疏水处理，可在人工湖结构层以下区域布置排气、疏水管网配套。盐碱地区人工湖底应加设排盐碱管措施。管网布置密度可根据实际情况确定，并就近排入市政管网。

湿陷性黄土地区水景采用钢筋混凝土整体结构。

严寒地区人工湖驳岸的基础需下挖至冻土层以下，并注意驳岸内外侧工作面的回填处理，其中驳岸人工湖内侧回填需掺入6%~8%的石粉混凝土。

人工湖驳岸侧壁与底部防水材料转角位的处理要注意，侧壁增加单砖墙保护，防水材料高于侧壁并翻转反压固定。

同一人工湖体如设置在不同结构层上，湖底做法必须分开并结合缩缝、胀缝措施处理好交接缝。

人工湖漏水判断依据：非干旱区日均蒸发量约为0.5cm；干旱区日均蒸发量不超过1cm；严重干旱区日均蒸发量约为1.5cm。以上数据为连续7天监测的平均值，如遇降雨，需重新测量。各项目具体数值依据区域及季节的不同进行调整。

## （二）溪流

### 1.溪流设计要点

园林景观设计中的流水常以溪流为主，水体依靠重力从高处流向低处。溪流分为可涉入式和不可涉入式两种。在狭长形的园林用地中，一般采用溪流的理水方式比较合适。通常根据竖向高差、水量、流速、水体循环道路和设施的布局等确定溪流的形态与走向以及溪流的宽度、水深、河床坡度、水岸、节点。

溪流是提取山水园林中溪涧景色精华，再现于城市园林之中的一种水流形式。园林中的溪流两岸常点缀以疏密有致的大小石块；在两岸土石之间，栽植一些耐水湿的植物，构成极具自然野趣的景象。居住区里的溪涧是回归自然的真实写照。小径曲折，溪水忽隐忽现，因落差而造成的流水声音叮咚作响，令人仿佛亲临自然。为了使居住区内环境景观在视觉上更为开阔，可适当增大宽度或使溪流蜿蜒曲折。而溪流的坡度应根据地理条件及排水要求而定。

### 2.溪流材料

溪流建造材料一般建议采用卵石、砾石、石块等自然材料，展现自然流水之美，如采用人工材料也宜通过水岸栽植等进行柔化。

## （三）落水

### 1.落水设计要点

落水又称瀑布或跌水，因受地势高低和蓄水能力的影响，水流从高处向低处落下，形成线落、布落、跌落、层落、壁落等形态。落水从高处向低处垂直或较大角度落下的形态，可作为视线的焦点或景点观赏的引导，赋予园林以生命，从而产生独特的艺术感染力。落水可分为自由落式、跌落式、滑落式三种形式。其设计要点主要包括落水形式、水量、落水口、瀑身、承瀑台、补水口和设备等内容。

2.落水类型

常见落水主要有瀑布、跌水等类型。

## （四）喷水

1.喷水设计要点

自然景观中的喷水是地下承压水向地面喷射而形成的。而人工喷水是通过压力水喷涌后形成的一种造园水景工程，具有一定的工艺流程，目前被大量应用于园林景观、城市广场以及住宅小区等项目中。喷水通过其动态的造型在丰富城市景观的同时可以改善一定范围内的环境质量，增加空气湿度，减少尘埃，降低温度，从而有益于改善城市面貌和人民的身心健康。喷水的设计要点主要包括形式、水池、水压、循环、补水、溢流、过滤与清污、灯光照明及其他设备方面。

2.喷水材料与构造

喷头是喷水设计的一个重要组成部分，它通过喷嘴的造型设计，对压力水进行处理，从而形成不同造型的水花。由于受到水流摩擦的影响，喷头一般选用耐磨、耐锈蚀、强度较高的黄铜或青铜等材料。为了节约铜材料，也常使用耐磨和自润滑性好、较易加工且方便的铸造尼龙（己内酰胺）。但此材料目前尚存在易老化、使用寿命短等问题，因此主要用于低压喷头。喷头类型主要包括直流喷头、水膜式喷头、雾化式喷头和吸气喷头4种。只有掌握足够多的喷头类型及其构造特点，才能设计出千姿百态又富有创意的喷泉形式。

## （五）水岸（驳岸、护坡）

1.水岸设计要点

为了控制陆地与水体的范围，防止它们之间因水岸塌陷等原因造成比例失衡，以及保持景观水体岸线稳定而美观的必要，因此需要进行水岸设计。水岸设计的要点由多种要素决定，如水体功能、近岸水深、生态性、水岸形式、驳岸类型及护坡做法等。其中，驳岸与护坡工程是水岸设计的重点。

2.水岸类型

（1）驳岸类型

根据材料与构造的区别，驳岸可分为条石驳岸、块石驳岸、混凝土驳岸、卵石驳岸、塑木驳岸、竹木驳岸、自然型驳岸等类型。

园林生态化建设与植物育种学

（2）护坡类型

根据材料与构造的区别，护坡可分为抛石护坡、干砌石护坡、预制框格护坡、植被护坡、生态型护坡等类型。

# 第四节　园林山石与植物造景

## 一、山石与植物造景

石的植物配置多与山的类型有关。山主要有土山、石山、土石结合三类，一般大山用土，小山用石，中山土石结合并用。山石与植物造景要根据全园的整体布局、造园意图、山石的特性来进行植物配置，形成符合要求的氛围。

### （一）土山植物造景设计

土山就是用土堆筑而成，一般山体较大，如果不用岩石做骨架或挡土墙的话，山体一般比较舒缓，无高耸之感，如果用岩石做骨架或挡土墙，可模仿山体的各种地形地貌。我国假山的堆造是从秦汉开始的，《太平御览》中"秦始皇作长池，引渭水，东西二百丈，南北二十里，筑土为蓬莱山"，到了汉代，有关人工堆山的记载渐多。多自然地模仿山林泽野，无论形态、体量都追求与真山相似，规模庞大，创作方法以单纯写实为主，一切仿效真山，在尺度上也接近真山的大小。

从先秦到汉，假山大多是绵延数里或数十里的山冈式造型，过分追求自然，还不能概括和提炼自然山水的真意。后来经过长久的发展，逐步从写实转变到了模仿大山一角，让人联想大山整体形象的做法，追求形象真实、意境深远并且可入可游。土山在自然风景区、公园等地多见。土山表现自然的山林景观，因此，土山的植物种类丰富，色彩多变，季相变化很明显，具体的配置要求如下：

1.分层配置

土山的植物配置多采用分层混交方式，旨在构成自然山林景观，上层以高大的乔木为主，如银杏、朴树、榉树、榆树、榔榆、刺槐等，中层配置小乔木或灌木丛，疏朗开阔，其下层配以较低矮的灌木丛或草花之类，人坐在山顶亭中，能够俯视或平视远处的景观。

如拙政园岛上的林丛，主次分明，高低层次配合恰当，樟树、朴树高居上层空间，槭树、合欢等位于中层，梅、橘等则在林丛的外缘和下层，书带草、黄馨等铺地悬垂，立体组合良好，空间效果佳妙，颇有"横看成岭侧成峰，远近高低各不同"的趣味。

2.结合地形

用土堆筑的山体缓坡较多，为了表达山体的高大，在山脚以草地或稀疏的几株小乔木或灌木来护土，也可用密植的灌木种植，用于保护山坡，免于水土流失。山坡上多以乔灌草结合，而在山顶上，根据视线安排，可形成密林，也可形成疏林。在配置植物时，低山不宜栽高树，小山不宜配大木，以免喧宾夺主，植物的体量要结合土山的地形地貌来选择。

3.乡土树种

地方的地域风格主要是由乡土树种表达的，如北方土山上植物主要有油松、圆柏、国槐、金雀儿、桑刺槐、银杏、榆树、三角枫、元宝枫、黄栌、杏树、栾树、合欢、火炬树、小叶朴、丁香、连翘珍珠梅、黄刺玫、榆叶梅、碧桃、山桃、紫叶、李樱花等，笼罩了整个土山，彼此交错搭配更具天然群落之感。南方乡土植物有香樟、罗汉松、银杏、马尾松、圆柏、南天竹、榔榆、白皮松、女贞、广玉兰、云南黄馨、海棠、梅花、桂花、山茶、南天竹、蜡梅、雀舌黄杨、杜鹃、乌桕、无患子等种植在一起，非常有助于表现南方景色。

使用乡土树种可有效地表现出季节更替的季相景观，绘画理论对四时山景的描述尤为精妙，韩拙《山水纯全集》提出"春英、夏荫、秋毛、冬骨"，郭熙《山水训》"春山淡冶而如笑，夏山苍翠而如滴，秋山明净而如妆，冬山惨淡而如睡"。夏季，叶密而茂盛，千山万树繁茂蓬勃，生意盎然中绿荫如盖，炎暑中添加了几分凉意，拙政园远香堂是夏游赏荷之地，南有广玉兰叶大浓荫，东有枫杨，池面北侧有高阜乔林，西则修竹参天，浓荫匝地。秋毛者，叶疏而飘零，有明净如妆的感觉，由绿而黄，由黄而褐，由褐而棕红（枫叶、枫香、鸡爪槭、三角枫等），丰富了色彩，乌桕、银杏紧随其后显露出片片金黄，煞是好看。冬骨者，叶枯而枝槁，这是落叶树的冬态，落叶阔叶树冬季落叶后，枝干裸露，如同树木的骨架，是冬骨，小园地狭，不宜多栽常绿树，而以落叶树为基调。拙政园岛上的林丛，主次分明，春梅秋橘是主景，樟树、朴树遮阴为辅，柏树常绿是冬景。

4.要有起伏的轮廓线

凡把山林之景作为远视欣赏的，都是从稀不从密，林丛林冠线要高低起伏，参差变化，所以树种选择要有高有低、有大有小，林冠线有了层次起伏，远视时，天际线起伏变化，配合古建筑的飞檐翘角，整个画面极富画意。

## （二）石山植物造景

石山就是用石堆叠而成，多是在园中做主景，叠山一般较小，单纯地用石堆叠的假山不多见。石山的植物配置主要有以下注意事项：

### 1.构筑画意

石质假山旁多种植观赏价值高的花木，为了显示山石峭拔，多选择枝干虬曲的花木，以与假山呼应。石山少土，怪石嶙峋，植物种植也少，选择姿态虬曲的松、朴或紫薇等。因这些树木为了接受阳光照射，枝条向外发展，再加适当修剪，自然斜出壁外，形成优美的形态。石上宜采用平伸和悬垂植物，注意体形枝干与山石的纹理对比，一般不用直立高耸的植物，攀缘植物也不宜过多，要让石山优美的部分充分显露出来。

### 2.前景与背景

石质假山重点表现的是假山的形态，因此，在假山的前景与背景方面，极其要注意烘托假山。假山前，多为低矮的灌木如山茶、蜡梅、杜鹃、黄杨、沿阶草等，背景则是大乔木如樟树、朴树、银杏、榉树、榔榆、桂花等形成的浓荫，通过色彩对比、林冠线的起伏突出石质假山。扬州片石山房的假山则是"一峰突起，连冈断堑，变幻顷刻，似续不续"，而在假山腰部与顶部的穴中植入小松、垂藤等，植物与山石交错在一起，营造出了一片绿意。

## （三）土石结合的山体植物造景

园林中的山多是土石结合的，只不过是以土为主，还是以石为主而已。因此，对于土石结合的山体植物造景，要根据具体的山体类型进行植物配置。

### 1.土多石少山

真正的土山在园林中并不多见，多是以土山带石的假山形式出现，如北宋徽宗时期的艮岳以及现存的北海琼岛假山、拙政园中假山等，皆是以土带石形成的，土山带石易形成规模庞大、地形地貌复杂多变、层峦叠嶂、秀若天成的山林景观。土山带石是在土山写实的基础上，逐步走向写意的假山形式，计成掇山主张要有深远如画的意境，余情不尽的丘壑，倡导土山带石的造山手法，追求"有真为假，作假成真"的艺术效果。李渔也赞成计成倡导的土山带石的造山手法，他认为用石过多会违背天然山脉构成的规律，使假山造型过于做作，他擅长土山带石法，使树与石浑然一色，达到了混假山于真山之中的效果。土多石少山，也叫土山带石，就是山体用土堆筑，石头散落于土壤表面，或者是在局部以石堆叠形成悬崖峭壁景观，石头基部一般要深埋在土中，似有石从土中生的感觉，一般将石头放置在山脚、山坡、山顶等，配置的植物也多根据石的位置来确定。

（1）山脚

如果山的自然安息角比较大，土容易崩塌，那么在地势较陡的地方，岩石就以天然露头的形式形成挡土墙或简单的护坡。在挡土墙内的植物可是稀疏的乔木，也可是低矮的灌木，或是两者结合；在岩石外围，可种植灌丛或宿根花卉等，与山石参差交错，相互烘托。在一些土坡草地的边缘可有意地植入几块散石，周围不种植大的乔木，多是小型乔木或灌木等，用以陪衬草地的开阔，或形成路边的一个小型植物景观。

（2）山坡

在中国古典园林中，山坡上的岩石放置多与山道结合在一起，用岩石形成蹬道，在蹬道旁散置一些中型石块，或者是用石块堆叠形成蜿蜒曲折的上山路。如拙政园的雪香云蔚亭所在的山体的蹬道，为了表现山林氛围，周围种植梅花、橘树、竹子等小型乔木，而岩石表面攀爬有薜荔、络石等垂藤植物。在现代园林中，土山的山坡上多放置一些岩石，形成散置的石组，周围的植物多是以山坡靠近顶部的丛林为背景，以草地为底，重点表现石组，也可在石组周围点缀2~3株乔木或灌木，用以突出石组，或以一些爬藤植物攀附在岩石表面，但不能让过高的植物遮蔽山石。

（3）山顶

中国古典园林中，山顶多有亭或轩，因此，在这些建筑的周围放置有散生的岩石，或者建筑的基础就是以岩石堆叠而成。植物与岩石的搭配没有特殊的要求，形成山林景观即可。

2.石多土少山

石多土少山，就是山体是用石堆叠而成，山的骨架是石头，岩石多是在山的四周堆筑，土多是在岩石缝隙中存在。对于这种山的植物配置，一般要考虑以下因素：石多土少山为了表现石的特点，植物尽量不要遮挡岩石，因此植物种植得比较稀疏，在山坡上多是小乔木或灌木、爬藤等，或者是岩石堆叠成悬崖峭壁，不形成山坡，如苏州环秀山庄大假山，岩石悬崖上种植些爬山虎、黑松斜伸出悬崖，山顶种植大树朴树，用大树的树冠压顶，形成咫尺山林的氛围。但是山顶的树木不能种植得太多，只是稀疏地种植，配合亭等建筑，形成一个既幽深又开朗的空间。

在耦园中，黄石假山堆叠雄奇，错落有致地显现了石骨嶙峋之雄健气势，所有树木均配置在山腰石隙之中，榉、榆、柏等大乔木或缘石隙山腰而生，或参差盘根镶嵌在石缝之中，如同山林中自生的一般。在榆、柏等大乔木的间隙处，疏植桂花、山茶等花木，以丰富景观，又用薜荔、常春藤等蔓性植物攀缘在石壁、树干上，掩饰斧凿痕迹成为层峦叠翠的山林景象，狮子林山巅的白皮松，因有峰石点植其旁不露根系，故虽在山顶却如山腰，自然野逸。

### （四）孤赏石植物造景

孤赏石又称特置石、立峰，特置山石大多由单块山石布置成独立性的石景，常在环境中做局部主题。特置石在盛唐以后出现，经历了宋元明清的发展，形成了独特的艺术效果，是中国园林走向壶中天地的写意山水的常见做法。禅宗在中国的兴起影响了中国士大夫的心理，促使他们心里追求宁静、和谐、清幽、恬淡与超脱的审美情趣，以直觉观感、沉思思想为创作的构思，以自然简练、含蓄为表现手法。白居易的"聚拳石为山，环斗水为池"，李渔的"一卷代山，一勺代水"，这些艺术手法促使石体现了抽象的意境，石的色彩、结构、线条与广泛驰骋的形象联想凝聚在一起。特置石常在园林中做入口的障景或对景，或置于视线集中的廊间天井中间、漏窗后面、水边、路口或园路转折的地方。

此外，还可与壁山、花台、草坪、广场、水池、花架、景门、岛屿、驳岸等结合起来使用。孤赏石常常在空间中成为焦点，多是为了表现石的形态美，或是为了表现石与植物交错共生的整体美，而不是为了单纯表现植物，因此，对孤赏石的植物配置，要根据石的种类、形态、大小、摆放位置、景观要求等来选择。

## 二、岩石园植物造景

岩石园是起源于欧洲的一种园林形式，它以岩石及岩生植物为主，结合地形选择适当的沼生、水生植物，经过合理构筑与配置，模拟高山、山地植物群落、岩崖、碎石陡坡、峰峦溪流及高山草甸等各种岩石景观和岩生植物群落景观的一种专类园。此外利用花园中的挡土墙或特别构筑墙体，在缝隙中种植岩生花卉，甚至在置于庭院一角的容器中种植高山花卉，高山植物展览室中展示高山花卉的形式也归于此类。岩石园在欧美各国常以专类园的形式出现。

### （一）岩石园规划风格

岩石园在发展中形成了多种类型。作为园的外貌形式出现，其风格有自然式和规则式。作为具体栽植方式有山地式、墙园式及容器式。另外结合温室植物展览，还专辟有高山植物展览室。在这些形式中，处处表现师法自然、高于自然，提炼和模拟自然界的高山岩生植物景观和群落结构的理念。

1.规则式岩石园

从整体上看，其外形跟山丘一样，适合四面观赏，这种类型多在公园、植物园等出现，以墙面、挡土墙等为依托形成台地式的层层种植的形式，往往建于街道两旁，或结合建筑角隅，或土山的一面坡上。这种岩石园一般面积规模较小，景观和地形简单，以欣赏植物为主，多选择色彩艳丽的岩生植物进行规则式栽植。

2.自然式岩石园

自然式岩石园以展示高山的地形及植物景观为主，模拟自然山地、峡谷、溪流、碎石坡、干涸的河床、山径等自然山水地貌和植物群落。一般面积较大，可达1hm²，植物种类丰富。园址多选择在向阳、开阔、空气疏通之处，不宜在墙下或林下。园中的小径呈现弯曲多变的自然路线，小径上铺设平坦的石块或碎石片，边缘和缝隙间种植花卉，小径伸向每一处景点，既可远观，又可近赏，更具自然野趣。种植床的位置、大小、朝向及高低要结合地形变化，种植床边缘用山石镶嵌。种植床要力求自然，床内也可散置山石或碎石。

3.墙园式岩石园

墙园式岩石园是利用各种护土的石墙及分隔空间的墙面岩石缝隙种植各种岩生植物，一般和岩石园相结合或可在园林中单独出现，形式灵活。墙园依据墙体高度的不同，可有高墙和矮墙两种，高墙要做40cm深的基础，矮墙可在地面直接叠起。在设计时，墙面不能垂直，要向护土方向倾斜；石块插入土壤固定时也要由外向内稍朝下倾斜，以免水土流失，也便于承接雨水，使岩石缝里保持足够的水分供植物生长；石块之间的缝隙不宜过大，并用肥土填实；垂直方向的岩石缝隙要错开，以免土地被冲刷及墙面不牢固。

4.容器式微型岩石园

容器式微型岩石园多采用石槽及各种废弃的水槽、石碗、陶瓷器等各种容器，用各种砾石与岩生植物相配种于容器中，常为庭院中的趣味式栽植。这种形式可出现在公园中的角落、道路边、街道绿地中或者个人庭院中。种植的容器多种多样，但多是使用些质感比较厚实的石质容器、粗陶容器等。种植前，一定要在容器底部凿出排水孔，植物选择要注意根系与体量，使之适合在容器中栽植，这种形式小巧别致，可以移动布置，便于各种节日等临时性布置景观。

5.高山植物展览室

高山植物展览室是结合温室专类植物展览的形式建造的，设计建造的方法同露天自然式岩石园相似，这种形式多出现在气候炎热的地方，一般公园中比较少见，多在植物园中出现。

## （二）岩石园植物选择

岩生植物多为喜旱或耐旱、耐瘠薄、植株低矮、叶密集生长缓慢、生活期长、抗性强、管理粗放的多年生植物，能长期保持低矮而优美的姿态，适宜在岩石缝隙中生长。世界上已应用的岩石植物有2000~3000种，主要包括：

1.苔藓植物

苔藓大多为阴生、湿生植物，其中很多种类能附生于岩石表面，不仅具有点缀作用，还能含蓄水分和养分，使岩石富有古意与生机。

2.蕨类植物

很多蕨类植物常与岩石伴生，是一类别具风姿的观叶植物，如石松、卷柏、铁线蕨、石韦、岩姜和抱石莲、凤尾蕨等。

3.裸子植物

裸子植物中的松柏类树木均适合布置岩石园，可做岩石园外围背景布置，矮生松柏植物如铺地柏和铺地龙柏等无直立主干，枝匍匐平卧岩石上生长，一些垂直性强的树种如圆柏、柳杉、雪松、云杉、冷杉、铁杉等都可培育成各种形式。该类植物可体现地域风格。

4.被子植物

被子植物多选花色鲜艳耐瘠薄、低矮的种类，如石蒜科、百合科、鸢尾科、天南星科、凤仙花科、秋海棠科、野牡丹科、马兜铃科的细辛属、兰科、虎耳草科、堇菜科、石竹科、十字花科的屈曲花属菊科的部分属、龙胆科的龙胆属、报春花科的报春花属、毛茛科、景天科、苦苣苔科、小檗科、黄杨科、忍冬科的六道木属和荚蓬属、杜鹃花科、紫金牛科的紫金牛属、金丝桃科的金丝桃属，蔷薇科的枸子属、火棘属、蔷薇属和绣线菊属等，都有很多种类具很高的观赏价值。在具体选择的时候，一般选择当地具有野生种的种类，易于管理，也可引进外地品种。配置在一起的植物花期要有交替，花色要有对比，形成一个季相丰富多变的自然景色。

## （三）岩石的选择

1.岩石种类

岩石要能为植物根系提供凉爽的环境，多孔透气，还要有储水的能力和吸收湿气的能力。坚硬不透气的花岗岩是不适合的，大量用表面光滑、闪光的碎石也不适合，应选择表面起皱、美丽、厚实、自然的石料。最常用的有石灰岩、砾岩、沙岩等。石灰岩含钙化合物，外形美观，长期沉于水底的石灰岩在水流的冲刷下，形成多孔且质地较轻、容易分割的岩石，是最适合的一类。砾石造价便宜，含铁高，有利于植物生长，但岩石外形有棱角或圆胖不雅，没有自然层次，所以较难建造及施工。红沙岩含铁多，其缺点同砾石。

2.岩石设计

石块要有大有小是同一类型，石色、石纹、质感、形体等要有统一感。暴露在土壤表面的石块摆放要有疏有密，力求自然。岩石露出土面的部分一定要向栽种植物的一面倾斜，而不能与坡地同一个方向，这样雨水会顺着石块表面流向植物，否则雨水就会沿着土坡流失掉。每块石料放入土中的部分是整个石块的1/3～1/2，只能横卧不能直插，基部及四周要与土壤紧密结合。石与石之间要留有放置土壤的空间。

# 第五节　园林建筑与植物造景

## 一、植物造景对园林建筑的作用

计成《园冶》中云："花间隐榭，水际安亭。""围墙隐约于萝间，架屋蜿蜒于木末。"园林建筑掩映于高低错落的树丛中，使人产生"览而愈新"欲观全貌而后快的心情。园林建筑要与园林植物搭配起来，并且搭配适宜，才可以发挥其景观的最大影响力。

植物造景对园林建筑的作用主要体现在以下几点：第一，突出主题。园林中有许多风景是以植物命题以建筑为标志的，如杭州西湖十景之中的柳浪闻莺、曲苑风荷、花港观鱼。第二，协调建筑与周围的环境。植物的枝条呈现一种自然的曲线，可以软化建筑物的突出轮廓和生硬的线条，同时使建筑与周边环境更好地衔接，形成一种过渡。第三，丰富建筑的艺术构图。一方面是线条与形状的协调与均衡，建筑物的线条一般多笔直，而植物枝干多弯曲，植物配置得当可使建筑物旁的景色取得一种动态均衡的效果。另一方面是色彩的调和，树叶的绿色是调和建筑物各种色彩的中间色。在庭院中植物植于廊旁曲折处，可打破空间单调之感，虚中有实，实中有虚，有步移景异之妙。广州双溪宾馆上廊中配置的龟背竹，犹如一幅饱蘸浓墨泼洒出的画面，不仅增添走廊中活泼气氛，而且使浅色的建筑色彩与浓绿的植物色彩及其线条形成了强烈的对比。第四，赋予建筑物以时间与空间的季相感。建筑物是固定不变的实体，植物的四季变化与生长发育可使景观更丰富，而使建筑也产生变化的感觉，从而更好地赋予了建筑生命力和时空的流动变化之感。有时园林建筑本身并不起眼，但配置植物后，常能使其与周围自然环境融为一体，掩盖纰漏，成为一处完整的景观。

## 二、不同风格的建筑对植物造景的要求

我国造园历史悠久，各类园林众多，由于园林所属性质不同以及园林功能和地理位置的差异，导致园林建筑风格各异，空间细分形式和色彩不同，故对植物配置的要求也有所不同。在古典园林中，建筑居于次要地位，表现出自然化的特点，但在局部上，它往往又成为构图中心；现代园林中的建筑是全园的有机组成部分，力求自然美与人工美的统一，

建筑材料多样化，建筑形式多样，风格迥异。在建筑色彩上，古典园林多以暖色调为主，而现代园林则依据用地功能的不同，设置形式多样的颜色以满足人们的需求。在园林中植物种类的选择应与建筑风格相协调，植物的形态、色彩都要经过仔细考虑。

### （一）北方园林建筑对植物造景的要求

北方园林以建筑的浓墨重彩弥补植物色彩的不足，多用高大、苍劲的松柏科树种为基调，酌量用些槐、榆，这些树种耐旱、耐寒，叶色浓绿，树姿雄伟，并配置白玉兰、海棠、牡丹、芍药、石榴、迎春、蜡梅、柳树等。总的来说是大量选用华北的乡土树种，并配置成针阔叶混合的人工群落，植于楼北庇荫处。作为下木者有蒙椴、栾树、君迁子、白蜡、山楂、黄栌、五角枫、桧柏、珍珠梅、金银木、天目琼花、欧洲琼花、木本绣球、丁香属绣线菊属、香荚莲、太平花、溲疏属、枸杞、六道木属、小蜡、棣棠、胡枝子、白玉棠、金银花、地锦等。草本有垂盆草、二月兰、紫花地丁、麦冬、萱草、玉簪、芍药、铃兰等。

### （二）南方园林建筑对植物造景的要求

南方园林建筑色彩淡雅，植物配置多根据意境要求进行布置，种类多，常采用小中见大的手法，通过"咫尺山林"再现自然景观。配置上常采用桂花、海棠、玉兰、丁香、茶花、紫薇等花木，或间植梧桐与槐、榆等。

南方园林最值得称道的是在植物造景中艺术性运用非常高超，景点立意、命题恰当，意境深远，季相色彩丰富，植物景观饱满，轮廓线变化有致。常通过植物配置为建筑增加内涵。如苏堤和白堤突出春景：苏堤为反映"苏堤春晓""六桥烟柳"的意境，主要栽种垂柳和碧桃，并增添日本晚樱、海棠、迎春等开花乔灌木，配以艳丽的花卉及碧草；白堤为体现"树树桃花间柳花"的桃柳主景，以碧桃、垂柳沿岸相间栽植；孤山放鹤亭，伴随着优美动人的"梅妻鹤子"传说，成片栽植梅花，体现香雪海的冬景。由于夏日梅花叶片易卷曲、凋落，故可配置些蜡梅、迎春、美人蕉等植物予以补偿。曲院风荷为突出整体建筑与植物的意境美，充分利用水面，并在"荷"字上做文章。为体现"接天莲叶无穷碧，映日荷花别样红"的意境，选择荷花（水芙蓉）、木芙蓉、睡莲及荷花玉兰（广玉兰）作为主景植物，并配置紫薇、鸢尾等，使夏景的色彩不断。

### （三）岭南园林建筑对植物造景的要求

岭南园林建筑轻巧、通透，色彩淡雅宜人，自成流派，具有浓厚的地方风格，多用翠竹、芭蕉、棕榈科植物，配以水、石组成南国风光。近年，岭南园林多以阔叶常绿林景观为主，并创造雨林景观，更充分地体现出热带风光，可配置成具有垂直层次、热带景观的人工群落。主要采用的木本耐阴植物有竹柏、长叶竹柏、罗汉松、香榧、三尖杉、红茴香、米兰、九里香、红背桂、鹰爪花、山茶、油茶、大叶茶、桂花、含笑、夜合、海桐、南天竹、十大功劳属、小檗属、阴绣球、毛茉莉、冬红、八角金盘、栀子、水栀子、虎刺、云南黄馨、桃叶珊瑚、枸骨、紫珠、马银花、紫金牛、罗伞树、百两金、杜茎山、六月雪、坚荚树、朱蕉、浓红朱蕉、金粟兰、忍冬属、棕竹、<u>丛生鱼尾葵</u>、散尾葵、燕尾棕、轴榈、三药槟榔、软叶刺葵、木兰及胡枝子等。

重点运用棕榈科、竹类、木质藤本及蕨类植物来营造浓厚的南国风光，棕榈科中的大王椰子、枣椰子、长叶刺葵、假槟榔都可作为姿态优美的孤立园景树，有些可片植成林，如椰子林、大王椰子林、油棕林、桃榔林；有些可作行道树，如蒲葵、鱼尾葵、皇后葵，大王椰子等；一些灌木，如散尾葵、棕竹、轴榈、软叶刺葵、香桃榔、燕尾棕、华羽棕、单穗鱼尾葵等都可做耐阴下木进行配置。丛生竹可片植成竹林，或丛植于湖边。园林中竹林夹道组成通幽的竹径，加深景深。竹与通透淡雅、轻巧的南国园林建筑配置，也极相宜。植物通过与水、石、建筑等园林组成部分配置成一些小品，以丰富园景。

## 三、建筑外环境植物造景

### （一）建筑外环境

建筑既是一个实体概念，又是一个空间概念。建筑实体有墙、屋顶、门、阶、窗等构件；从空间角度说，又分为内部空间和外部空间。一座建筑既存在提供场所的实用功能，又以其自身艺术构造及其与周围自然巧夺天工般的融合成为一个精神文化载体、社会文明发展的象征。一处完美的景观应是建筑与周围自然环境相互合理映衬、协调展现，植物自然素材的合理点缀和装饰会增加建筑艺术的表现力。现代园林，虽强调植物造景，园林意境表达以植物为主，建筑为辅，但常常在现实情况中受到空间的限制，因而以建筑为主，植物为辅的配置造景方式仍占主导地位，特别是在城市行政商业区、居住区建筑等地。

建筑外环境泛指由实体构件围合的室内空间之外的一切活动领域，如建筑附近的庭院、街道、广场、游园、绿地、露天场地、河岸等可供人们日常活动的空间。同时，也包括单一建筑实体部分以及单一建筑面积内的微小空间，如建筑的墙体、窗台、台阶以及建筑的墙基转角的敞廊等建筑实体周围的局域空间及中庭、内天井、屋顶花园、露台等非封闭性围合。这些由建筑物控制的范围就构成了建筑的外环境。建筑环境是整个城市景观环境的基本组成部分，也是重要组成部分，决定了景观环境的最终效果，建筑外环境的绿化包括建筑自身的装饰及建筑外部空间的绿化。

建筑外环境绿化本身有一定的功能并表达某种空间意义，为人们一定的行为目的服务，受建筑的影响较小，具有独立的空间意义。建筑外环境处理得好坏程度直接关乎建筑整体的表达，直接影响到与周边环境的融洽程度。它是人工形式的建筑与自然形式的植物的交界处，是建筑与自然的融合边界过渡带。所以，建筑外环境的绿化有着特殊意义和作用，需选择适当的处理方式才能更好地承启这份重要性。

## （二）建筑外环境的类型和特点

从空间上讲，建筑外环境分为两种类型：一种是建筑实体外部界面，如建筑的屋顶、外墙窗台、台阶等；另一种是建筑周围附属的局域小环境，如建筑附近的庭院、街道、广场、游园、绿地、露天场地、河岸等可供人们日常活动的空间。

建筑外环境是建筑的实体外部界面和附属空间的综合，是整体环境的一部分，其空间存在形式上依靠建筑物和其他主要空间表述。建筑外环境主要是为衬托主体的建筑形象或融合建筑与自然的调和性，其空间特征是由建筑物的形态特征决定的。建筑外环境空间不是由环境设施构成的实用空间，本身不具有实用功能的独立性。虽然其表达了某种空间意义，但并非为人们的行为目的而服务，其与建筑物是绝对的附属关系。

建筑外环境的艺术性有其特殊性。作为环境，其表达是有一定艺术性的。环境艺术和其他艺术一样，有自身独立的组织结构，利用空间环境的构成要素的差异性和同一性，通过形象、质地肌理、色彩等向人们传达某种情感，同样包含一定的社会文化、地域、民族的含义，是自然科学和社会科学的综合，也是哲学和艺术的综合。然而，建筑外环境艺术有其局限性，它是通过植物的色彩、光线与尺度的协调统一，参考建筑形式美原则来反映建筑艺术的表达内涵。建筑小环境绿化是建筑艺术空间的凸显和缺陷的遮掩。

一般建筑的外环境都有不同的小气候生态环境，这是由建筑物的实体与风、光照等自然因子的相互影响而形成的。建筑物的朝向以及围合的程度极大地影响着小环境生态因子的改变。

## （三）建筑外环境绿化特点

建筑外环境是对建筑及其空间表达的附属空间，所以其绿化装饰强调整体性原则。首先，绿化装饰的方式或风格要与建筑风格力求一致；其次，绿化装饰效果的主题要围绕建筑及其空间的含义，绿化装饰仅作为点缀、衬托或掩映，或者作为建筑空间表达的艺术手段。绿化装饰的色彩线条、纹理及配置方式要与建筑和谐统一。巧妙处理建筑与植物搭配间的关系，运用各种艺术手法，或隐或显，方能创造出更好的衬托效果。不同类型的外环境空间绿化具有不同的功能，如美化装饰、掩障景观、隔音防噪以及遮阳庇荫等，因此要根据要求选择不同的植物及配置方式。根据外环境的生态小气候，选择适宜的植物是景观生成的首要考虑因素。

### （四）不同类型建筑外环境绿化

#### 1.建筑基础绿化

建筑基础是建筑实体与大地围合形成的半开放式空间，是连接建筑与自然的枢纽地带。一般的基础绿化是以灌木、花卉等进行低于窗台的绿化布置；在高大建筑天窗的地方也可栽植林木。适宜的栽植能够减少建筑和地面因日晒产生的辐射热，避免地面扬尘。在临街建筑面进行基础栽植还可以与道路有所隔离，降低噪声的反射。因此，它亦是美化建筑及其环境，强化功能性的重要手段。基础绿化适宜与否很大程度上决定和影响了建筑与周围环境的融洽性。

#### 2.建筑墙体绿化

墙的功能是承重和分隔空间。墙体绿化是增大城市绿化面积的有效措施，具有点缀烘托、掩映的效果。古典园林常以白墙为背景，通过植物自然的姿态与色彩作画，营造有画意的植物配置。常用的植物有紫荆、紫玉兰、榆叶梅、红枫、连翘、迎春、玉兰、芭蕉、竹、山茶、木香、杜鹃、枸骨、南天竹等。

现代的墙体常配置各类攀缘植物进行立体绿化，或用藤本植物，或经过整形修剪及绑扎的观花观果灌木，辅以各种球根、宿根花卉做基础栽植，形成墙园。其中常用的种类有紫藤、木香爬藤月季、地锦、五叶地锦、猕猴桃、葡萄、山荞麦、铁线莲属、美国凌霄、凌霄、金银花、盘叶忍冬、华中五味子、五味子、素方花、盖冠藤、钻地风、常春油麻藤、鸡血藤、禾雀花、绿萝、崖角藤、西番莲、炮仗花、使君子、迎春、连翘、火棘、平枝枸子等。

植物为墙面增添了自然生动的气息。黑色的墙面前宜配置些开白花的植物，如木绣球，使硕大饱满圆球形白色花有序明快地跳跃出来，也起到了扩大空间的视觉效果。如片植葱兰、白花鸢尾、北极菊等，使白色形成强烈对比，绵延于墙前起到延伸视觉的效果。如木香，白花点点，清秀可爱，并伴随有季相变化。若山墙、城墙有薜荔、何首乌等植物覆盖遮挡，则会充满自然情趣。在一些花格墙或虎皮墙前，宜选用草坪和低矮的花灌木以及宿根、球根花卉。如用高大的花灌木会遮挡住墙面，反而影响欣赏墙面本身的美，而且也可能会显得过于花哨，影响整体效果，喧宾夺主。另外为加深景深，还可在围墙前做些高低不平的地形。将高低错落的植物植于其上，使墙面若隐若现，产生远近层次延伸的视觉。

#### 3.亭的植物配置

在园林建筑中亭与植物的配置十分常见，亭在中国古典园林中普遍存在，现代应用仍非常广泛。其形式多种多样，选址灵活，或矗立山冈，或依附建筑物，或临水，与植物配合形成各种生动的画面。

亭的植物配置应和其造型和功效取得协调和统一。如在亭的四周广植林木，亭在林中，有深幽之感，自然质朴，也可在亭的旁边种植少数大乔木作亭的陪衬，稍远处配以低矮的观赏性强的木本草木花卉，亭中既可观赏花，又可庇荫休息。又如树木少而精，以亭为重点配置，树形挺拔，枝展优美，保持树木在亭四周形成一种不对称的均衡，3株以上应注意错落层次，这样乔木花卉与亭即可形成一幅美丽的图画。从亭的结构、造型、主题上考虑，植物选择应和其取得一致，如亭的攒尖较尖、挺拔、俊秀，应选择圆锥形、圆柱形植物，如枫香、毛竹、圆柏、侧柏等竖线条为主的植物；从亭的主题上考虑，应选择能充分体现其主曲的植物，如"竹栖云径"3株老枫香和碑亭形成高低错落的对比；从功效上考虑，碑亭、路亭是游人多且较集中的地方，植物配置除考虑其意境外，还要考虑遮荫和艺术构图的问题。花亭多选择和其题名相符的花木。

4.茶室的植物配置

茶室周围植物配置应选择色彩较浓艳的花灌木，如南方茶室前多植桂花，九月桂花飘香、香气宜人。

5.水榭的植物配置

水榭前植物配置多选择水生、耐水湿植物，水生植物如荷、睡莲；耐水湿植物如水杉、池杉、水松、旱柳、垂柳、白蜡、柽柳、丝棉木、花叶芦竹等。

6.公园服务性建筑的植物配置

公园管理处厕所等观赏价值不大的服务性建筑，不宜选种香花植物，而选择竹、珊瑚树、藤木等较合适。且观赏价值不大的服务性建筑应具有一定的指示物，如厕所的通气窗、路边的指示牌等。

7.建筑细部的植物配置造景

（1）门

园林中多门，院落和建筑空间均有入口，其植物配置应具有便于识别、引导视线和提供荫凉等实用功能，通过造型及周围环境的设计变化满足人们审美需求及空间尺度上的需求。建筑物入门的植物配置是视线的焦点，通过植物的精细设计，可美化入口，对建筑起画龙点睛的作用。在以休闲功能为主的建筑物、庭院入口处，可配置低矮的花坛，自然种植几株树木，显得轻松愉快；在纪念性或性质严肃的建筑前，可种植排列整齐的树木，烘托庄重的气氛。入口处的植物配置应有强化标志性的作用，如高大的乔木与低矮的灌木组成一定的规则式图案，鲜艳的花卉组成文字图案，或排列整齐的植物给人一种引导，突出主要入口。有较大的入口用地时，可采取草坪、花坛、树木组合的方式来强化、美化入口。通常入口处植物配置首先要满足功能的要求，不阻挡视线，不影响人流、车流的正常通行；在特殊情况下可故意用植物挡住视线，使出入口若隐若现，起欲扬先抑的作用。充分利用门的造型，以门为框，通过植物配置，与路、石等进行精细的艺术构图，不但景观入画，还可以扩大视野，延伸视线。

（2）台阶

建筑外围通常有台阶，需要对台阶进行绿化装饰。在与周围建筑融洽，满足环境要求、配置目的的前提下，美观、安全通常是考虑的重点，通常选用一些观赏的草本植物，如白花三叶草、沿阶草、兰草等。

（3）窗

窗框的尺度是固定不变的，植物却不断生长，随着生长，体量增大，会破坏原来的画面。因此，园林建筑窗外的植物配置要注意选择生长缓慢变化不大的植物，如芭蕉、孝顺竹、蜡梅、碧桃、苏铁、棕竹、刺葵、南天竺等，近旁再配些尺度不变的剑石、湖石，增添其稳固感，与窗框构成框景，是相对稳定持久的画面。为了突出植物主题，窗框的花格不宜过于花哨，以免喧宾夺主。

（4）建筑的角隅

角隅线条生硬，而转角处又常成为视觉焦点。通过植物配置进行缓和点缀最为有效。应多种植观赏性强的园林植物，如可观花、观叶、观果、观干等植物种类，可成丛配置，并且要有适当的高度，最好在人的平视视线范围内，以吸引人的目光，也可放置一些山石进行地形处理，配合植物种植，如用丛生竹、芭蕉、蜡梅、含笑、南天竹、丝兰、十大功劳、大叶黄杨等。在较长的建筑与地面形成的基础前宜配置较规则的植物，以调和平直的墙面，可展现统一规整的美，如用栀子、山茶、四季桂、杜鹃、金叶女贞、小蜡树、红继木等。

8.道路边缘绿化装饰

园林中道路的铺设材料十分丰富，有木质、石质、植物等，质地不同，效果不同。而与道路相接的路缘景观设计容易被忽视，色彩丰富的植物景观变化以及路和路缘的自然过渡是极为重要的，如用白花三叶草、沿阶草、紫花地丁等。

9.屋顶

屋顶绿化在国际上的通俗定义是一切脱离了地气的种植技术，不仅包括屋顶种植，还包括露台、天台、阳台、墙体、地下车库顶部、立交桥等一切不与地面自然土壤相连接的各类建筑物和构筑物的特殊空间的绿化。它是根据屋顶的结构特点及屋顶上的生境条件选择生态习性与之相适应的植物材料，通过一定的技术手法，在建筑物顶部及一切特殊空间建造绿色景观的一种形式。

10.层基栽植的功用、原则及植物选择

层基栽植是指在房屋四周或路边、墙角、水岸、溪流边、草地边、树池内配置的植物。

园林生态化建设与植物育种学

（1）层基栽植的功用

柔和建筑物线条，减少单调感；强调建筑物的特性，亦可造成建筑物与庭园树木之间色彩的对比；以植物衬托出硬质景观的美感。

（2）层基栽植的设计原则

考虑建筑物的式样大小，材料、颜色及背景；根据美学原理，处理树木与建筑物的关系；层基栽植的设计以简单为主；选择树木时应考虑简化后期的栽培及管理工作；一般住宅建筑前或门两旁以整齐树木配置，窗口、道路转弯处配置灌木丛植，建筑物后沿及两侧，选择树冠宽大且高大的树木。

（3）层基栽植的植物选择

选择植物种类，应适合栽植地区的土壤、光线、风力及其他气候条件；考虑对建筑物通风透光的影响；生长强健，生命力较旺盛，不需特别管理；可以选择带花香的树木；选择防风、防尘、耐火及无臭味的树木。

# 第四章 园林绿地系统与植物选择

## 第一节 园林绿地系统与现代园林绿地系统

### 一、园林绿地系统与园林绿地建设

所谓"绿地",《辞海》释义为"配合环境创造自然条件,适合种植乔木、灌木和草本植物而形成一定范围的绿化地面或区域";或"凡是生长植物的土地,不论是自然植被或人工栽培的,包括农林牧生产用地及园林用地,均可称为绿地"。

所谓园林绿地系统,是由质与量的各类绿地相互联系、相互作用而形成的绿色有机整体,是指各类性质绿地通过规划形成兼有生态功能、游憩功能和防护功能的有机组织结构,包括布局呈不同类型、不同性质和规模的各类绿地(包括城市规划用地平衡表中直接反映和不直接反映的),共同组合构建而成的一个稳定持久的城市绿色环境体系。园林绿地系统建设是园林生态环境建设的核心内容,是城市可持续发展的重要基础。

#### (一)人居环境与绿地系统

人居环境或称"人类住区"(human settlement)属于生命活动的过程之一,与地球和生命科学有着密切的联系。科学家把覆盖地球表面的薄薄的生命层,称为"生物圈"(biosphere)。它是地球上有生命活动的领域及其居住环境的整体。生物圈是地球上最大的功能系统并进行着能量固定、转化与物质迁移、循环的过程。其中绿色植物具有核心作用。从生态学的基本观点出发,可以将地球生物圈空间大致划分为自然生境(natural habitat)和人居环境(human settlement)两大系统。人居环境的空间构成,按照其对于人类生存活动的功能作用和受人类行为参与影响程度的高低,又再划分为生态绿地系统

（eco—green space system）和人工建筑系统（marl—made building system）两大部分。

## （二）园林与绿地的关系

绿地是城市园林绿化的载体。园林与绿地属于同一范畴，具有共同的基本内容，但又有所区别。

我们现在所称的"园林"是指为了维护和改变自然地貌，改善卫生条件和地区环境条件，在一定的范围内，主要由地形地貌、山、水、泉、石、植物、建筑（亭、廊、阁）、园路、广场、动物等要素组成。它是根据一定的自然、艺术和工程技术规律，组合建造的"环境优美，主要供休息、游览和文化生活、体育活动"的空间境域。包括各种公园、花园、动物园、植物园、风景名胜区及森林公园等。

可以理解为"园林"是在特定的土地范围内，根据一定的自然、艺术及工程技术规律，运用各种园林要素组成，给予美的思想设计，加以人工措施，组合建造的，环境优美，主要供游憩、休息和活动的空间境域。它包括各种公园及风景名胜区。广义地说，可包括街道、广场等公共绿地。但绝不包括森林、苗圃和农田。

绿地的含义比较广泛，凡是种植多种植物包括树木花草形成的绿化境域，都可称作绿地。就所指对象的范围来看，"绿地"比园林广泛。"园林"必是绿地，而"绿地"不一定称"园林"。园林是绿地中设施质量与艺术标准较高，环境优美，可供游憩的精华部分。城市园林绿地既包括了环境和质量要求较高的园林，又包括了居住区、工业企业、机关、学校、街道、广场等普遍绿化的用地。

## （三）城市园林绿地系统建设

1.园林绿地建设的指导思想

科学的发展，多种学科的相互渗透，检测手段的进步，促进了人们对于园林植物生理功能和其对人的心理功能作用等认识的提高。因此，对园林绿化多方面有益作用的视野更加广阔了，人们从过多强调观赏、游憩等作用的观点，上升到保护环境、防止污染、恢复生态良性循环、保障人体健康的观点。从而，使城市园林绿化的指导思想产生了一个新的飞跃。

2.城市园林绿地建设发展趋势

自20世纪90年代以来，在可持续发展理论的影响下，当今国际性大都市无不重视园林生态绿地建设，以促进城市与自然的和谐发展。由此形成了21世纪园林绿地的三大发展趋势。

第一，园林绿地系统的要素趋于多元化。

园林绿地系统规划、建设与管理的对象正从土地、植物两大要素扩展到山、水、植物、建筑四要素，园林绿地系统将走向要素多元化。

第二，园林绿地系统的结构趋向网络化。

园林绿地系统由集中到分散，由分散到联系，由联系到融合，呈现出逐步走向网络联结、城郊融合的发展趋势。城市中人与自然的关系在日趋密切的同时，城市中生物与环境的关系渠道也将日趋畅通或逐步恢复。概言之，园林绿地系统的结构在总体上将趋于网络化。

第三，园林绿地系统功能趋于生态合理化。

以生物与环境的良性关系为基础，以人与自然环境的良性关系为目的，园林绿地系统的功能在21世纪将走向生态合理化。

## 二、现代园林绿地系统的定位与构成

### （一）我国对生态园林、城市林业及城市森林等概念的认识

1.园林、园林绿化、生态园林的关系

（1）园林（landscaping）

在一定地域内，运用工程技术和艺术手段，通过改造地形（筑山、叠石、理水），种植树木、花卉，营造建筑和布置园路等，创造优美的自然环境和游憩领域。

（2）园林绿化（urban greenery）

城市园林绿化是城市建设的重要组成部分，是营造生态城市建设绿地系统的重要手段，是园林生态环境建设的核心内容。园林绿化通过在城区营造规模性的绿地和绿地系统，发挥绿色植物对环境的调控作用，改善城市物质与能量的流动，改善城市的生态环境，提高城市居民的生活质量，创造人与自然和谐的生存空间，较大程度地减少人对自然的损伤和破坏，促进城市社会、经济以及环境的可持续发展。

（3）生态园林（ecological garden）

生态园林与传统园林的最大区别是在保证园林绿地观赏价值的基础上，特别强调园林绿地的生态效益和多种功能的发挥，把改善环境、提高人类健康水平作为核心内容。园林绿地是一个人工生态系统，传统园林虽然也有生态效益，但生态效益的发挥并不以人的意志为转移。生态园林是能够使园林绿地按照人的要求去发挥作用的目的系统。

生态园林是对传统园林的继承和发展，是"园林"的扩展和深化。生态园林在强调生态效益的同时，并不降低对园林审美质量的要求。生态园林在继承造园意境、植物造园造景等传统园林精华的基础上把园林绿化推向功能更加齐全、高效，经济更加合理，形式更具现代特色的新阶段。生态园林对园林工作者提出了更高的要求。因此生态园林是现代园林发展的必然方向。

2.生态园林、园林绿化、城市林业和城市森林的异同

国内的城建园林部门和林业部门，对于城市森林、城市林业的管理归属提法有很多争论。有的人认为：城市林业的提法不符合我国国情。特别是园林界，在园林的基础上提出了"园林城市""生态园林""大环境绿化""园林绿化系统"的概念，认为"城市林业"的提法不合适。

园林界普遍认为：现代园林已突破了传统园林仅注重植物景观效果、美感、寓意、韵律的局限性，已扩大到整个园林绿地系统。而生态园林和大环境绿化等概念，更是建立在改善城市环境的基础上，和城市林业有许多相同之处。园林和林业之间存在着一个兼顾和包容的学科，即城市林业。生物环境（城市森林）作为园林生态系统的要素，在维持系统平衡上能发挥最大作用。因此，森林经营原则的运用，更有利于园林绿地的经营。

可以说，现在城市园林绿化无论提倡搞城乡一体化大环境建设，还是提倡发展"城市林业""森林城市"，或是提倡搞"智慧园林""观光农业"，其核心问题都要增加绿量，维护生态平衡，建立较为完善的城市所依托的生态系统，实现人类与自然保护的和谐并存，这些都应统一看作发展生态园林。

### （二）现代园林生态绿地系统的空间定位

绿地建设，仅以绿化手段形成绿化环境是远远不够的。要起到园林绿化作用，还必须有较高质量的设施和艺术标准，形成优美环境空间，满足游憩和美化城市的要求。

20世纪80年代后期以来，我国园林、建筑、规划设计等方面的学者也对传统的园林进行了反思和拓展，以园林生态系统的研究作为城市规划、园林建设的理论依据。尤其是景观生态学理论和方法的引进和应用，园林绿化理论得到空前的发展。一些学者提出了生态园林、生态绿化、生态绿地空间和生态绿地系统等理论，并进行了积极的实践和推广，从而丰富了城市园林绿化理论，也推进了城市园林绿化的发展，充分发挥了园林绿地系统改善生态环境的作用。这与城市林业、城市森林理论和观点相似，核心都是提高绿地生态效应和稳定性，使有限的园林绿地在维护园林生态平衡中发挥更大的作用。但城市林业更强调城市树木的经营和管理，重视园林绿地的森林化；而生态绿化和生态绿地系统等理论则强调绿地布局和规划的系统化和网络化；生态园林的理论融合了城市林业和生态绿化及生态绿地系统的全部内涵。

生态园林是在传统园林的基础上，遵循生态学和景观生态学原理，应用现代科学技术和多种学科之间的综合知识，以植物为主体，创造具有复合层次、合理生态结构、功能健全的新型的模拟自然生态系统的稳定的人工植物群落，形成城市大环境区域的完善的园林绿地系统体系。现代园林绿地是一个注重整体生态效应的绿色实体，它是园林生态系统中自然子系统的重要组成部分，是以生态学、环境科学的理论为指导，并融合现代生态学及

相应交叉学科的研究成果，以人工植物群落为主体，以艺术手法构成的一个具有净化、调节和美化环境的园林生态绿地系统体系，是整个城市减轻环境压力、实现良性循环的生态保证系统。

### （三）现代生态园林绿地系统的构成

现代生态园林绿地系统，泛指城市区域内一切人工或自然的植物群体、水体及具有绿色潜能的空间境域。生态园林绿地系统，是与有较多人工活动参与培育和经营的，有社会效益、经济效益和环境效益产出的各类绿地（含部分水域）的集合。它是以生态学、环境科学的理论为指导，以人工植物群落为主体，以园林艺术手法构成的一个具有净化、调节和美化环境的生态体系。在可能的条件下，这个系统同时生产各类园林产品，并且维护生物种类的多样性。从生态学原理出发，生态绿地可涵盖农、林、牧与园林绿化。

具体来说，生态园林绿地系统包括：公共绿地（公园、游园、街心花园、专类公园等）、居住区绿地、专用绿地（机关、厂矿、学校、庭院绿地）、生产绿地（苗圃、果园等）、防护绿地（城市防护林、防风林、卫生隔离带、水土保持林等）、风景绿地和街道绿地等所有绿地。此外，清洁水体、开敞空间也属于生态绿地范畴。它是集空间、大气、水域、土地、植物、动物、微生物于一体的综合建设。

作为城市的生态园林绿地：第一，必须有绿色植物所形成的生态空间；第二，绿色植物覆盖面分布要合理，点、线、面结合，小、中、大结合，充分发挥生态作用；第三，绿色植物不但要达到一定的数量，并且其栽植形式、结构及色彩、品种、姿态等诸方面，也要合理配置，构成具有艺术效果的绿化、美化的形象；而且，要通过正常的养护管理，维护其艺术形象的长期不衰，给人以艺术享受；第四，城乡结合，形成区域范围内的复层立体结构的大环境绿化的生态园林绿地系统。

### （四）生态园林绿地系统的特征

（1）系统性园林生态绿地系统是城市系统的子系统，绿地系统与其他子系统构成城市交合系统，各子系统在城市系统中不是孤立存在的，它们之间相互影响，相互作用。

（2）整体性园林生态绿地系统中的每一种类型的绿地都具有独特的作用，但整个系统除了能保持自身的作用外，各类绿地之间还融为一体发挥整体的功效。

（3）连续性园林生态绿地系统是为满足某些功能而以空间体系存在的，故其具有连续性。

（4）动态稳定性绿地系统是一种有生命的系统。因而随着时间季节的更替，绿地系统的内部也发生相应的变化，但整个系统对外却显现着一种稳定性。

（5）地域性园林绿地系统从属于城市环境系统，城市有它本身的地域分布。因而，城市可持续发展要求地方文化的技术特征也应反映在园林生态绿地系统规划中。地域性体现了绿地系统的个性。

## （五）建设园林生态园林绿地系统的原则

城市园林绿地系统一直是城市建设的主要组成部分之一，所以园林与绿地的规划设计的主要范围是：工厂、企业、街道、广场、居住区、公园及其他各种形式的园林绿地。绿地布局要从人与自然的关系，从改善园林生态系统原理方面来考虑。生态园林的建设首先应从功能上考虑形成系统，而不是从形式上考虑。为此，生态园林构建应遵循以下原则：

（1）合理进行城市森林系统的规划布局，通过绿地点、线、面、垂、嵌、环、廊相结合，建立园林绿地系统的生态网络。

（2）遵循生态学原理，以植物群落为绿地结构单位，构筑乔、灌、草、藤复合群落。

（3）以生物多样性为基础，以地带性植被为特征，构建具地域特色的城市森林体系。

（4）发挥生态园林的园林艺术效果，生态效能与绿化、美化、香化相结合，丰富城市景观。园林绿地建设应运用生态学原理，从群落学的观点出发，建设以乔木为骨架，木本植物为主体，以生物多样性为基础，以地带性植被为特征，以乔、灌、草、藤复层结构为形式，以城乡一体化为格局，以发挥最大的生态效益为目的的园林绿地系统。关键是优化绿地群落的生态结构，而提高绿地系统生物多样性应优先考虑，做好绿化植物材料的规划与培育是基础。

## （六）建设园林生态园林绿地系统的必要性

1.城市可持续发展的要求

园林绿地系统是决定城市各项功能是否完善、协调，能否可持续发展的基础，是城市各功能区块在空间上协调、过渡、有机融合的纽带，必须从区域和城市可持续发展的高度来构筑城市的绿地系统。

2.追求生态城市的要求

对人类住区生态系统的普遍关注，导致了全球化的"生态城市运动"。尽管对生态城市的确切含义学术界尚无明确、统一的解释，但即使在国内追求人与自然的融合、城市与环境的和谐，建设生态城市、山水城市、园林城市的热潮也日益高涨，这就要求我们必须从生态学的角度来研究园林绿地系统。

3.追求城市特色的要求

城市的生命力、城市的竞争力在于其个性。通过园林绿地系统与城市景观系统的结合来实现城市总体形象的整合、塑造和强化，建设有深厚文化底蕴、有鲜明形象特征的城市。

4.以人为本、追求园林绿地复合功能的要求

园林绿地应体现对人的尊重，不仅满足人们观赏、休闲、娱乐的需要，还应满足人们健身、交往的需要。园林绿地作为旅游资源对外开放，为园林绿地的多渠道建设和园林绿地资源的复合化利用提供了新的途径。

# 第二节　特定用途绿化树种和草本地被植物选择

## 一、特定环境和用途绿化树种选择

依据植物的特征与习性，对特定环境条件下和特殊用途的树种选择归类如下。

### （一）特定用途绿化植物的选择

1.观花植物

（1）观花乔木树种

观花乔木树种树体高大、枝叶繁茂，满树皆花、香气怡人，观赏性极强，是城市园林绿化中最亮丽的一道风景。

适合北方城市地区城市街道应用的观花乔木主要有：山桃、山桃稠李、稠李、山杏、西伯利亚杏、东北杏、刺槐、红花刺槐、栾树、梓树、黄金树、美国木豆树、辽梅杏、暴马丁香、北京丁香、花楸、花红、海棠、杜梨、山梨、山里红、山荆子、红肉苹果、山樱桃、黑樱桃、文冠果、紫花文冠果、乔化鸾枝、乔化麦李、乔化丁香、香花槐、白玉兰等。

其中，山桃、山杏、刺槐、红花刺槐、栾树、梓树6种观花乔木，在北方城市街路栽培多年，抗性强，生长发育良好，已适应城市的自然条件，应继续扩大在街路的应用范围。其他如：美国木豆树、暴马丁香、北京丁香、山桃稠李等20种观花乔木大部分已在城市庭园栽培多年，生长发育良好，建议作为今后街路发展树种。

例如，山桃、山杏、刺槐、红花刺槐、栾树、梓树、美国木豆树、暴马丁香、北京

丁香、山桃稠李、稠李、山梨、杜梨、山楂等观花乔木适合于大街路栽植。红肉苹果、花红、山荆子、东北杏、西伯利亚杏、乔化鸾枝、乔化麦李、乔化丁香、香花槐等观花乔木适合于中小街路栽植。

（2）开花灌木

城市地区街道可以栽植的开花灌木有鸾枝、大花黄刺玫、红王子锦带、蝟实、四季锦带、小桃红、天女木兰、重瓣白花麦李、重瓣粉花麦李、什锦丁香、红丁香、欧洲荚蒾等。

2.观果植物

观果植物中多数是既能观花又可观果，这类植物的应用既增加观赏内容又延长观赏期，国外有些先进园林绿化中观果植物是必不可少的。

城市地区可栽培的观果植物主要有：

乔木类水榆、花楸、山楂、山里红、苹果、梨、银杏、稠李、山定子、酸樱桃、东北杏、李、海棠、桃叶卫矛、翅卫矛、短翅卫矛等。

灌木类毛樱桃、榆叶梅、扁核木、郁李、麦李、欧李、扁担木、紫杉、文冠果、忍冬属、枸子属、接骨属等。

藤本类南蛇藤、山葡萄、北五味子，猕猴桃属中的软枣子、狗枣子、葛枣子等。

3.彩叶植物

彩叶植物适宜成片、成丛配置于草坪或常绿树木之前，观赏效果独特。城市地区可用的这类植物有紫叶桃、红叶李、紫叶矮樱、紫叶小檗、金叶风箱果、金叶接骨木、金山绣线菊、金焰绣线菊、花叶锦带等。

4.适合整形的树种

城市地区易于整形的常绿树种主要有西安桧、丹东桧、北京桧、侧柏、万峰桧、云杉、矮紫杉、爬地柏、沙地柏、朝鲜黄杨、胶东卫矛等。落叶树种中有元宝槭、茶条槭、水蜡、雪柳、小檗、紫叶小檗、锦带花、榆、珍珠花、柳叶绣线菊、山里红等。

5.适合作为绿篱的树种

水蜡、榆树、雪柳、细叶小檗、朝鲜黄杨、珍珠绣线菊、茶条槭、元宝槭、桧柏、丹东桧、沙地柏、侧柏、矮紫杉、四季锦带、伞花蔷薇、柽柳。

6.地被植物

铺地柏、沙地柏、百里香。

7.垂直绿化植物

综合评价为一级的北五味子、地锦、忍冬、南蛇藤为垂直绿化的首选植物；其次应发展二级的紫藤、山葡萄、软枣猕猴桃、葛枣猕猴桃、狗枣猕猴桃、七角叶白蔹、三叶白蔹、花蓼、五叶地锦、葛藤。木通、草白蔹、葡萄等综合效能低，作为垂直绿化树种，室外绿化不提倡选用。

8.风景林

风景林适用树种较多，有油松、樟子松、华山松、杉松、红皮云杉、红松、桧柏、东北红豆杉、落叶松、日本落叶松、黄花落叶松、胡桃楸、枫杨、辽东栎、蒙古栎、槲栎、小叶朴、大叶朴、山楂、刺槐、臭椿、元宝槭、色木槭、茶条槭、栾树、花曲柳、水曲柳、胡枝子、紫穗槐、树锦鸡儿、卫矛、辽东枞木、山刺梅、南蛇藤、石棒绣线菊、毛果绣线菊、土庄绣线菊、软枣猕猴桃、葛枣猕猴桃、狗枣猕猴桃、粉团蔷薇、玫瑰、黄刺玫、黄蔷薇、荷花蔷薇、千山山梅花、京山梅花、紫丁香、欧丁香、红丁香、辽东丁香、小叶丁香、北京丁香、暴马丁香、光萼溲疏、李叶溲疏、大花溲疏等。

9.防护林

不同树种的抗风能力差异很大。一般来讲，落叶树强于常绿树；枝叶稀疏、树冠较轻者强于枝叶密集、树冠沉重者；根系深广者强于根系浅弱者；小乔木强于大乔木；而株高2m以下的花灌木抗风能力最强。城市地区主要的防护林树种有：油松、桧柏、侧柏、小青杨、小叶杨、旱柳、花曲柳、春榆、榆、加拿大杨、栾树、刺槐、枫杨、新疆杨、小叶朴、黑松、绒毛白蜡、国槐、银杏、糖槭、冷杉、胡桃楸、槲栎、辽东栎、蒙古栎、稠李、山皂角、黄檗、水曲柳。

10.不同季相的观赏树种

（1）春季观花树种

东北连翘、山桃、金钟连翘、早花忍冬、迎红杜鹃、长白茶藨、长梗郁李、郁李、李子、山樱桃、榆叶梅、鸾枝、珍珠绣线菊、紫丁香、金茶藨子、兴安杜鹃、重瓣榆叶梅、山杏、东北杏、稠李、李叶溲疏、大花溲疏、光萼溲疏、黄蔷薇、土庄绣线菊、三裂绣线菊、树锦鸡儿、小叶锦鸡儿、紫花锦鸡儿、文冠果、红瑞木、省沽油、刺槐、大字杜鹃、关东丁香、小叶丁香、二花六道木、美丽忍冬、黄花忍冬、金银忍冬、暖木条荚蒾、早花锦带、黄栌。

（2）夏季观花树种

辽东丁香、红丁香、锦带花、京山梅花、东北山梅花、野珠兰、风箱果、刺玫蔷薇、伞花蔷薇、荷花蔷薇、粉团蔷薇、华北绣线菊、毛果绣线菊、紫椴、柽柳、沙枣、刺槐、暴马丁香、美国木豆树、鸡树条荚蒾、天女花、玫瑰、水蜡、黄刺玫、珍珠梅、日本绣线菊、栾树、柳叶绣线菊、金老梅、国槐、山槐、黄金树、照白杜鹃、花木蓝、北京丁香、银老梅、蝎实。

（3）秋季观赏树种

观花：胡枝子、短梗胡枝子、荆条、大花园锥绣球、日本绣线菊、银老梅、金老梅、花木蓝。

观果：金银忍冬、鸡树条荚蒾、大叶小檗、细叶小檗、水榆、花楸、华北卫矛、桃叶卫矛、山楂、接骨木等。

## （二）特定环境下绿化植物的选择

1.适合于背光地带的耐阴植物

（1）常绿树木

东北红豆杉、矮紫杉、杉松冷杉、臭冷杉、云杉、侧柏、朝鲜黄杨、胶东卫矛等。

（2）落叶树木

连翘、小花溲疏、红瑞木、接骨木、珍珠绣线菊、柳叶绣线菊、珍珠梅、黑樱桃、茶条槭、假色槭、青楷槭、银槭、刺龙芽、朝鲜山茱萸、玉铃花、天女木兰、东陵八仙花、野珠兰、东北扁核木、紫穗槐、胡枝子、短梗胡枝子、卫矛、宽翅卫矛、瘤枝卫矛、八角枫、刺五加、迎红杜鹃、大字杜鹃、东北连翘、红丁香、辽东丁香、金银忍冬、黄花忍冬、紫枝忍冬、早花忍冬、长白忍冬、藏花忍冬、接骨木、鸡树条荚蒾、暖木条荚蒾、锦带花、早花锦带、水蜡。

（3）藤本植物

花蓼、忍冬、地锦、五叶地锦等。

（4）地被植物

木本：爬地柏、沙地柏、百里香。

2.耐水湿植物

垂柳、绦柳、杞柳、朝鲜柳、馒头柳、枫杨、赤杨、稠李、山桃稠李、水曲柳、糠椴、紫椴、胡桃楸、沙枣、紫穗槐、柳叶绣线菊、珍珠梅、黄花落叶松、青杨、栾树、水蜡、金老梅、龙爪柳、东北茶藨子、兴安茶藨子、柽柳。

3.耐干旱树种

油松、杜松、侧柏、白皮松、刺槐、糖槭、臭椿、紫穗槐、树锦鸡儿、桂香柳、山皂角、枸杞、桑树、加拿大杨、毛果绣线菊、红瑞木、白桦、山楂、山杏、小叶朴、小青杨、榆树、樟子松、槐树。

4.耐瘠薄树种

油松、赤杨、侧柏、杜松、榆、桑树、柳、臭椿、海州常山、糖槭、树锦鸡儿、金雀花、黄栌、山里红、桂香柳、枸杞、京山梅花、刺槐、国槐、珍珠梅、毛果绣线菊、柽柳。

5.耐盐碱树种

绒毛白蜡、火炬树、侧柏、桂香柳、榆、花曲柳、柽柳、刺槐、国槐、紫穗槐、柳树、银中杨、加拿大杨、小叶杨、美青杨、山皂角、臭椿、梓树、山杏、山梨、桑树、树锦鸡儿、枸杞、水蜡、忍冬、丁香、侧柏、枣树、山桃、赤杨。

6.杀菌力强的植物

这类植物最适于医院、疗养区、住宅区的绿化。其中乔木树种有：油松、白皮松、桧柏、侧柏、华山松、杉松冷杉、紫杉、落叶松、梓树、山核桃、国槐、栾树、臭椿、黄栌、杜仲、银杏、桑树、馒头柳、绦柳、五角枫、火炬树、山杏、山桃、红皮云杉、樟子松、柽柳等。

灌木有金银忍冬、紫丁香、紫穗槐、珍珠梅、大花圆锥绣球、东陵绣球、黄刺玫、紫叶李、黄栌、丰花月季、接骨木、水蜡、沙地柏、树锦鸡儿等。

藤本有北五味子、地锦、五叶地锦、花蓼等。

## 二、草本地被植物与草坪植物的选择

### （一）地被植物

1.地被植物和草坪植物的比较

草坪通常指用多年生矮小草本密植，并经人工修剪后形成平整的人工草地。

草坪植物主要是指适应性较强的矮生禾草植物。

地被植物泛指覆盖在地表的低矮植物，其中包括豆科、蔷薇科等多年生草本植物和低矮匍匐型灌木、藤本植物等。

地被植物和草坪植物一样，都可以覆盖地面、涵养水分。地被植物还有许多优于草坪植物的特点：

种类繁多，品种丰富。地被植物的枝、叶、花、果富有变化，色彩万紫千红，季相纷繁复杂。

适应性强，可以在阴、阳、干和湿各种不同的环境条件下生长，形成不同的景观效果。

地被植物中的木本植物有高低、层次上的变化，而且易于造型修饰成图案。

栽植简单，养护管理粗放，生长见效快。栽植草坪对土壤要求严格，需要精耕细作，投入很多，且要专人管理，还要消耗大量的水资源；而地被植物对土壤的抗逆性强，而且绝大多数都是多年生植物，并不需要经常修剪和精心护理。

但地被植物没有草坪植物的平坦纯绿及耐践踏的优点。地被植物和草坪植物在造园中往往相互依存，合理搭配，从而使得地表绿化在统一中又富有变化。

2.地被植物的分类

（1）多年生草本植物（宿根花卉）

多年生草本植物在地被植物中占有很重要的地位。它们生长低矮，蔓生性强，开花见效快，色彩万紫千红，形态优雅多姿。多年生草木地被植物有红花酢浆草、白三叶草、麦冬、玉簪类、萱草类、鸢尾类等。

（2）一、二年生草本植物

一、二年生草本植物主要取其花开鲜艳，大片群植形成大的色块能渲染出热烈的节日氛围。如：美女樱、一串红、三色堇、矮牵牛等。

（3）蕨类植物

蕨类植物在我国分布广泛，特别适合在温暖湿润处生长。在草坪植物、乔灌木不能良好生长的阴湿环境下，蕨类植物是最好的选择。蕨类植物有：木贼、三叉耳蕨、粗茎鳞毛蕨等。

（4）蔓藤类植物

蔓藤类植物具有蔓生性、攀缘性及耐阴性强的特点。地锦、五叶地锦、忍冬等，在园林中应用较广泛。

（5）矮灌木类

矮灌木植株低矮、分枝多且细密平展，枝叶的形状与色彩富有变化，有的还具有鲜艳果实，且易于修剪造型。常用的有：红叶小檗、金叶女贞、铺地柏、微型月季、百里香等。

3.地被植物选择标准

一般来说，地被植物有以下4个选择标准：

多年生，低矮，常绿，枝叶茂密，覆盖面积大；

繁殖容易，耐修剪，生长迅速；

抗性强，无毒、无异味；

花色丰富，持续时间长或枝叶观赏性好。

4.耐阴性地被植物

绿化工作对实现城市黄土不露天至关重要，而且任务艰巨。除了充分重视城市中零散隙地的绿化外，对由乔木、灌木、草本植物组成群落绿地中的"草"包括其他地被植物，要着重筛选耐阴的种类，使植物群落林下的地面也能得到充分覆盖。减少"二次扬尘"，改善园林生态环境。

一般来说，耐阴植物包括两类：一是阴性植物，如猴腿蹄盖蕨、荚果蕨、铃兰、玉竹、玉簪类等，它们不喜光照，在荫蔽或全阴环境下生长良好；二是中性植物，如萱草、楼斗菜、落新妇等，它们喜阳光充足，但在微阴（花荫、间荫）下生长得更好，表现为叶色加深，叶的长宽变大。

## （二）地被植物的选择

1.特定用途地被植物的选择

（1）适宜城市街道及广场绿化中栽植的宿根花卉

街道与广场的条件较差，日光的辐射热比较大，而且过往车辆多、灰尘大。为此，城市街道绿化栽植的地被植物，应选择生长势强、耐粗放管理、抗逆性强的种类，如荷兰菊、黑心菊、马蔺、射干、肥皂草、重瓣肥皂草、长管萱草等，否则事倍功半。

适宜广场栽植的宿根花卉有：荷兰菊、大花荷兰菊、黑心菊、宿根福禄考、长管萱草、三七景天、德景天、长药景天、八宝景天、卧茎景天、重瓣肥皂草、紫萼、丛生福禄考、紫松果菊、地被菊等。

（2）适宜城市公园、游园栽植的地被植物

城市公园、游园栽植的地被植物，要求与街道广场的花卉不同。首先要色彩丰富，然后要花期搭配适当，高矮要一致，同时色彩相配协调。常用的种类有：猴腿蹄盖蕨、粗茎鳞毛蕨、荚果蕨、球子蕨、蓝灰石竹、美国石竹、大花剪秋罗、重瓣肥皂草、芍药、三七景天、德景天、八宝景天、卧茎景天、长药景天、落新妇、蜀葵、千屈菜、柳兰、锥花福禄考、丛生福禄考、马薄荷、紫假龙头、婆婆纳、风铃草、大花荷兰菊、大金鸡菊、黑心菊、赛菊芋、金光菊、松果菊、地被菊、长管萱草、大花萱草、东北玉簪、紫萼、白花苏珊玉簪、卷丹百合、山丹百合、郁金香、岩葱、紫花鸢尾、矮紫苞鸢尾、溪荪鸢尾、花菖蒲、德国鸢尾、玉带草等。

2.特定环境条件下地被植物的选择

（1）耐阴

耐阴的宿根花卉可以栽在树下或楼房的庇荫环境中。主要有玉簪属、鸢尾属、连线草、宝铎草、薄叶驴蹄草、黎芦、铃兰、大花萱草、肥皂草、三叶草、玉竹、紫花地丁等。

（2）耐潮湿

主要有千屈菜、黄花菜、溪荪鸢尾、花菖蒲、落新妇、朝鲜落新妇、柳兰、薄叶驴蹄草、一枝黄花等。

（3）耐干旱

主要有景天属、玉带草、千里光、并头黄芩、丛生福禄考、宿根福禄考、蒙古山萝卜、地被菊、蓝灰石竹、常夏石竹、电灯花等。

（4）观赏期长

黑心菊、荷兰菊、金光菊、射干、马蔺、重瓣肥皂草、金鸡菊、宿根福禄考、丛生福禄考、三七景天等。

（5）可通过修剪延长观赏期

荷兰菊、黑心菊、早小菊、金光菊、松果菊、大金鸡菊、宿根福禄考、三七景天、肥皂草、紫假龙头花等。这些种类，都可以通过花后修剪，以延长观赏期，或采用提早摘心，以降低植株高度，提高观赏效果。

（6）适应不同季节观赏

春季开花：可选用芍药、荷包牡丹、鸢尾、蓝亚麻、溪荪鸢尾、耧斗菜、美丽荷包牡丹、丛生福禄考、德国鸢尾、卷毛婆婆纳、白花荷苞牡丹等。

夏季开花：可选用常夏石竹、皱叶剪秋罗、美国薄荷、宿根福禄考、蓝灰石柱、电灯花、风铃草、花叶玉簪、金边玉簪、婆婆纳、长叶婆婆纳、蒙古山萝卜花、德景天、矮景天、黄金菊、一枝黄花、白花桔梗、石竹、萱草、金针菜、黑心菊、金光菊、天人菊等。

秋季可选择：荷兰菊、早小菊、玉带草、常夏石竹、美丽荷包牡丹、丛生福禄考、紫假龙头、大花荷兰菊、白花玉簪、白花苏珊玉簪等。

（7）彩叶植物

草本植物中的彩叶草、紫苏、三色苋、红叶甜菜、观赏甘蓝等。

（8）观果植物

石刁柏等。

（9）抗性强，耐粗放管理

金鸡菊、天人菊、荷兰菊、黑心菊、蜀葵、早小菊、玉带草、马蔺、射干、肥皂草、重瓣肥皂草、长管萱草等。

（10）具杀菌能力

鸢尾属、萱草、万寿菊、翠菊、黑心菊、鸡冠花、矮牵牛等。

（11）具抗（吸）污能力

美人蕉、马蔺等。

## （三）草坪植物的选择

1.绿地草坪

（1）冷季型

多年生黑麦草（卡特、德比、爱得威、APM、萨卡尼、丹尼罗、托亚）、草地早熟禾（午夜、美洲王、伊克利、瓦巴斯、新歌来德、纳苏、欧主、巴润、优异、哈哥、享特、纽布鲁、菲尔京、黎明、自由女神）、高羊茅（野马、交战、可奇思、佛浪、猎狗、贝克、蒙托克、维加斯）、紫羊茅（威思达、巴哥纳、兰星顿、安尼赛）、匍匐紫羊茅（那波里、斯米娜）、粗茎早熟禾（达萨斯）、匍匐剪股颖（帕特、潘克劳斯、海滨）。

（2）暖季型

结缕草（日本结缕草）、野牛草、白三叶、百脉根、小冠花。

2.专用草坪

（1）高速公路

中央分隔带及服务区草坪：同绿地草坪；

护坡草坪：无芒雀麦、冰草、结缕草、高羊茅、冠花、沙棘。

（2）飞机场

草地早熟禾、高羊茅、结缕草。

（3）水土保持

无芒雀麦、冰草、结缕草、高羊茅、小冠花、沙棘。

3.不同生态适应性草坪植物的选择

城市常用的草坪草中，抗寒性能最强的是硬羊茅，其次是高羊茅、草地早熟禾、紫羊茅，最弱的是匍匐剪股颖。耐践踏能力以高羊茅为好，其次顺序为紫羊茅、草地早熟禾、硬羊茅和匍匐剪股颖。耐阴性方面匍匐剪股颖较强，其次是草地早熟禾、紫羊茅、硬羊茅和高羊茅。

草坪的建造也要因地制宜，不能单纯地强调绿期长而否定其他草种的应用。如立地条件好，管理工作也能到位，可以考虑多用一些绿期长的草种，如早熟禾类、剪股颖类等。但如果立地条件较差，又要粗放管理，可以考虑选用野牛草。而结缕草的耐干旱、耐践踏性和管理粗放性是其他草种不可比拟的。三叶草最适宜建造观赏型、封闭式的草坪，紫羊茅、高羊茅类、细叶美女樱、油沙草、羊胡子草、匍匐剪股颖等更适宜建造林下耐阴型草坪。

园林生态化建设与植物育种学

# 第三节　室内绿化植物评价与选择

## 一、室内绿化植物

### （一）室内植物及其种类

"室内花卉"一般是指适宜在室内较长时间摆放和观赏的植物。它包括观花、观叶、观果植物和仙人掌类及多肉植物。其中以观叶植物为主，它们大都比较耐阴、喜温暖；此外，也包括一些较耐阴的观花或观果的盆栽植物，不论是草本、木本还是藤本，统称为室内花卉。从利用形式上通常分盆栽植物、盆景植物和插花植物。

木本的观花果植物大多喜光，大部分花卉如月季、牡丹需要很好的光照条件，只有放在阳光充足处，才能保持艳丽的花色，或可以短时期在阴暗处摆放。长期置于居室内的话，对植物生长不利。草本观花植物大多是一年生或两年生植物，需常更换，属时令性消耗品。

由于大多数观花果植物只在开花期间观赏性好，花期过后要移至室外培育，或扔弃，所以相对于观叶植物来说，用途和用量受到一定限制。

居室内观叶植物形态各异，绚丽多姿，四季常青，珍奇、洁净、易养。它们不像观花、观果植物那样只是在生长的某一阶段，即开花或坐果时才有观赏价值，而是能长期生机盎然地给人们展示其叶片的姿态和色彩，不受季节限制。它们往往喜温暖和湿润环境，且大都耐阴，便于室内养护，因而用途最广，用量最大。

### （二）室内花卉绿化植物的功能

#### 1.防止化学污染

植物可以净化空气，有利于人体健康。居室空气中的有些气体对人体是有害的，许多室内植物对它们分别有吸收和净化作用，而且对烟灰、粉尘等也有明显的阻挡、过滤和吸附作用。

2.净化室内空气

植物通过光合作用，能够净化空气，而且没有二次污染。

3.调节湿度，释放负氧离子

人在房间里感觉憋闷，原因不是室内氧气不足，而是负氧离子稀缺。有许多花草可产生负氧离子。空气负离子能缓解和预防"不良建筑物综合征"。

室内花卉吸收水分后，经叶片蒸腾作用，向空气中散失，能起到湿润空气的作用，可调节空气湿度6%～9%。室内花卉还会使空气中的负氧离子增加，使人感到清新、愉快。

4.减少尘埃

环境学家称大地绿化是"城市之肺"，居室绿色植物被称为"生物过滤器"、家庭环境的卫士，可吸收有害气体，吸附尘埃，提高环境质量。

植物对烟灰、粉尘具有明显的阻挡、过滤和吸附作用。植物一片叶子上有成千上万的纤毛，能截留住空气中的飘尘微粒和细菌。据统计，居室绿化较好的家庭，室内可减少20%～60%的尘埃，如天门冬还能消除室内常有的重金属微粒，使室内清新宜人。

5.吸音吸热

植物可在冬天增加温度，夏季降低温度。植物在夏季可降低气温5℃左右，冬天则能升高气温5℃。另外还能吸收热辐射，有效地阻隔、弱化、过滤强光、噪声、粉尘、有害气体对人体的侵害。植物有良好的吸音吸热作用，如在窗口置放大型的植物，可起到阻隔噪声、吸收太阳辐射的作用。

6.消除细菌

许多适于室内养殖的花草具有杀菌功能。医学专家临床发现，有300多种鲜花的香味含有不同程度的抗菌素，可以清除空气中的细菌、病毒，能起到消炎、抗癌的作用。据统计，居室绿化较好的家庭，空气中细菌可降低40%左右。

7.环境监测

可用于监测环境的植物很多，如紫鸭跖草能清楚地显示出低强度辐射的危险，平时为淡蓝色的花，当受到放射性元素辐射的时候，它便由蓝色变为粉红色；玉簪在二氮化氢浓度超过50mg/kg时叶面便产生坏死斑；苔藓在二氧化硫浓度为0.017mg/kg时便死亡。此外，唐菖蒲、萱草、郁金香可以监测氟化氢，地衣可监测二氧化硫；牡丹可监测臭氧。

8.调节神经，消除疲劳

绿色植物能陶冶人的情操，使人精神振奋。据测定，在绿色环境中工作，其效率可提高20%左右。植物的芳香还可以调节人的神经系统，例如丁香、茉莉可使人宁静、放松，放置于卧室有利于睡眠。玫瑰、紫罗兰的香味可使人精神愉快，激发人的工作欲望；菊花的香味对头痛、头晕和感冒均有疗效；田菊、薄荷可以通窍、醒脑；夜来香、锦紫苏等气味有驱蚊除蝇作用；水仙、桂花、兰花等植物的花香都有益于人的健康。

9.美化环境

植物材料具有形美、线条美和色彩美，以立体、自由、多形态和婀娜多姿、流红溢翠等特色来调节室内空气和色彩，减少空白墙面、开敞空间的单调和空泛，改善装饰材料生硬和死板，使有机的生命和色彩统一。植物的自然状态与室内几何形的家具形成对比，使光滑而无生气的家具具有生命力，展现出植物的独特魅力，使居室充满动感和情趣。室内花木、盆景、插花既美化了居室，又提高了居室的品位。在室内培育花木，在家中领略自然风光，一定会给人们春意盎然之感，使人获得美的享受。绿色植物能陶冶人的情操，使人精神振奋。

10.组织室内空间，增加情趣

利用植物陈设具有不固定功能的分隔，组成的空间更有生机，使居室内的线条自然柔和，色彩丰富；同时可增加时空感和亲切感。另外，植物还可用作空间的过渡。门厅、墙面的植物布置，既可使室内富有情趣，又区别于室外庭院，同时又互相联系，融为一体。

## 二、室内生态环境特点与植物选择

### （一）室内温度的特点

统计表明，室内虽然采用人工供暖和降温手段，但仍受自然温度影响，其温度变化与室外自然温度的年变化规律基本相符，呈相同的抛物线形变化。

全年最高月份在7月、8月，最低气温在1月。室内温度全年月均变化较小，最高月温（26℃）与最低月温（12.5℃）相差13.5℃，这个变化幅度大大低于室外，这一特点比较适于室内植物生长。因为多数室内植物均无明显的休眠期，仅有生长活跃期和不活跃期之分。全年温度波动小，有利于植物生长，并长期保持其观赏价值。

### （二）室内湿度的特点

居室是人们生活的环境，不允许有大量水喷洒在室内，故明显受地区气候影响。北方地区冬季干燥，夏季稍好，总的湿度在50%左右。

可以看出，室内湿度最高为7月、8月，正是城市的高温多雨季节。低湿月份为12月、1月、2月，正是冬季取暖期，比较干燥。室内湿度的年变化与室外相比有明显的不同。室内湿度年均值低，全年湿度变化幅度大。高湿主要集中在7月、8月、9月，低湿集中在12月、2月、1月。室外由于受降雪影响，致使12月、2月、1月的室外湿度明显增高。

室内植物对湿度要求一般较高，这是因为多数室内植物原产于热带及亚热带高温高湿地区。有些植物在温室可生长良好而在室内环境则生长不良，其中一个原因就是干燥。这一问题可通过筛选耐干燥种类和加强管理解决。

## （三）室内光照特点

室内光线弱是植物生长的最大障碍。室内光照明显低于室外和温室。一般室外光照是室内光照的100倍以上。室内光照的季节变化无明显规律。室内的光照与室外大不相同，室内多数区域只有散射光，居室内位置不同，天然采光亦不同。天然光在房间里的分布极不均匀。任何一个室内环境中，光照条件均可分成几级，可按植物的耐阴性能将之，放在合适的位置。

室内光照除了明显低于室外以外，另一条明显不同于室外的是室内往往有几个小时的补充光照。晚间当室外光线极弱时，室内的灯光作为补充光照可延长光照时间，增加的光照可增加植物的光合作用时间，无疑对植物是有利的。

## （四）室内植物选择

建筑设计中建筑热物理要求建筑物室内的温度、湿度尽可能满足人类的舒适度要求。冬天极端最低不低于0℃，夏天极端最高不高于35℃，顶层室内最高温度不大于36.9℃，一般人体所感受的室内最适温度范围为15～25℃，这也是植物生长的最佳温度，这一温度条件可满足多数原产低纬度植物的生长要求。建筑物室内相对湿度，对一部分原产南方的植物略偏干燥，但可采取人为措施加以弥补。土壤基质更可使用不同材料、配比来解决。因此，室内生态条件对植物生长的主要限制因子是光照，即要选择耐阴植物，因此室内花卉多为阴生植物。

耐阴植物对光照的要求介于阳性植物与阴性植物之间。阳性植物叶片较小，角质层厚，气孔较多，栅栏组织发达，叶绿素a与叶绿素b之比较大，在全光照及大于75%的光照条件下生长良好；阴性植物叶片大而薄，角质层较薄，气孔较少，栅栏组织不发达，叶绿素a与叶绿素b之比较小，在5%～20%的光照条件下能繁茂生长。

在室内栽培观赏植物，只要求能正常生长，并不一定要求长时间在室内繁茂生长。而植物对光照要求有一个下限即光补偿点，在光补偿点上植物可以积累干物质。因此，光补偿点是衡量耐阴程度的重要指标。一般阳性植物光补偿点通常为全光照的3%～5%；阴性植物的光补偿点通常为全光照的0～1%。

在选择室内耐阴植物时，首先应考虑其最重要的限制因子——光照条件。住宅的天然采光低于所有类型植物的光补偿点，如果长期陈设植物则导致其生长不良。但是在室内不同部位自然光的分布不是均匀的，其天然照度系数随距窗户的远近而不同，在靠近窗口的部位陈设耐阴植物则可以生长良好。

## 三、室内耐阴观叶植物的主要种类及其习性

### （一）室内耐阴观叶植物

能够在室内条件下长时间或较长时间正常生长发育的，以观赏叶茎部为主的植物，称室内耐阴观叶植物。一般来说，室内绿化中常用花卉为耐阴观叶植物。这主要是因为观叶植物对光照和肥分的要求不像观果和观花植物那样严格，管理起来比较方便，它们不像观果和观花植物那样只是在生长的某一个阶段——开花或坐果时才有较高的观赏价值。它们最大的特点是不受季节限制，四季常青，可常年观赏并长期发挥生态调节功能。这使它们在室内栽植上占有绝对优势，成为室内装饰和绿化的理想材料。耐阴观叶植物是目前世界上较为流行的观赏植物，用它们作为室内点缀和环境装饰已形成风气。

室内耐阴观叶植物多原产于热带和亚热带雨林，在原产地多生长在林荫下，比较耐阴，喜好温暖、湿润的环境，在光照和养分方面，较观花和观果类植物的需求要低得多。其特点是：一般要遮光50%～80%，在强光直射条件下，叶片容易被灼焦或卷曲枯萎。喜好较高的温度，一般生长适温白天为22～30℃，夜晚为16～20℃，温度过低或过高均不利于其生长和发育。喜较高的空气湿度一般空气湿度应在60%以上。湿度过低易造成叶片萎缩，叶缘或叶尖部位干枯。当湿度过低时，可采用喷雾的方法增加空气湿度。

### （二）常见的室内耐阴观叶植物的主要种类

室内观叶植物种类很多，多产于热带、亚热带地区，不耐寒；仅有少数种类产在温带地区。常见的观叶植物有下列几大类：棕榈类植物、蕨类植物、天南星科植物、凤梨科植物、秋海棠类植物、龙舌兰科植物（龙血树类）、竹芋类等。

## 四、室内植物适应性综合评定

### （一）耐阴性

耐阴植物对非适宜光照的耐受能力表现出种或品种间的差异。通过对100余种供试室内植物的观察测定，结果表明大部分耐阴植物生长适宜的光照是3000lx左右，在3000lx以下的弱光照条件下，观赏品质则下降。而有一部分植物如蕨类、天南星及竹芋科等植物的适宜光照是1000lx左右，这类植物在3000lx以上的较强光照下，反而观赏品质下降。但在沈阳地区，室外光照为26300.6lx，是室内光照的100倍左右。一般建筑的室内光照大多在300lx以内。因此耐阴植物对非适宜光照的观察主要考虑在300lx以下弱光条件下的耐受能力。依据耐阴植物在300lx以下光照条件下观赏价值保持时间的长短，可将其耐阴性划分

为4个等级。

1级：耐阴性差。需要充足光照，才能正常生长。半个月以内观赏品质严重下降。

2级：耐阴性中等。需要散射光照，观赏价值可维持1~2个月。

3级：耐阴性较强。在半阴处生长，观赏价值可维持2~5个月。

4级：耐阴性极强。忌阳光直射，可较长期在庇荫处生存，观赏价值可维持5个月以上。

## （二）耐高温（高温耐性）

北方城市最热（7月份）月平均温度23.5℃，极端最高温度38.3℃。室内极端最高温度30~35℃，在此温度条件下，部分耐阴植物生长停止或减缓。依据在此室内条件下的生长及观赏属性的变化将耐阴植物的高温耐性分为4级。

1级：耐性差。生长停止或休眠，观赏价值丧失。

2级：耐性中等。生长停止，外观发生较明显变化，如卷叶、叶缘枯焦，但能安全越夏。

3级：耐性较强。生长正常或停止，外观不发生不可逆影响，中午稍有萎蔫或卷叶，不产生焦叶或落叶现象。

4级：耐性强。生长正常，外观无变化。

## （三）耐低温（低温耐性）

沈阳地区最冷（1月份）月平均温度为-12.5℃，极端低温多在1月，绝对最低气温可达-33.1℃，但室内平均最低温度在5℃左右（无暖气供暖或供暖差的）。依据室内植物在普通室内的表现，可将其低温耐性分为4级。

1级：耐性较差。耐低温下限为8~10℃。温度过低时叶片萎蔫枯焦，茎干自顶端回枯，整株死亡，这类植物在普通家庭不能越冬。

2级：耐性中等。耐低温下限为5~6℃。在普通家庭与低温室内不能安全越冬，严寒时须采取一定措施方可越冬。

3级：耐性较强。耐低温下限2~4℃。在普通家庭与低温室内可安全越冬。

4级：耐性极强。耐低温下限0~2℃。遇到偶然性低温变化能安全度过。

## （四）适宜光照

适宜光照即是指室内耐阴植物能正常生长的光照。不同的种类有不同的适宜光照。

根据对110种耐阴植物的适宜光照观察，可分为4级。

1级：300lx以下；2级：300~1500lx；3级：1500~3000lx；4级：3000lx以上。

## （五）湿度要求

室内湿度较室外稳定，对于要求湿度高的耐阴植物可用人工洒水等方法解决。依据室内植物在室内对湿度的适应性观察，分为4级。

1级：极耐干旱。能够长时间忍受干旱条件，忌潮湿。

2级：喜干怕湿。喜6%以下的空气湿度。

3级：中间类型。对干湿要求不很严格。空气湿度在20%～50%。

4级：喜高湿环境。须经常喷水。湿度要求在60%以上。

依室内植物对以上各因子适应性判断等级标准。根据植物的生态习性，经过对100种室内植物的耐性观察与分析，并综合前人的部分研究结论和园林工作的实践总结，建立了常见室内植物应用的生态适应性综合评定指标。

## 五、室内植物对室内生态环境的适应性分析

室内观叶植物大都原生于温度高、空气湿度大、庇荫、有散射光的环境中，一旦置于室内，势必与原生境有所不同。比如，室内空气湿度一般较小，空气流通有限，阳光照射时数少，而人们在室内起居、工作、吸烟，还会造成大量的二氧化碳和烟雾，再加上建筑及装饰材料散发的酚、乙醇、苯、硫化物等有毒气体，都对室内植物生长不利。在实际工作中，我们发现在温室中生长很旺盛的植物如直接放入室内，植物往往很快就会表现出不适状态，如温度、湿度或光照的限制易使其受到严重的伤害，时间一长，这些植物有的叶片渐渐脱落，只留下光杆；有的全株萎蔫，叶片下垂；有的叶子枯黄，新叶徒长，细弱瘦长，形成畸形；有的叶缘卷曲，无光泽，根部糜烂，整株死亡。这一切都注定了大多数室内观叶植物在室内摆放不能一劳永逸。因此，经过过渡即驯化阶段，使植物逐渐适应室内的环境，降低呼吸速度，减少其对碳水化合物的需要，是非常必要的。经过驯化的植物移入室内后，在一般的环境条件下，能长时间保持其生长状态。但如室内环境非常恶劣时，仍会对植物造成不良影响。需视长势定期更换。更换下来的植物应进行有效的养护，使其恢复长势后再放入室内。

室内观叶植物种类繁多，生态习性差别很大。由于原产地的自然条件相差悬殊，不同产地的植物均有自己独特的习性，对光、温、水、土及营养的要求各不相同。植物习性是不以人的意志为转移的，也不是在短时间内能够驯化的，如果不了解它们的习性特点，就很难满足它们的生态要求。每个不同的居室室内空间和一个房间的不同区域，其光照、温度、空气湿度都会有所不同，特别是光照强度，在向阳的窗边和阴暗的角落处可相差几十倍，需要根据每个具体位置上的条件去选择合适的种类与品种。也就是说，必须把每种植物的生态要求和室内的具体条件有机地统一起来，植物才能健壮生长，充分显示其固有的

特性，使生态和观赏价值达到最大。

各种观叶植物在室内摆设的时限范围，受植物品种、形态特征和摆放环境影响较大。一般散尾葵、蒲葵、棕竹、袖珍椰子、苏铁、罗汉松、荷兰铁（丝兰）、一叶兰等可摆放时间最长，如养护得当，几乎可常年摆放；橡皮树、南天竹、龟背竹、春羽龟背竹、绿萝次之，关键是冬季要使室温达到要求。白掌、合果芋、天门冬、吊兰、肾蕨、变叶木等彩斑品种，由于室内反射光不能使其充分进行光合作用，时间一长，植物就会叶色暗淡，彩斑消失，变得发黄。这类植物在室内荫蔽环境下摆设时间相对较短。

## （一）光照

对于室内植物来讲，耐阴是其特点，但耐到什么程度是因种类而异的。这一点要通过对室内光照的全面观测与植物适应性相结合来解决，才能做到因地制宜，因种而异。

室内光照条件是室内植物生长的主要限制因素，也是研究的重点。不同性质的建筑物其室内光照条件不同。室内大多数场合下只有散射光线，光照强度明显低于室外及温室，约为室外的1%。主要光源为顶窗前及东西南窗的直射或散射光，而散射光仅为直射光的20%～25%。在室内布置植物时，应根据植物的耐阴性及光强分布特点来决定。

## （二）温度

室内植物大多原产于热带和亚热带，故其有效的生长温度以18～24℃为宜，夜晚也应当高于10℃。正常情况下，室内冬天有取暖设备，夏天有降温空调，温度对室内花卉的生长是不成问题的。但是，在我国北方有些居室，冬季温度经常达不到15℃，甚至有时在10℃以下，大多数原产热带和亚热带地区的观叶植物，就会受到冻害影响，不能在这种条件下越冬。因此北方居室冬季的低温往往也是限制室内观叶植物生长的主要因素。同时，夏季温度在30℃以上的室内环境，对很多怕高温的花卉生长不利。非洲紫罗兰、冰雪常春藤、仙客来和球根秋海棠等在此种条件下都很难熬过夏季。它们在25℃以上生长速度减慢，在叶片上出现黄色斑点，并出现烂根现象。而夏季低温主要影响喜高温的种类，如喜荫花等。

1.室内植物对温度的适应性

室内观叶植物种类不同，对高温和低温的忍受能力也各异。大致可分为4种类型。

高温类植物。这类植物原产于热带地区，一年四季都需较高的温度，而且昼夜温差较小。温度低于18℃，即停止生长；若时间维持较久，还会遭受冻害，如鱼尾葵、红背桂等。

中温类植物。这类植物大多原产于亚热带地区，温度低于14℃停止生长，最低越冬温度7～10℃，如橡皮树、龟背竹、棕竹、文竹、散尾葵、竹芋、朱蕉、白鹤芋、龙血树、马拉巴栗、冷水花、吊兰、喜林芋、观叶类海棠、变叶木、网纹草等。

低温类植物。这些植物原产于亚热带和暖温带的交界处，在温度降至10℃时仍能缓慢生长，并能忍受0℃左右的低温，最低越冬温度0～5℃，有的在短时间-5℃的条件下，也不会遭受冻害，如棕榈、苏铁、南天竹、常春藤、铁线蕨、万年青、观音竹、鹅掌柴、矮棕竹、紫露草、袖珍椰子、骨碎补、虎耳草、鸭跖草、丝兰等。

耐寒观叶植物。这些种类大多原产于暖温带地区，它们对低温有较强的忍耐力，有些能忍受-15℃的绝对低温，但怕干风侵袭，盆栽植株可在冷室越冬，如大叶黄杨、龙柏、凤尾兰、丝兰、观赏竹类等。

温度影响植物的一切生理变化，不同植物生长发育所要求的温度各不相同，应根据室内不同区域气温的微小差异及时调整植物摆放的位置，在室内受到局限的条件下，最大限度地满足植物的要求。

2.室内温度对植物的影响

原产地不同的植物，所需最适温度不同，大部分观叶植物在15℃以上均能正常生长。

室内温度一般在15～25℃，对植物影响不大。但应注意在短时间的高温或低温时期也要对某些植物进行保护。温度过高在35℃以上，或过低在10℃以下，均会影响植物正常生长发育。如果植物长期处于此状态下，会有许多病害发生。如高温时，喜冷凉的洒金桃叶珊瑚生长不良，叶变黑且脱落，这是由于高温促成了发病条件而造成的危害。花叶长春蔓、三色虎耳草等也有类似情况。冬季植物处于半休眠状态，如果温度长期低于10℃时，大叶蔓绿绒、绿宝石、巴西木、绿萝等会发生叶斑病。而大部分种类只要不出现过分低温（10℃以下）就不会出现问题。

## （三）湿度

空气湿度也是影响室内花卉生长的重要因素之一。要求空气湿度高的观叶植物在室内花卉中占相当大的比重，因为很多具有观叶植物都原产热带雨林，故在室内养殖观叶植物时，湿度管理是至关重要的因子。

室内湿度过低不利于植物生长，过高会使人感到不舒适。然而，在我国北方，特别是在干旱多风的季节，或是在冬季取暖季节里，室内空气湿度都很低，除7月、8月、9月雨季能达到50%以上外，其余时间空气湿度约为30%，这是一个较大的矛盾。因此，在北方用观叶植物装饰室内，在种类上受一定的限制，远不如南方那样丰富多彩。

1.室内植物对湿度的适应性

水分是植物生命之源，没有水分，植物的一切代谢都无法进行。对植物来说，水分包括两个方面，即土壤水分和空气中的水分（空气湿度）。各种室内观叶植物对土壤水分和空气湿度有不同的要求，根据其对水分的要求，大致可分为以下几类。

耐旱类植物。这类植物原产于干旱的半沙漠地区或土层瘠薄的山坡上，它们的叶片肉质肥厚，细胞内贮有大量水分，叶面有较厚的蜡质层或角质层，能够抵抗干旱环境，如燕子掌、芦荟、景天、莲花掌、仙人掌等。

半耐旱类植物。这类植物大都具有肥胖的肉质根，根内能够贮存大量水分，短时间的干旱，不会导致叶片的萎蔫，如苏铁、虎皮兰、吊兰、凤尾兰、天门冬、文竹等。

中性植物。这类植物原产于热带雨林，生长季节必须供给充足的水分，土壤含水量应保持在60%左右，稍有干旱，即可引起叶片萎蔫，重者叶片即会凋萎、脱落，如冷水花、蒲葵、棕竹等。

喜湿类植物。这类植物原产于热带雨林，根系耐湿性强，对缺水特别敏感，一旦缺水植物就会枯死，如花叶芋、虎耳草、竹节万年青、龟背竹等。需要高湿度的室内花卉有球根类海棠、观叶类海棠及蕨类植物等。

2.室内湿度对植物的影响

室内湿度一般也较低，大大低于温室。从温室到室内有个过渡问题。在初选时就应注意选择耐干燥的种类。再者，植物对环境的要求一般是"高温"与"高湿"相伴。如室内温度不高，则所需的湿度也相应降低。凡是耐阴的植物，室内的光线可以适宜其生长的，对低湿度的适应性也强，这是互相关联的。正常情况下，冬季植物处于半休眠状态，空气较干燥，植物能安全度过休眠。夏季温度较高，光线适宜，植物生长速度快，相应要求也较高，应保持65%的湿度，以满足植物生理上的需要。如果环境干燥，叶尖会变干枯。

# 第五章　园林绿地设施景观化

## 第一节　城市绿地系统

### 一、绿地与城市绿地

《城市规划导论》对城市绿地的定义为："以自然和人工植被为地表主要存在形态的城市用地。它包括城市建设用地范围内的用于绿化的土地和城市建设用地之外的对城市生态、景观和居民休闲生活具有积极作用、绿化环境较好的特定区域。它是以自然要素为主体，为城市化地区的人类生存提供新鲜的氧气、清洁的水、必要的粮食、副食品供应和户外游憩场地。"《城市规划基本术语标准》将城市绿地描述为："城市中专门用于改善生态、保护环境、为居民们提供游憩场地和美化景观的绿化用地。"

《城市绿地分类标准》中对绿地（主要是指城市绿地）的定义为："是指以自然植被和人工植被为主要存在形态的城市用地。它包含两个层次的内容：一是城市建设用地范围内用于绿化的土地；二是城市建设用地之外，对城市生态、景观和居民休闲生活具有积极作用、绿化环境较好的区域。"全国自然科学委员会公布的《建筑园林城市规划名词》中，open space一词指旷地或开放空间，绿地则翻译为green space。城市绿地是城市用地的一个重要组成部分，对改善城市生态环境有不可替代的作用，越来越受到人们的重视。

"绿地"在《辞海》中的释义为"配合环境创造自然条件，适合种植乔木、灌木和草本植物而形成一定范围的绿地地面或区域"；或"凡是生长植物的土地，不论是自然植被或人工栽培的，包括农、林、牧生产用地及园林用地，均可称为绿地"。由此可见，"绿地"包括三层含义：由树木花草等植物生长形成的绿色地块，如森林、花园、草地等；植物生长所占的大部分地块，如城市公园、自然风景保护区等；农业生产用地。而城市绿地则可理解为位于城市范围（包括城区和郊区）的绿地。需要指出的是，我国许多城市所做的"绿地"涉及前两个方面内容，不包括城市范围的农地，即狭义的城市"绿地"，也就是一些专家学者提出的"城市绿化用地"或"城市园林绿地"。徐波等人认为：应从区域的角度，从城市的角度，客观、广义地认识城市绿地，突破以狭义的"绿地"来定义"绿地"的束缚。同样，国外对绿地的定义也是多样的，但是作为与我国所定义的绿地比较接近的应该就是open space。中文把它译作"开敞空间"，是指the space open to the are（其主要形态如各类生态绿地和自然保护区，强调用地空间的自然生态属性）。或者译作"开放空间"，指的是the space open to the public（其主要形态如各类公共绿地，强调用地空间的人为功能属性）。这一概念后来传入日本，促成了日本"绿地"概念的形成。1932年，日本东京绿地规划将"绿地"定义为与居住用地、交通用地、工业用地、商业用地并列的、永久性的空地。这个定义强调"绿地"最本质的特征——永久性，因而成为现代"绿地"概念的基础。作为改善人居环境的绿地以及由它组成的绿地系统已经逐渐被人们所重视，由此对绿地的定义以及对绿地系统所应该覆盖的范围正在发生着一些新的变化。对于绿地的定义，说法不一，但有个共同的特点就是它们都是以城市为背景，以改善城市生境为目的，最后其范围和落脚点基本上都是城市。也许是因为与"城市绿地系统"这一术语取得相对应的关系，目前许多对绿地的定义都直接说成"城市绿地"。这也正好佐证了当今绿地系统规划往往只落在城市建成区的原因。由于规划体制体系等各种原因，城市绿地一直主要局限在城市建成区，因此对绿地的定义自然也就以城市绿地作为代言人了。由于对绿地这一概念的界定问题，致使操作编制层面比较混乱，对绿地系统作为城市总体规划的一个专项规划也大打折扣。因为城市总体规划还包括建成区以外的广大区域。不但有城区绿地，还有大片直接或间接为城市提供自然支持系统的"非城区绿地"。这些"非城区绿地"和城区绿地共同构成城市总体规划所覆盖区域内的绿地系统（称为市域绿地系统）。关于上面提到的这些"非城区绿地"，就其在改善城市生境中的作用以及把其纳入绿地系统规划编制的必要性，这些主管部门及编制单位也早已经注意到。因此，在《城市绿地分类标准》的城市绿地分类中就设立了"其他绿地"这一大类。"其他绿地"在地域上突破了城市建成区，属于城市建设用地范围之外，但是对城市所在区域的生态环境保护、景观培育、建设控制、减灾防灾、观光游览、郊游探险、水源保护等方面具有不可代替的作用。况且，城市内部绿地的建设并不能形成理想的城市结构，而城市建设用地范围之外的自然生态属性较好的广大"非城区绿地"却往往对城市整体环境产生关键性的影响。在这里，关键是能否从区域的角度宏观地来认识绿地。同时，如果绿地系统要彻底突破城市建成区这一传统范围而达到与城市总体规划范围一致的区域，就必须对现有的"绿地"概念进行重新审视。

## 二、系统（system）

系统一词源于希腊文，意思是由各部分结合组成整体，是处于相互关系和联系之中的要素集合。它构成某种整体性和统一性。由此可见，系统是具有特定功能的、相互间有机联系的许多要素所构成的一个整体。现代的系统思想是进行分析与综合的辩证思维工具，辩证唯物主义是系统思想的哲学表达形式；运筹学和其他系统科学也是系统思想的定量表述形式；系统工程是丰富了系统思想的实践内容。

## 三、城市绿地系统

《园林术语标准》中的定义：城市绿地系统是由城市中各种类型和规模的绿化用地组成的整体。《中国大百科全书》（建筑、园林、城市规划分册）中的定义：城市绿地系统是"城市中由各种类型、各种规模的园林绿地组成的生态系统，用以改善城市环境，为城市居民提供游憩境域"。

城市规划中的定义：城市绿地系统泛指城市区域内一切人工或自然的植物群体、水体及具有绿色潜能的空间；是由相互作用的、具有一定数量和质量的各类绿地组成的并具有生态效益、社会效益和相应经济效益的有机整体。它是构成城市系统内唯一执行"纳污吐新"负反馈调节机制的子系统，是优化城市环境，保证系统整体稳定性的必要成分。同时它又是从属于更大的城市系统的组成部分（城市系统则是由自然环境系统、农业系统、工业系统、商业系统、交通运输系统和社会系统组成的巨系统），城市绿地系统从属于其中的自然环境系统。

城市绿地系统在改善环境方面的生态作用，主要来自构成城市绿地系统的植物材料本身的生理生化特性带来的环境修复作用，以及城市绿地系统布局结构在改善城市大气环流、城市热岛效应等方面的功效。城市绿地系统的主体植物在维护城市生态平衡、改善城市环境质量、提高城市自净能力、丰富城市景观和生物多样性方面发挥着重要的作用。

城市绿地系统是城市总体规划的有机组成部分，反映了城市的自然属性。在人类选址建造城市之初，大多将城市选择在和山、川、江、湖相毗邻的地方，这给城市的形态、功能布局及城市景观以很大影响。先有自然，后有城市，自然环境对城市发展的影响是巨大的。但随着工业的发展、人口的增加，城市的自然属性逐渐减弱，城市绿地系统成为体现促进自然特色的主要组成部分，人类利用城市绿地系统改善城市环境，美化城市景观，完善城市体系。作为城市系统的一个重要组成部分，城市绿地系统的功能应该是多元的。从城市绿地产生之初的满足物欲需要到后来发现其视觉美景可陶冶性情，直到现代城市绿地系统的满足文化休闲娱乐功能和强调景观生态功能，可以看出，城市绿地系统的功能作用随着人类对城市、城市环境的理解与认识的进步而不断地变化。随着城市绿地系统和规模的发展，城市绿地系统的功能也变得更为综合多元化。总体来说，城市绿地系统的功能作用主要包括生态功能、景观功能、游憩功能。

城市绿地系统是城市生态系统中唯一执行负反馈机制的子系统，在城市生态系统中处于重要地位，这一点得到专家学者的广泛认可。然而，对这种城市绿色空间的叫法和定义却众说纷纭，有称之为"城市绿地系统""城市园林绿地系统""风景园林绿地系统"的，也有称之为"开放空间""绿色开敞空间"的。通常意义上的城市绿地系统是指城市中多种类型与规模的绿化用地的整体，其研究范围多局限在城市建成区以内。

一个完整的城市绿地系统是由城市规划区内的绿地系统和与城市规划区紧密联系的城市大环境绿地共同组成的有机整体，涵盖城市规划所覆盖的范围。它所涵盖的内容与西方国家所研究的城市开放空间基本相同。城市绿地系统是由具有一定质与量的各类绿地相互联系、相互作用而形成的绿色有机整体，即不同性质和规模的各类绿地（根据绿地形式和大小或性质分为块状绿地、点状绿地、带状绿地；根据用地性质分为公园绿地、生产绿地、防护绿地、附属绿地、其他绿地；包括城市规划用地平衡表中直接反映和不直接反映的）有机结合而成的控制城市生态脉络的绿色空间网络系统，它是一个稳定持久的城市绿色环境体系，具有系统性、整体性、连续性、动态稳定性、多功能性、地域性、生态性、人文性等多种特征。

# 第二节　园林绿地设施景观化相关理论

## 一、心理学相关理论基础

### （一）格式塔心理学

格式塔心理学派于多年前由M.韦特海默（Max Wertheimer）等人首创，他们认为人的大脑生来就有一些法则，对图形的组合原则先天有一套心理规律，格式塔指形式或形状（gestalt这个德文词意为"形式"或"形状"），这些规律表现为简化原则、"完形"原理等。

格式塔心理学认为，任何事物的形状一旦被人所感知，都是被知觉进行了积极的组织和建构的结果。形状可以通过变形、对称、平衡、重复等多种方式，使人们产生一种特殊的审美经验，使受众产生强烈的心灵震撼，从而达到审美的高峰体验。

格式塔心理学家发现，有些格式塔给人的感受是极为愉悦的，也就是在特定的条件下视觉刺激物被组织得最好、最规则（对称、统一、和谐）和具有最大限度的简单明了性的格式塔。然而视觉中的组织活动有其自身特有的倾向和规律，但不可避免地要受到刺激物的制约。在多数情况下，刺激物本身的特性并不容许把自己组织成一个简约合宜的好的格式塔，那么在观者自身表现出一种改变刺激物的强烈趋势。

总之，一切看上去不舒服的形体，都会在知觉中产生一种改变它们并使之完美的结构倾向。这种将刺激物加以组织、改造和纠正的现象是知觉中的简化倾向，即把外物形态改造为完美简洁的（或好的）图形的倾向。格式塔心理学家认为，知觉中表现出的这种"简化"倾向，是一种以"格式塔需要"的形式存在的"组织"（或"建构"）倾向。当视域中出现的图形不太完美时，这种将其"组织"的"格式塔需要"则大大增加；相反，当视域中出现的图形较对称、规则和完美时，这种"格式塔需要"便得到"满足"。

简洁完美的"形"给人一种舒服的感受，非简洁规则的"形"会造成一种紧张感，或称为"完形压强"，激发出人们追求更大的刺激性和内在的紧张力，因为这种图形一般能唤起更长时间的强烈视觉注意和引起人们更大的好奇心，也就是先唤起一种注意和紧张，然后对其进行积极的组织，最后是组织活动得以完成，开始的紧张感消失。这是一种有始有终、有高潮有起伏的经验，是人们在日常生活和艺术欣赏中宁愿欣赏那些稍微不规则和复杂式样的原因。感知对象的知觉组织所需要的信息量越少，那个对象被感知到的可能性就越大。对于绿地设施的景观化而言，其意义在于，要想引发人们的好奇心使人产生新奇感，设施的外形需要不规则，以引起人们的注意，继而将其"完形"，达到欣赏的目的。

将格式塔心理学应用于园林绿地设施的景观化设计，另一个重要原则是图底关系。指在一定场内，我们并不是对其中所有对象都明显感知到，总是有选择地感知一定的对象——有些凸显出来成为图形，有些退居衬托地位成为背景，俗称图底之分。我们也发现背景比图形清晰度更差。

在园林城市绿地中，景观的创造过程，也就是"图形"与"背景"的创造过程，其中各设计要素均可充当"图形"或者"背景"。如当一个场地中起主导作用的是绿化时，相对面积较小的道路、铺装便是"图形"，反之即为"背景"。

对于园林绿地设施的景观营造，格式塔心理学的指导意义在于对人们视觉感知的肯定和应用，但其规律仅注重人的天生倾向，因而具有一定的片面性。

（二）马斯洛的需求理论

马斯洛的人本主义心理学揭示了人积极的与肯定的方面。基于传统的人道主义与现代的存在主义，人本主义心理学认为，作为一个有机体，人具有多种动机和需要，从低到高分别是生理需要、安全需要、归属和爱的需要、尊重的需要和自我实现的需要。其中，自我实现是超越性的，它把真善美作为追求的目标。

人通过自我实现，满足多层次的需要系统，经由审美达到体验高峰，实现完美的人格。这就是马斯洛的需求等级。在1954年出版的《激励与个性》一书中，马斯洛对原有理论进行了完善，将原先的五层次扩展为七层次，在原来尊重的需要与自我实现的需要之间插入"求知的需要"和"求美的需要"。马斯洛认为，这个由强到弱的需求等级在不同的需求同时存在时，高等级的需求往往压倒低等级的需求。马斯洛的需求等级为环境设计提供了一个参考框架，环境应满足人的各种需求。

在城市中，人群交往也不再采用"面对面的社群"的方式，人与人之间的距离越来越远。而绿地作为城市最大的开敞空间之一，设计优美的自然景观，舒服宜人的小品设施，充满吸引力的交往空间、儿童游戏设施以及具有宽大树冠的树下露台等常能吸引公众聚集，促进人与人交往，为人们互相关爱传递情感提供了平台。

人对环境的要求，简单地说包含两个层面，一是物质需求，即环境的舒适，设备的齐全，并使景观设施均能发挥其作用功能，尽管从物质层面而言，这是低层次的，但这正是景观设施设计的本质体现。二是精神需求体验美感，即构成景观设施及空间的种种艺术语言、形式、手法等相互关系所形成的审美意趣。就马斯洛的需求等级而言，这是高级别的需求，必须在物质需求满足的基础上才能完美获得，但就公众对园林空间的艺术要求而言，审美情趣至关重要。园林绿地设施就要从满足人的最基本需求开始，逐步满足人的高层次需求，最终通过设施的景观营造满足人们求美的需要，使人产生自我实现的感觉。因而，在园林绿地设施的设计中使用功能和美学功能二者并重，尤其要重视其景观功能。

## （三）环境设计的知觉理论

环境知觉是人脑对环境形式的直接反映，它将复杂的环境刺激积极主动地转变成具有完整结构的形象，如城市、街道、房屋等。知觉的种类有以下几种。

形状知觉：对物体形状的感知与感受者自身经验加工验证而形成形状知觉。

距离知觉：人对物体远近的判断依赖于感知对象的相对大小、中间物的遮挡、结构的级差、物体的明暗和阴影、线条透视、运动视差等几种重要因素。视野中物体远近不同，其在视网膜的成像形状、纹理、光影、色彩有着明显的级差变化，这便成了距离知觉的线索，同时也产生了深度感。

深度知觉：对立体物体或两个物体前后相对距离的知觉。由于视网膜成像的二维性，人在空间知觉中依靠许多客观条件和机体内部条件来判断物体的空间位置，将这些条件称为深度知觉。

方位知觉：对物体所处方向的知觉，即方向定位。一个物体在空间的定位需要相对的参照物，这些参照物即为物体方位的知觉参考系。城市中的标志建筑物加强了城市地区的易识别性，这便是环境的方位知觉。

知觉理论的发展为揭示人类行为与环境的内在互动关系做出了很大贡献。现在知觉理论越发为设计师们所关注。环境知觉一样具有知觉整体性、恒常性、理解性、选择性，人们可以通过对景观设施的形状、材质、尺度、色彩、工艺等来影响知觉心理，传达其内涵和意义。人们还可以科学地分析景观设施空间中的"秩序"，可以通过对景观设施的阻隔、围合、连接等手法，引导人们的行为，引起人们对景观设施空间内涵和场所精神的领会。

## 二、园林绿地设施的景观化设计依据

### （一）园林绿地设施的艺术性分析

在城市的景观环境中，无论是哪种类型的设施，审美功能是基本属性，绿地设施通过本身的造型、质地、色彩向人们展示其形象特征，表达某种情感，同时反映特定的社会、地域、民俗的审美情趣。绿地设施的制作，必须遵循形式美的规律，在造型风格、色彩基调、材料质感、对比尺度等方面都应该符合统一和富有个性的原则。绿地设施是由砖、木、玻璃、混凝土等无机生命体构成的，但它们交织融合而构成的空间环境、形式等却都具备不同的表情意义，不同的组合具有不同的形象，不同的形象具有不同的表情。形式的变化、形象的感受及肌理的对比等都巧妙地在人的情感世界中产生共鸣。

绿地设施的艺术性属于环境艺术的美学范畴，可以简单地解释为环境艺术观感和美观问题。如前所述，环境是我们居住、工作、游览的物质环境，同时又以其艺术形象给人以精神上的感受。绿地设施的设计必须具备一定的实用特征和精神特征。绘画通过颜色和线条表现形象，音乐通过音阶和旋律表现形象，环境艺术形象的生成则是在材料和空间之中，具有它自身的形式美规律。形态、色彩是现代景观研究的主要内容，现代景观造型设计的用语是"构成"，含义是将几何形态的点、线、面、"包括色彩、肌理等"视为造型元素，并按照形式美规律进行组合或重新组合，以创造出新的形态。因此造型艺术在注重形态创造的同时，又注重于理性的、逻辑的思维方式，以达到构成的秩序感、心理学上的平衡感。

著名哲学家卡西尔说：现实社会的人们"不再生活在事物的直接实在性之中，而是生活在诸形式的节奏之中，生活在各种色彩的和谐和反差之中，生活在明暗的协调之中。审美经验正是存在于这种对形式动态方面的专注之中"。

## （二）色彩要素

和谐、良好的环境色彩，体现着城市的生命力，说明着城市人居环境的文化构成表现，更隐喻着这座城市中的人们的价值观和文化时尚。和谐、良好的城市色彩可以让人赏心悦目，轻松愉快地生活。

色彩是绿地设施最容易创造气氛和情感的要素，色彩应结合设施的使用性质、功能、所处的环境以及本身材料的特点进行整体设计。

色彩的选择，色彩选用主要受五个方面影响：第一，使用性质、风格、形体及规模影响色彩的选用。第二，设计应根据其表面材料的原色、质感及其热工状况等物理性质，充分利用表面材料的本色和表面效果，如材料的光面与毛面引起的色彩明度和饱和度的变化等。第三，地区气候条件的影响。第四，所在环境的影响。第五，材料的影响。

色彩的作用：可以加强绿地设施造型的表现力；可以丰富绿地设施空间形态的效果；可以加强绿地设施造型统一的效果；可以完善绿地设施的造型视觉心理色彩的感受，表现在不同的心理环境要求选择不同的颜色，如对于休息场所的色彩以静态为好，活动场所或人流较大的场所选用活泼的色彩，医院绿地用安静的色彩等，可采用一些暖色系让人在视觉上产生舒适、安全感，只有这样才能适应人的心理需求。

## （三）形式美法则

园林绿地设施的设计主要是创造一种人工的空间实体形态，人们要在设施上获得功能和精神上的满足，首先在视觉上应具有美感，也就是必须符合形式美的原则。

形式美法则与审美观念不同，形式美法则是长期对自然和人为的美感现象加以分析和归纳而获得的共同结论，更具有普遍性和共识性；审美观念具有更多的不确定因素，因为它会因时间、地区和民族的不同而产生较大差异。

形式美规律是创造环境空间美感的基本法则，是美学原理在环境空间设计上的具体运用。人们在创造绿地设施时，必然涉及形式美规律的问题，要运用形式美的规律来进行构思、设计，并把它实施、建造出来。尽管绿地设施在表现形式上并不是如此丰富或复杂，但它们在本质上都遵循这样一个基本原则：多样统一。多样统一也称有机统一，也就是在统一中求变化，在变化中求统一。任何造型艺术都由若干部分组成，这些部分之间应该既有变化，又有秩序。如果缺乏多样性和变化，则势必显得单调；而缺乏和谐与秩序，则必然显得杂乱。所以，要达到多样统一以唤起人的美感，既不能没有变化，也不能没有秩序，一切艺术设计中的形式都必须遵循这个规律。

绿地设施的形式实现多样统一，必须认真研究影响设施小品形式美的要素，如对比关系、主从关系、韵律关系、比例关系和尺度关系等。

# 第三节　园林绿地设施景观化设计

## 一、信息设施

### （一）各类标识

1.标识的分类

标识是信息设施的重要组成部分，主要功能是迅速准确地为人们提供各种环境信息，园林绿地设施中的标识包括场所位置的导向标识、引导方向的指示标识、交通标识等。根据不同的分类标准，有以下几种分类结果。

按照标识服务的不同目的可分为：识别性标识，以文字或图形表示某个区域、场所、设施；路标标牌，以引导人或车辆的行动为目的；规定性标识，为提示人们注意、使用安全、防火、防灾、限制等为目的；公示性或说明性标识，为使用者发布各类信息。

按照标识不同的性质可分为：名称指示，包括设施招牌、树木名称牌等；环境指示，包括导游图、人流或车流导向牌、方向指示牌等；警告指示，包括限速警告、禁止入内标志警告等。

按照标识的不同表达形式可分为：文字标识，特点是最规范且准确；绘图记号，具有直观、易于理解、无语言文字障碍，容易瞬间理解的优点；图示标识，如方位导游图，采用平面图、照片加简单文字构成，引导人们认识陌生环境、明确所处方位。

在具体设计中，标识的信息往往通过文字、绘图、记号、图示等形式予以表达。它们各有特点，不同的特点又适用于不同性质和不同环境的标志。

2.景观化设计要点

园林绿地中的各类标识在表述功能的同时，也是绿地中的一种装饰元素。一个优秀的标识设计，应该是将功能与形式有机地统一起来，并与周围环境相和谐。直线、曲线、抽象、具体，各种艺术造型纷纷应用其中，它们不仅明确地表达了自身的指示功能，更给人们带来新奇的心理体验。标识的设计包括形式、风格特色、色彩、功能等综合内容，在讲求灵活多变的同时应与其自身的特性相一致，要想为景观增光添色，标识的景观化设计应从以下几个方面加以考虑。

（1）设置的合理性

标识在园林绿地中设置的位置十分关键，关系到标志设计的成败。在合适的地点才能更好地满足其使用功能，如在各类建筑出入口、空间转折点或道路交叉口及其他人流集中的场所时能很好地完成指示、传递信息的任务。设置的合理性还包括宜人的尺度，设计时还要注意既不能使环境变得纷乱，更不能影响交通，应对整个环境进行调查、分析后确定其位置。

（2）与周围环境相互协调

标识进入环境空间后，与原有环境产生对话和交流，在其周围营造了一种场地效应，成为环境空间的一个重要组成部分。所以，标识应与周围环境相互协调，在造型、色彩、材料等方面要注意相互间的关系，不可各行其是。

（3）创造新奇的视觉效果

合理、艺术、多样的标识，能成为环境的点睛之笔。标识的造型设计应简洁、明确，色彩要鲜明、醒目，使人一目了然，易于识别和记忆，充分发挥其信息传播媒介的功能。

标识的艺术感染力可概括为两点：第一，以小见大；第二，意象美、形式美。这要求指示牌具有更集中的艺术形象，以高度概括来体现视觉艺术特征，由想象、比喻等组合成含蓄的意象美，由变化、对比、均衡等组合成完整的形式美。各种标识造型要新颖活泼、色彩醒目。有的标识以"标志物"的形式出现，在形式上与雕塑有着相同之处，融合了纪念性、指示性、说明性等方面的意义，以雕塑的形式展示出来，体现着文化的内涵，应在休闲性、娱乐性较强的空间加以提倡。

（4）统一中求变化

在较大的绿地中，需要设置较多的标识，这些标识既要相互协调统一，也要体现出一定的变化。杭州植物园的标识就很好地体现了这一点，标识风格统一、形式多样、色彩醒目，与环境相融合的同时便于游人发现，而且均设置了盲人标识设施，是体现人性化、景观化的园林绿地设施。

## （二）电子屏

公共设施信息化系统逐渐成为人们生活的必需品，并呈现发展迅速之态势。电子屏具有传统指示标识无法代替的优点，如包含的信息量大、内容丰富等。可以在有条件的绿地内设置，设计时支撑电子屏的外结构也要遵循一般标识设施的设计要点，使之成为景观的一部分。

## 二、艺术景观设施——以雕塑为例

雕塑在景观环境中起着特殊而重要的作用，它在丰富和美化人民生活空间的同时，又丰富人们的精神生活，反映时代精神和地域文化的特征。

世界上许多优秀的雕塑成为城市标志和象征的载体。

一座好的景观雕塑能起到感化、教育和陶冶性情的作用。而且，其独特的个性赋予空间强烈的文化内涵，通常反映着某个事件，蕴含着某种意义，体现着某种精神。在绿地环境中，不仅能形成场所空间的焦点，对点缀烘托环境氛围、增添场所的文化气息和时代特征有重要作用，而且还有调节城市色彩、调节人的心理和视觉感官的作用。

城市绿地雕塑的景观化设计主要体现在以下几个方面。

### （一）传承文化内涵

中国古典园林中，早有石鱼、石龟、铜牛、铜鹤、石仙人等雕塑，而西方古典园林中雕塑更是必不可少的园林要素，其园林艺术情调浓郁，观赏价值很高，各类形式的雕塑都有一定的内涵和意义。现代园林绿地中雕塑也普遍存在，不但美化了环境，而且凝聚了一个地方的历史，对人们起着潜移默化的教育作用。雕塑作品的文化承载力，对地域文化的体现、城市形象的提高具有举足轻重的作用，应挖掘地域文化中深层次的、独具风格和价值内容的进行展示。

### （二）与环境的融合

绿地雕塑需要一定的绿地空间作依托，在设计时，要先对周围环境特征、文化传统、空间、城市景观等有全面准确的理解和把握，然后确定雕塑的形式、主题、材质、体量、色彩、尺度、比例、状态、位置等，使其和环境协调统一。日本雕塑家关根伸夫说过："一件作品如果不与环境相结合，本身的艺术性再高，也毫无意义。"

### （三）情趣的营造

城市绿地的雕塑还应突出情趣的营造，给人以优美视觉享受的同时给人以或幽默或愉快的精神享受。让人们在休息的同时欣赏这些有趣的雕塑，带给人新奇感。

## 三、娱乐设施

娱乐设施包括各种儿童游乐设施、体育运动设施和健身设施等。游戏设施是为学龄前后的儿童设置的，一般布置在小学、幼儿园、居住区绿地中，游戏设施包括游戏场地和器械，游戏器械包括秋千、木马、滑梯、跷跷板等。体育运动设施和健身设施是儿童、少年和成年人能共同参与使用的娱乐和游戏性设施。一般分布在公园绿地中，包括迷宫建筑、各类运动器械等。

儿童游乐设施一般都成套定制，其色彩鲜艳、造型丰富，能够满足景观的要求。其他娱乐设施应有活泼的造型、鲜明的色彩、舒适的质感，促进儿童、青少年和成年人身心健康发展。在绿地中选择好设置的位置，能融入环境即可。

## 四、照明、引导设施

### （一）各类灯具

夜幕降临，闪烁的灯光仿佛是城市"多情的眼睛"。灯不再是单纯的照明工具，而是集照明装饰功能于一体，并成为创造、点缀、丰富绿地环境的重要元素，包含一定的文化内涵。

绿地中的优秀景灯设计可以使绿地在夜晚以新的姿态展现于市民，可以让绿地环境变幻莫测，如绚丽明亮的灯光，可使绿地环境气氛更为热烈、生动、欣欣向荣、富有生气；柔和、轻松的灯光则使绿地环境更加宁静、舒适、亲切宜人。绿地景灯设计既要满足照明要求，为人们的夜间活动提供安全保证；又要具有装饰功能——景灯的设计应注意造型美观，装饰得体。但是美丑不能孤立地看，还要看景灯的造型和布局与所处的环境是否协调统一，应根据不同的环境来选择景灯的造型、亮度、色彩等。

景灯要针对绿地中的特定景物如建筑小品、雕塑、喷泉等的造型进行配置，以丰富园林景致，其设计应强调休闲性，考虑参与性、趣味性、协调性。良好的景灯设计还要满足一些基本要求，包括适宜的照明水平，适宜的照明均匀程度与照明重点，适宜的亮度空间分布，适宜的光色和显色等。路灯的设计要满足照明的需要，注意自身特色的表现，还要和环境相呼应，大量设置时应满足形式美法则。

园灯材料的质感也能对人们的心理感受产生一定的作用，并能直接影响到园灯的艺术效果。例如，金属或石材制作的园灯、灯杆和灯座，会使人感觉到稳定和安全；如果环境要求形成玲珑剔透水晶宫般的氛围，灯的材料就需要大量采用玻璃或透明塑料；如果要创造富丽堂皇的气氛，则可使用镀铬、镀镍的金属制件；如果需要一种明快活跃的气氛，则可采用质感光滑的金属、大理石、陶瓷等材料；如要给人以温暖亲切的感觉，则常在园灯的适当部位采用木、藤、竹等材料。同一种园灯，其各部分材料的质感和色彩之间也应有对比和变化。

草坪灯小巧精致，点缀于草坪中、乔木下，微弱的灯光更衬托出宁静气氛，构成一幅清雅画卷。草坪灯因其高度矮，人的视线易于到达，所以在西溪湿地公园中，还起着指示路程的功能，在灯顶部标识了两个景点间的距离，充分体现了人性化设计。

景观灯的造型有模拟自然形象的，也有几何形体组合的。模拟自然形象的景观灯使人感到活泼亲切；纯几何形状的景观灯给人的感觉是庄重、严谨。一个造型好的景观灯能引起人们的联想，能表达一定的思想感情，激发出人们欢快、愉悦的情感。

## （二）阻拦引导类设施

### 1.栏杆

绿地中的栏杆主要起分隔空间、安全防护的作用，还用于划分活动范围及组织人流，同时又可装饰环境，丰富空间景观。栏杆一般设于草地、花坛的边缘，阻止行人进入；或设于水边、崖畔等危险之处，避免行人跌落。但是，栏杆在绿地中不宜普遍设置，特别是在浅水边、小平桥、小路两侧，能不设置的尽量不设置；在必须设置栏杆的地方，应把围护、分隔的作用与美化、装饰的功能有机地结合起来。

护栏在危险处起到保护人的作用，而有些景点、景物本身十分珍贵，具有特殊的价值和意义，此时护栏将起到保护景物的作用。同样是因地制宜的原则，不能随意设置护栏而不顾与周边景色相协调。

在旅游胜地泰山之巅，主峰玉皇顶东侧的观日峰上，有一巨石向北斜上横出，名为"拱北石"，因其形犹如起身探海，故又名"探海石"。石长6.5m，是泰山标志之一，也是登顶观日出的好地方。古人有"才听天鸡报晓声，扶桑旭日已初明。苍茫海气连云动，石上有人别有情"的诗句。在如此美丽而著名的景点上，为了防止人们攀爬对景点造成损害，将其用护栏围绕起来。这种栏杆的使用虽然满足了功能要求，却大大降低了景点的美感，铁质栏杆生硬地将其与人们分隔开来，其周边环境以石头为主，建议改为石质栏杆，将泰山文化的符号加入栏杆的造型中，淡化界线，在不以设施为景观的环境中，尽量减少设施给景观带来的负面影响。

栏杆的造型一般以简洁、通透、明快为特点，若造型优美、韵律感强，则可以大大丰富绿地景观。栏杆的材料通常为金属、竹木、石材和混凝土等，不同的材料可创造出风格各异的栏杆，从而保证与环境的和谐统一。

栏杆的高度因功能的需要而有所不同。围护性栏杆高度一般以90～120cm为宜，可保证安全，行人也不宜跨越；分隔性栏杆高度一般以60～80cm为宜；花坛、草坪的镶边栏杆高度则以20～40cm为宜，主要起到装饰环境的作用。

### 2.护柱、缘石

护柱为示意性围栏，用以限制车辆通行、表明界限、划分区域和形成地面上一系列垂直阻拦物，也可以用作示意性的栏杆。除此以外，还可以对路面铺砌图案产生垂直的点缀作用，并能创造出具有特殊印象的绿地景观。

缘石等制止性地面处理设施的目的是标明界限，划分区域和起暗示性阻挡作用。与矮栏杆不同，主要用于地坪高差的边缘，采用隆起的处理方法，可以给人警告信息，达到阻止行人的目的。这些制止性的设施本身给人以不快的感觉。在设计上，要注意其造型的美感，不要给人突兀的感觉。

## 五、服务设施

### （一）座椅

座椅是城市绿地中应用比较广泛的一类观赏实用型设施。人们在绿地中休憩、交谈、观赏都离不开座椅这个介质。它的应用主要体现在两个方面。首先是为游人提供休息、赏景的空间，如在湖边池畔、花间林下、广场周边、园路两侧设置园椅，给人们提供了欣赏山水景色、树木花草的空间；在小游园、街头绿地中设置园椅则可供人们进行较长时间的休息。其次是以其精美多变的造型点缀环境、烘托气氛。如园椅与树池的结合，以简洁自然的造型使绿地环境更加丰富；园椅与花坛的结合则可创造一个相对私密的休闲空间等。

人们疲劳的时候无论是椅子、凳子还是台阶、护栏等，只要能支撑人的"物品"，都会有人去坐。环境中的台阶、叠石、矮墙、栏杆、花坛等也可以包含座椅的功能。

目前，绿地中的桌椅除了满足基本的功能要求外，大多注意了其景观功能的体现，造型多样，材质也比较广泛，有木质、铁质、石质，以及它们的结合等。座椅的景观化设计要点有：

满足人的心理需求，休息座椅的设置方式应考虑人在室外环境中休息时的心理习惯和活动规律。在座椅的周围形成一个领域，让休息者在使用时有安全感和领域感，一般以背靠花坛、树丛或矮墙、面朝开阔地带为宜，构成人们的休息空间。

与其他设施结合，座椅可以结合桌、树、花坛、水池设计成组合体，形成一个整体。

同一绿地内的座椅风格要统一，而且要与绿地的设计格调一致。

材料的选择，随着材料科学的不断发展，座椅的材料从历史悠久的石材、木材、混凝土、铸铁到现代的陶瓷、塑料、合成材料、铝及不锈钢等，可选择性极为广泛，但都必须满足防腐蚀、耐候性能较强、不易损坏等基本条件，还需具备良好的视觉效果。设计时要根据使用功能要求和具体空间环境选用相匹配的材料与工艺。

座椅的材料，总的来说要坚固耐用，经得起风吹雨打和人们的频繁使用。通常以石料为宜，用金属材料做座椅虽然比较坚固，但只适宜于常年气候温和的地区。因为温度传导快，冷的地方冬天不敢坐，热的地方太阳晒得会发烫。木料给人的感觉是最好的，在北方适合广泛应用，但其缺点是不耐用。还可采用大理石等名贵材料，或用色彩鲜明的塑料、玻璃纤维来制作，造型高雅、轻巧、美观，也会受到路人的喜爱。

### （二）饮水器、洗手器

城市绿地中饮水器的设置在国外绿地中较常见，国内新建绿地中也有此设置。饮水器的设置不仅要确保站着的成年人使用时不需蹲下，同时还要满足儿童或坐轮椅者的使用需求，因此，最好配备不同高度的饮水口，而且开关控制要简单，无须抓紧或扭动。引水口设计多种多样，都受到人们的喜爱。饮水器的接水容器本身就是一件景观小品，其上往往有与环境相协调的小雕塑与其相配。

在绿地建设中，洗手器也是一个不可忽视的景观设施，其设计应该像灯具、雕塑等一样引起重视，尽量满足景观的要求。洗手器的景观化设计要点有：接水容器的造型艺术化，出水口多加构思，和雕塑等景观小品结合。

### （三）清洁管理工具

园林绿地需要良好的维护才能形成整洁的环境，清洁管理工具是管理人员必需的，但这些垃圾车等设施往往是人避之唯恐不及的，人们在心理上有个先入为主的不良印象，这就需要把此类工具也加以包装改造，使之不仅能改善以往给人的感觉，而且还可以成为景观小品的一员。

清洁管理工具的景观化设计要点是，使用木质、铁艺、贴纸等进行外部包装，或设计整体图案、标识喷绘于工具上，使之美观。

### （四）售货亭

售货亭是分布在绿地空间中的服务类建筑，具有体积小、分布面积广、数量众多的特点。它们造型小巧，色彩活泼、鲜明，是园林绿地中重要的环境设施。

售货亭的设计应结合人流活动路线，便于人们识别、寻找，同时造型要新颖，要富有时代感并反映服务内容。售货亭的景观化设计要点有：造型要素，各种几何形体以及它们的组合都可以尝试，因为体积小易于造型，容易给人带来新奇感，奇特的外观往往容易吸引人们的目光，为园林绿地增色不少，还能促进售货亭的经营。

### （五）垃圾箱

垃圾箱被公认为反映一座城市文明的标志，体现一座城市和所在居民的文化素质，并直接关系到城市空间的环境质量和人们的生活与健康水平。它既是城市生活不可缺少的卫生设施，又是环境空间的点缀。

垃圾筒的制作材料，通常有不锈钢板、塑料、玻璃钢、木材、混凝土、陶瓷等。其材料的选择应结合具体空间环境和使用功能，主要考虑不同造型的材质、工艺、外观等因素，并选配合理的色彩与装饰。

垃圾箱的设计应以功能为出发点，具有适度的容量、方便投放、易于回收与清除，而且要构思巧妙、造型独特。垃圾箱应设在路边、休憩区内、小卖店附近等处，设在行人恰好有垃圾可投的地方，以及人们活动较多的场所，例如公共汽车站、自动售货机、商店门前、通道和休息娱乐区域，等等。

崇尚个性、强调环保是当今社会的时尚主题，垃圾箱的设计已经不仅是为人提供使用的方便，还要造型独特、构思巧妙。一段折断的树桩，一个童话世界中的木桶，一只巨大的辣椒，这些别具匠心的垃圾箱都给人们带来了另一番意想不到的视觉收获。

## （六）电话亭

电话亭是公共环境中非常重要的设施之一，虽然目前很多人都有移动电话，但这样的设施还有它存在的必要性，例如：手机没电的时候，老人、儿童急需帮助或者报警的时候等，都是设置公共电话亭的特殊需求条件。

电话亭属于环境空间中的服务亭点，它和书报亭、快餐点、售票亭等一样具有体积小、分布广、数量多、服务单一的特点。其造型小巧，色彩活泼、鲜明，作为现代通信设施，越来越广泛地渗透到现代生活之中。同时电话亭点缀着城市街道和广场景观，其千姿百态的造型，丰富了城市的空间环境。

目前电话亭形态太过统一，显示不出不同环境空间的特色和文化氛围。单体型因其造价低、制作安装方便而被广泛设置。但相对箱体型来说其隐私保密性和遮风挡雨的功能不强，从而导致其利用率的降低，故应考虑封闭式箱体型与敞开式单体型的配合设置。

根据电话亭本身的特点，电话亭景观化设计要点是在材料的选择上，应用于其他建筑小品的材料均可以用于电话亭的设计。

## （七）公厕

在较大的园林绿地中，公厕是必不可少的服务设施之一。由于过去公厕卫生条件差，总是给人不好的印象，在优美的园林绿地中，公厕的设计要以人为本，注意造型美观、标识清楚、结构合理，将植物和绿地有机结合。

无论采取何种设置方式，都要避免在公共场所中过于突出，一般要设置显眼的路标或特殊铺地予以引导、指明。隐匿或半隐匿处理的公厕应做明显的标识处理，且其入口不要朝向景观好的地方。

## 六、交通设施

### (一)候车亭

公交候车亭通常以钢制圆柱或方柱支撑,上以阳光板或其他金属复合板材作为遮阳棚,下设休息椅凳、垃圾箱、广告或行车路线导游图、照明灯具,等等。

公交候车亭的设计要求造型简洁大方,富有现代感,同时应注意其俯视和夜间的景观效果,并做到与周围环境融为一体。

### (二)地面铺装

在绿地空间中,铺地与道路既有使用目的,本身又成为观赏对象,因此格外重要。不同质感、色彩、纹样、尺度的铺地设计能切实起到美化环境的作用,地面铺装的景观化设计要点有:

活跃的色彩变化、硬质铺地是城市的另一件外衣,丰富的色彩变化就很自然地成为美化环境、活跃空间的重要方面。在较大的城市广场和街道,单一颜色的铺地很容易使人厌倦,而不同颜色搭配而成的有韵律、重复性的铺地图案则悄然愉悦着人们的心情。铺地能以其安静、清洁、安定,或热烈、活泼、舒适,或粗糙、野趣、自然的风格感染人。

不同质感的材料搭配。铺地材料不同质感的变化,影响着人们的视觉感受和行为。平整、光洁的铺地会很大程度地吸引使用者在上面进行各种活动,而地砖一类的铺地则便于人们行走。另外,像卵石、不规则石料等自然材料的巧妙运用会带给人们赏心悦目的视觉感受。因此,设计时要注意尽量发挥材料所固有的美。如花岗石的粗犷、鹅卵石的润滑、青石板的质朴等。

丰富的铺地图案,就像地面上的绘画,是打破单调的铺地形式,丰富视觉效果的有效手段。在面积较大的城市空间,铺地图案通常以简洁为主,强调统一的风格,材料一般不做过多的组合,以1~2种为宜。在使用两种材质进行铺地图案组合时,其质感、色彩应较为统一。

丰富的光影效果。无论是灯光还是自然光均能使铺地具有变化的光影效果,给人以不同的艺术感受。

### (三)无障碍设施

无障碍设施是社会文明程度的标志之一,无障碍设施能消除环境中对特殊人群活动造成的各类障碍,使全体社会成员都具有平等参与社会生活的机会,共享社会发展的成果。一处功能完善的绿地中,必须具有完善的无障碍设计,包括盲人指示、盲道,有台阶的地方设置坡道等。

在坡道中，轮椅要求坡面的最大斜率为1∶12，即坡度值为5，坡道的最长距离为9m。在适当距离应设水平路段且不应设置阶梯，其尽头还要有1.80m的休息平台，以便回车和休息。

## 七、基础设施

园林绿地中的各类基础设施与市政设施相交叉，诸如水、电设施，这些在绿地的设计中多考虑的是使用功能，然而在绿地设施系统化、整体化设计的今天，我们应当把基础设施的地上构筑部分纳入设计范围，使它们在满足功能要求的基础上，创新地展现出景观新形象。

### （一）各类检查井

给排水、电力设施等都需要有检查井，还有雨水井、阀门井、给水井等，这些构筑物的地上部分——井盖、井壁的景观现状不容乐观，设计、施工人员往往忽视了这些设施给整体环境带来的影响。

井盖的美化，主要从外观、材料、景观化方法几个方面加以分析。井盖的形状、图案和色彩可以设计成地面景观，成为铺装造景的新元素。井盖的外形不仅限于正圆形，在不同的环境中，根据所处位置可以设计出多种多样的轮廓，如椭圆、星形、不规则多边形等。生动活泼的形象、卡通化的图案设计，为地面铺装增光添彩，富有情趣。其次是井盖的装饰，用多种多样的材料贴面，达到良好的景观效果。井盖在草坪等软质铺装内，可以利用不同材料铺面的方式营造景观，弱化各类检查井对整体景观的影响，可选用的材料有卵石、塑料草坪、花岗岩板等各类石材。

井壁的施工，检查井、雨水井、阀门井等构筑物，在施工时可以避免砌筑高于地面的混凝土台，严禁井壁高出地面，井盖安装时要保证与周围地面持平，使水泥不露出绿地，这需要施工人员不断提高施工技术。

### （二）电力设施

电力设施在绿地中表现为大型的变压器，灯具等用电设备的小型电路控制设施，以及空调外机、音箱，等等。此类设施遍布绿地、种类繁多。

电力设施景观化的设计要点有：

强化突出使其成为景观，许多电力设施体量比较大，游人视线很容易被吸引，这就要求设计师对其进行景观化处理，造型、色彩、外部装饰材料等要素都是景观设计中可以运用的创作语言。

弱化隐蔽远离游人视线，由于绿地类型和设计风格的不同，以及设施本身的特点，有些设施不适合强调突出，此时应当将其弱化，利用工程技术措施或植物材料等遮盖，使游人视线不能到达即可。

## （三）通风设备

在有地下构筑物的绿地中，通风设备必不可少，同电力设施类似，通风口的艺术化处理也是必要的。如北京昆泰国际酒店门前的排风口，鲜艳的色彩和独特的毛毛虫造型引人注目，把原本毫无生机的通风口变为景观标志。

# 第四节　园林绿地植物配植与造景应用

## 一、城市园林绿地植物配植现状

### （一）空间利用单一

如草坪是清一色的草坪，街道两侧仅是行道树，都是单一空间上的利用。人们生活的空间是立体的，因此，绿化也应该是立体的、多层次的。在园林植物配植中应注意对乔木、灌木、草本植物的综合利用，同时结合藤本植物和地被植物的利用。

### （二）植物色彩单一

植物的色彩是重要的观赏对象。在欧洲许多城市，每当季节转换的时候，植物叶色就会变换，呈现出各种绚丽多姿的色彩，令人陶醉。而我国选用的植物材料色彩十分单一，几乎清一色是绿色，缺乏色彩的多样性，这就使人感到十分乏味。

### （三）植物功能单一

植物的功能是园林绿化中必须考虑的最重要的方面。园林植物具有观赏、遮阳、防尘、隔音、净化空气和保持水土等诸多功能。但当前园林绿化中普遍重视观赏功能，而忽略其他功能。例如当前兴起的"草坪热"，观赏草坪占主导地位，景观效果好，但是忽略了人们运动休息的需求，挤压了活动空间。又如近年来，许多城市兴起广场热，这都是在规划设计中缺乏人性化考虑的结果。

## 二、城市园林绿地植物的选择与搭配

### （一）公共绿地如公园、街头绿地等，要求活泼明快，四季有景可赏

在植物配植时除基调树种外，应当选用一定数量的观赏花木，种植一定数量的草本花卉，并留出一定数量的草坪形成多层次绿化，同一城市不同区域地段的环境条件差异很大，在园林植物选择和配植中应加以区别对待。

在植物的选材方面，应以乡土植物为主。乡土植物是城市及其周围地区长期生存并保留下来的，它们在长期的生长进化过程中，已经形成了对城市环境的高度适应性，应成为城市园林植物的主要来源。外来植物对丰富本地植物景观大有益处，但引种应遵循"气候相似性"原则进行。城市绿地中土壤普遍板结、贫瘠，缺乏肥沃的表土和良好的结构，而城市街道的高铺装率又使城市雨水的90%以上都经下水道排走，导致城市土壤条件十分恶劣。耐瘠薄耐干旱的植物有十分发达的根系和适应干旱的特殊器官结构，成活率高、生长较快，较适于作为城市绿化植物，尤其是行道树和街道绿化植物，如小叶榕、大叶榕等。

### （二）植物配植上还要因地制宜地发挥功能性作用

首先是遮挡不利于景观的物体，使欲达到封闭效果的空间更隐蔽更安静，以及分隔不同功能的景区等。其次是修饰和完善建筑物构成的空间，以及将不同的、孤立的空间景物连接在一起，形成一个有机的整体。再次是植物配植可以形成某个景物的框景，起装饰作用，并利用植物的不同形态及色彩作为某构筑物的背景或装饰，从而使观赏者的注意力集中到应有的位置。

街道绿带和商业区的绿化带主要是针对灰尘和噪声这两大环境因素的改善，为起到减尘减噪效果，所以要求选用枝叶茂密、分枝低、叶面粗糙、分泌物多的常绿植物；并尽可能营造较宽的绿带，形成松散的多层次结构。在重污染工矿区，防治大气污染是这些区域园林绿化的主要目的，所以选用一些抗污染能力强、能吸收分解有毒物质、净化大气的植物是非常重要的。

## 三、植物园植物配植的实际应用与造景原则

植物园的植物配植要做到植物种类多而不乱，分区细致而不繁杂，步移景异，季相明确。植物的种类繁多，应做到标示明确，而造景形式需要在变化中求统一。植物园多作为

科普性、娱乐性较强的公园，在游人休闲、娱乐的同时可以学习科学知识。在植物造景搭配上以主调种类为主，适当搭配其他品种，以形成统一群类的植物群落。

## （一）根据植物园绿地的性质发挥植物的综合作用

依据植物园的性质或分区绿地的类型明确植物要发挥的主要功能以及其目的性。不同性质的植物分区选择不同的植物种类，体现植物不同的造景功能。如在科普展示区，进行植物造景设计时，应首先考虑树种的科普性功能，而在珍稀植物区，植物种类的特色美化功能则应体现得淋漓尽致。不同的植物造景形式应选择不同的设计手法进行，创造优美的公园环境的同时又把整个园区的植物造景形式串联成一体。

## （二）根据植物园的植物生态要求，处理好种群关系

在整个公园的生态环境里，很多种类的植物脱离了自己本土的生长环境，所以，本土植物与外来树种相互交错种植搭配，形成了一个新的生存空间，共同影响着生长的环境。在进行造景搭配时要充分了解各类植物的生长习性，把握生态特征，为植物园各生态群落营造良好的景观环境。

## （三）植物造景的艺术性原则

植物景观对人的视觉会产生刺激作用，结合其他类景观元素，共同组合成景观环境，从而激发脑海深处对艺术美的感悟。植物园作为主题公园，环境的营造应该以欢快、神秘、舒心为主，植物的形态、色彩、风韵、芳香和氛围浓烈，同时体现出春意盎然、夏荫清澈、秋景意浓、冬装素裹的不同意境，让游客触景生情、流连忘返。

## （四）植物园空间关系的营造

在任何植物景观中，任何一处植物的组合都很重要，植物园造景配植过程中，整体与局部要协调统一，应突出主题特色，充分展现植物造景后所形成的园林艺术效果，做到三季观花、四季有色、处处赏景。配植时可将速生树种与慢生树种相结合，乔木、灌木相搭配，构图时应注意处理好色叶植物、观花植物、树形植物之间的三维空间与平立面之间的关系。

## （五）植物园空间关系的营造

植物造景设计是植物园内体现植物景观的根本，既有科学技术的要求，又有艺术设计的展现。在植物造景过程中，突出各植物群落的季相性，搭配植物时注意各类植物之间的比例关系，无论是观花植物还是观叶植物，首先确立一种基调树种，然后其他陪衬的植物

占1/3左右，使所要表达的主题相对突出，明确设计意图，激发观赏者的视觉神经，给其留下深刻的印象。一般设计手法是：确立同类观叶或观花的树种，无论是叶色还是花色需要基本统一，在同一时间段观赏一个类别，如观叶的日本红枫、元宝枫、美国红枫、五角枫、三角枫等红黄色叶比例的搭配；赏花类的西府海棠、垂丝海棠、木瓜海棠、彩叶秋海棠等观花类植物花期的控制都是需要研究的重点；还有常绿植物与落叶植物、灌木与乔木之间的搭配比例及花期与观叶期的时间也要控制得恰到好处。常绿植物与落叶植物的比例一般控制在1：3；专类乔木与花灌木的比例要以专类乔木占主导。合理的造景设计使花海与绿树相协调，展现植物的季相变化，让游客在不同的季节欣赏不同的美景。

以上海辰山植物园的矿坑花园、盲人植物园、水生植物园为例，我们一起来研究植物园造景的基本手法与技巧。上海辰山植物园位于上海市松江区辰花公路3888号，由上海市政府与中国科学院以及国家林业局、中国林业科学研究院合作共建，由德国瓦伦丁城市规划与景观设计事务所负责园区整体的设计规划，具有鲜明的现代综合植物园特征，具有典型的科研、科普和观赏游览的功能。植物园园区分中心展示区、植物保育区、五大洲植物区和外围缓冲区四大功能区，为华东地区规模最大的植物园，也是上海市第二座植物园。

辰山植物园收集有9000余种特色植物种类，以具有经济、科学和园艺价值的种类为主，依据不同特色的植物，全园又设置了26个具有不同类别的特色园。专类园作为全园的核心展示区，植物设置根据世界植物园专类园的设置规范进行，并需符合辰山植物园的地理气候特点。在中心植物展示区，通过对地形的处理，其他景观元素的搭配，以及适宜不同植物生长环境的营造，来完成对植物环境的前期设置。然后通过对植物进行种植设计、造景设计，使植物环境形成风格各异、季相分明、步移景异的景观效果。其中矿坑花园、盲人植物园、水生植物园等都颇具特色。植物种植时要做到突出特色树种，与其他陪衬树种栽植自然衔接，尽量避免人工化，将各种植物进行不同的配植组合，形成千变万化的景观效果，给人以丰富多彩却又不杂乱的艺术感受。

1.矿坑花园

矿坑花园在植物园的中部位置，是辰山植物园的重要景点之一，辰山植物园依据因地制宜、生态恢复的原则，将矿坑花园分为镜湖区、台地区、望花区和深潭区，花园设计将场地中的后工业元素、辰山文化与植物园的特性整合为一体。望花区的植物多以地被花卉为主，因为上海地区的气候特色，可以常年观花，望花区栽种超过1500种地被花卉，各种植物或依坡而种，或栽植于崖边壁旁，或丛植于游步道两侧，应用前高后低、或疏或密的造景手法，让游客如身临花的海洋，感觉置身于春野自然的梦幻境界。

2.盲人植物园

植物造景不仅体现人们审美情趣，还兼备生态自然、人文关怀等多种功能。以"一米阳光"为主题的辰山植物园盲人植物区，通过研究植物对社会特殊人群的植物景观影响进行配植，创造出能满足盲人的触觉、听觉、嗅觉等需求的造景组合，种植无毒、无刺，具有明显的嗅觉特征、植株形态独特的植物，创造出具有人文关怀的社会环境与自然环境。

3.水生植物园

水生植物园作为辰山植物园的另一大亮点，水生植物种类最多、展示最为集中。其中分为观赏水生植物池、科普教育池、浮叶植物池、沉水植物池、食用水生植物池，禾本科与莎草科植物池、泽泻科异形叶植物池和睡莲科植物池。栽植时，根据每类水生植物的生长特性、生活环境形成唯一的景观特色，如靠近岸边分割成很多均等的种植块，种植挺水型水生植物，如荷花、千屈菜、菖蒲、黄菖蒲、水葱、梭鱼草、芦竹、芦苇、香蒲、泽泻、旱伞草等。挺水型植物植株高大，花色艳丽，绝大多数有茎、叶之分；直立挺拔，下部或基部沉于水中，根或地茎扎入泥中生长，上部植株挺出水面。还可以采用自然式设计，以植物原生地的生长状态为参考进行栽植，还原植物的野趣感觉。造景配植时可以挺水植物、浮水植物、水岸植物等自由搭配，但是要控制面积比例，主要展示的植物占主体，单类展示区域内一般将三种以下的水生植物进行配植，过多会显得杂乱无章，不能体现主题。

为防止水岸植物在自然条件下成片蔓延生长，常采用种植池、种植钵的栽植方式，加上人工修剪以控制植物的长势，以保持最佳的观赏状态。

# 第六章　园林绿化及园林绿地建设

## 第一节　园林绿化的意义与效益

### 一、园林绿化的概念及意义

#### （一）园林绿化的概念

**1.绿地**

凡是生长绿色植物的地块统称为绿地，既包括天然植被和人工植被，也包括观赏游憩绿地和农、林、牧业生产绿地。绿地的含义比较广泛，它并非指全部用地皆为绿化，一般指绿化栽植占大部分的用地。绿地的大小往往相差悬殊，大者如风景名胜区，小者如宅旁绿地；其设施质量高低相差也大，精美者如古典园林，粗放者如防护林带。各种公园、花园、街道及滨河的种植带，防风、防尘绿化带，卫生防护林带，墓园及机关单位的附属绿地，以及郊区的苗圃、果园、菜园等均可称为"绿地"。从城市规划的角度看，绿地是指绿化用地，即城市规划区内用于栽植绿色植物的用地，包括规划绿地和建成绿地。

**2.园林**

园林是指在一定的地域范围内，根据功能要求、经济技术条件和艺术布局规律，利用并改造天然山水地貌或人工创造山水地貌，结合植物栽植和对建筑、道路的布置，从而构成一个供人们观赏、游憩的环境。各类公园、风景名胜区、自然保护区和休息疗养胜地等都以园林为主要内容。园林的基本要素包括山水地貌、道路广场、建筑小品、植物群落和景观设施。园林与绿地属同一范畴，具有共同的基本内容，从范围看，"绿地"比"园林"广泛，园林可供游憩且必是绿地，而"绿地"不一定称"园林"，也不一定供游憩。

"绿地"强调的是作为栽植绿色植物、发挥植物生态作用、改善城市环境的用地，是城市建设用地的一种重要类型；"园林"强调的是为主体服务，是功能、艺术与生态相结合的立体空间综合体。

把城市规划绿地按较高的艺术水平、较多的设施和较完善的功能而建设成为环境优美的景境便是"园林"，所以，园林是绿地的特殊形式。有一定的人工设施，具有观赏、游憩功能的绿地称为"园林绿地"。

### 3.绿化

绿化是栽植绿色植物的工艺过程，是运用植物材料把规划用地建成绿地的手段，它包括城市园林绿化、荒山绿化、"四旁"和农田林网绿化。从更广的角度来看，人类一切为了工、农、林业生产，减少自然灾害，改善卫生条件，美化、香化环境而栽植植物的行为都可称为"绿化"。

### 4.造园

造园是指营建园林的工艺过程。广义的造园包括园地选择（相地）、立意构思、方案规划、设计施工、工程建设、养护管理等过程。狭义的造园指运用多种素材建成园林的工程技术建设过程。掇山理水、植物配植、建筑营造和景观设施建设是园林建设的四项主要内容。因此，广义的园林绿化是指以绿色植物为主体的园林景观建设，狭义的园林绿化是指园林景观建设中植物配置设计、栽植和养护管理等内容。

## （二）园林绿化的意义

### 1.城市园林绿化的意义

由于工业的不断发展，科学技术的突飞猛进，现代工业化产生大量的"四废"，城市化进程过快导致自然环境被严重破坏，引发环境和生态失衡，使大自然饱受蹂躏，造成空气和水土污染、动植物灭绝、森林消失、水土流失、沙漠化、温室效应等，严重威胁人类的生存环境。

人们根据生态学的原理，通过园林绿化措施，把原来被破坏了的自然环境改造和恢复过来，使城市环境能满足人们在工作、生活和精神方面的需要。在现代化城市环境条件不断变化的情况下，园林绿化显得越来越重要。园林绿化把被破坏了的自然环境改造和恢复过来，并创造更适合人们工作、生活的宁静优美的自然环境，使城乡形成生态系统的良性循环。

园林绿化通过对环境的"绿化、美化、香化、彩化"来改造我们的环境，保证具有中国特色的社会主义现代化建设顺利进行。城市园林绿化是城市现代化建设的重要项目之一，它不仅美化环境，给市民创造舒适的游览休憩场所，还能创造人与自然和谐共生的生态环境。只有加强城市园林绿化建设，才能美化城市景观，改善投资环境，生物多样性才能得到充分发挥，生态城市的持续发展才能得到保证。因此，园林绿化水平已成为衡量城市现代化水平的质量指标，城市园林绿化建设水平是城市形象的代表，是城市文明的象征。

园林绿化工作是现代化城市建设的一项重要内容，既关系到物质文明建设，也关系到精神文明建设。园林绿化创造并维护了适合人民生产劳动和生活休息的环境质量，因此，要有计划、有步骤地进行园林绿化建设，搞好经营管理，充分发挥园林绿化的作用。

2.一般园林绿化的意义

（1）园林是一种社会物质财富

园林和其他建设一样，是不同地域、不同历史时期的社会建设产物，是当时当地社会生产力水平的反映。古典园林是人类宝贵的物质财富和遗产，园林的兴衰与社会发展息息相关，园林与社会生活同步前进。

（2）园林是一种社会精神财富

园林的建设反映了人们对美好景物的追求，人们在设计园林时，融入了作者的文化修养、人生态度、情感和品格，园林作品是造园者精神思想的反映。

（3）园林是一种人造艺术品

园林是一种人造艺术品，其风格必然与文化传统、历史条件、地理环境有着密切的关系，也带有一定的阶级烙印，从而在世界上形成了不同形式和艺术风格的流派和体系。造园是把山水、植物和建筑组合成有机的整体，创造出丰富多彩的园林景观，给人以赏心悦目的美的享受的过程，是一种艺术创作活动。

# 二、园林绿化的效益

## （一）园林绿化的生态效益

### 1.园林绿化调节气候，改善环境

（1）调节温度，减少辐射

影响城市小气候最突出的有物体表面温度、气温和太阳辐射，其中气温对人体的影响是最主要的。城市本身如同一个大热源，不断散发热能，利用砖、石、水泥建造的房屋、道路、广场以及各种金属结构和工业设施在阳光照射下也散发大量的热能，因此，市区的气温在一年四季都比郊区要高。在夏季炎热的季节，市区与郊区的气温相差$1 \sim 2℃$。绿化环境具有调节气温的作用，因为植物蒸腾作用可以降低植物体及叶面的温度。一般1g水（在20℃）蒸发时需要吸收584Cal的能量（太阳能），所以叶的蒸腾作用对于热能的消散起着一定的作用。其次，植物的树冠能阻隔阳光照射、为地表遮荫，使水泥或柏油路及部分墙垣、屋面，降低辐射热和辐射温度，改善小气候。经测定，夏季树荫下与阳光直射区的辐射温度可相差30~40℃之多。夏季树荫下的温度较无树荫处低3~5℃，较有建筑物的地区低10℃左右。即使在没有树木遮荫的草地上其温度也比无草皮空地的温度低些。绿地的庇荫表面温度低于气温，而道路、建筑物及裸土的表面温度则高于气温。经测定，当夏季城市气温为27.5℃时，草坪表面温度为22~24.5℃，比裸露地面低6~7℃，比柏油路面低8~20.5℃。这使人在绿地上和在非绿地上的温度感觉差异很大。据观测夏季绿地比非绿地温度低3℃左右，相对湿度提高4%；而在冬季绿地散热又较空旷地少0.1~0.5℃，故绿化了的地区有冬暖夏凉的效果。除了局部绿化所产生的不同表面温度和辐射温度的差别外，大面积的绿地覆盖对气温的调节作用更加明显。

（2）调节温度

凡没有经过绿化的空旷地区，一般只有地表蒸发水蒸气，而经过了绿化的地区，地表蒸发明显降低了，不但有树冠、枝叶的物理蒸发作用，还有植物生理过程中的蒸腾作用。据研究，树木在生长过程中，所蒸发的水分要比它本身的重量大三四百倍。经测定，1hm²阔叶林夏季能蒸腾2500t水，比同面积的裸露土地蒸发量高20倍，相当于同面积的水库蒸发量。树木在生长过程中，每形成1kg的干物质，需要蒸腾300~400kg的水。植物具有这样强大的蒸腾作用，所以城市绿地相对湿度比建筑区高10%~22%。适宜的空气湿度（30%~60%）有益于身体健康。

（3）影响气流

绿地与建筑地区的温度还能形成城市上空的空气对流。城市建筑地区的污浊空气因温度升高而上升，随之城市绿地系统中温度较低的新鲜空气就移动过来，而高空冷空气又下降到绿地上空，这样就形成了一个空气循环系统。静风时，由绿地向建筑区移动的新鲜空气速度可达1m/s，从而形成微风。如果城市郊区还有大片绿色森林，郊区的新鲜冷空气就会不断向城市建筑区流动。这样既调节了气温，又改善了城市的通气条件。

（4）通风防风

城市带状绿化如城市道路与滨水绿地，是城市气流的绿色通道。特别是带状绿地的方向与该地夏季主导风向相一致的情况下，可将城市郊区的新鲜气流趁风势引入城市中心地区，为炎热夏季时城市的通风降温创造良好的条件。而冬季时，大片树林可以降低风速，发挥防风作用，因此在垂直冬季寒风方向种植防风林带，可以防风固沙，改善生态环境。

2.园林绿化净化空气，保护环境

（1）吸收二氧化碳，释放氧气

树木花草在利用阳光进行光合作用、制造养分的过程中吸收空气中的二氧化碳，并放出大量氧气。由于工业的发展，并且工业生产大都集中在较大的城市中，因此大城市在工业生产过程中，燃料的燃烧和人的呼吸排出大量二氧化碳并消耗大量氧气。绿色植物的光合作用可以有效地解决城市中氧气与二氧化碳的平衡问题。植物的光合作用所吸收的二氧化碳要比呼吸作用排出的二氧化碳多20倍，因此，绿色植物消耗了空气中的二氧化碳，增加了空气中的氧气含量。

（2）吸收有毒气体

工厂或居民区排放的废气中，通常含有各种有毒物质，其中较为普遍的是二氧化硫、氯气和氟化物等，这些有毒物质对人的健康危害很大，当空气中二氧化硫浓度大于6μL/L时，人便感到不适；如果浓度高达10μL/L，人就难以长时间进行工作；到400μL/L时，人就会立即死亡。绿地具有减轻污染物危害的作用，因为一般污染气体经过绿地后，即有25%可被阻留，危害程度大大降低。研究发现，空气中的二氧化硫主要是被各种植物表面所吸收，而植物叶片的表面吸收二氧化硫的能力最强，为其所占土地面积吸收能力的8~10倍。当二氧化硫被植物吸收以后，便形成亚硫酸盐，然后被氧化成硫酸盐。只要植物吸收二氧化硫的速度不超过亚硫酸盐转化为硫酸盐的速度，植物叶片便不断吸收大气中的二氧化硫而不受害或受害轻。随着叶片的衰老凋落，它所吸收的硫一同落到地面，或者流失或者渗入土中。植物年年长叶、年年落叶，所以它可以不断地净化空气，是大气的"天然净化器"。据研究，许多树种如小叶榕、鸡蛋花、罗汉松、美人蕉、羊蹄甲、大红花、茶花、乌桕等能吸收二氧化硫而呈现较强的抗性。氟化氢是一种无色无味的毒气，许多植物如石榴、蒲葵、葱兰、黄皮等对氟化氢具有较强的吸收能力。因此，在产生有害气体的污染源附近，选择与其相应的具有吸收能力和抗性强的树种进行绿化，对于防止污染、净化空气是十分有益的。

（3）吸滞粉尘和烟尘

粉尘和烟尘是造成环境污染的原因之一。工业城市每年每平方公里降尘量平均为500~1000t。这些粉尘和烟尘一方面降低了太阳的照明度和辐射强度，削弱了紫外线，对人体的健康产生不利影响；另一方面，人呼吸时，飘尘进入肺部，容易使人得气管炎、支气管炎、尘肺、矽肺等疾病。我国一些城市的飘尘量大大超过了卫生标准，降低了人们生活的环境质量。要防治粉尘和烟尘的飘散，以植物尤其是树木的吸滞作用为最佳。带有粉尘的气流经过树林时，由于流速降低，大粒灰尘降下，其余灰尘及飘尘则附着在树叶表面、树枝部分和树皮凹陷处，经过雨水的冲洗，树木又能恢复其吸尘的能力。由于绿色植物的叶面面积远远大于其树冠的占地面积，例如，森林叶面积的总和是其占地面积的60~70倍，生长茂盛的草皮也有20~30倍，因此其吸滞烟尘的能力是很强的。所以说，绿地和森林就像一个巨大的"大自然过滤器"，使空气得到净化。

（4）杀菌作用

空气中含有千万种细菌，其中很多是病原菌。很多树木分泌的挥发性物质具有杀菌能力。例如，樟树、桉树的挥发物可杀死肺炎球菌、痢疾杆菌、结核菌和流感病毒；圆柏和松的挥发物可杀死白喉杆菌、结核杆菌、伤寒杆菌等多种病菌，而且 $1hm^2$ 松柏林一昼夜能分泌 30kg 的杀菌素。据测定，森林内空气含菌量为 300～400 个 /m³，林外则达 3 万～4 万个 /m³。

（5）防噪作用

城市噪声随着工业的发展日趋严重，对居民身心健康危害很大。一般噪声超过70dB，人体便会感到不适，如高达90dB，会引起血管硬化，国际标准组织（ISO）规定住宅室外环境噪声的容许量为35～45dB。园林绿化是减少噪声的有效方法之一。因为树木对声波有散射的作用，声波通过时，树叶摆动，使声波减弱消失。据测试，40m宽的林带可以使噪声降低10～15dB，公路两旁各15m宽的乔灌木林带可使噪声降低一半。街道、公路两侧种植树木不仅有减少噪声的作用，而且对于净化汽车废气及光化学烟雾污染也有作用。

（6）净化水体与土壤

城市和郊区的水体常受到工厂废水及居民生活污水的污染，进而影响环境卫生和人们的身体健康，而植物有一定的净化污水的能力。研究证明，树木可以吸收水中的溶解质，减少水中的细菌数量。例如，水在通过30～40m宽的林带后，1L水中所含的细菌数量比不经过林带的减少1/2。

（7）保持水土

树木和草地对保持水土有非常显著的功能。树木的枝叶能够防止暴雨直接冲击土壤，减弱了雨水对地表的冲击，同时还能截留一部分雨水，植物的根系能紧固土壤，这些都能防止水土流失。当自然降雨时，有15%～40%的雨水被树木的树冠截留和蒸发，有5%～10%的雨水被地表蒸发，地表的径流量仅占0.5%～1%，大多数的水，即占50%～80%的水被林地上一层厚而松的枯枝落叶所吸收，然后逐步渗入土壤中，变成地下江流。这种水经过土壤、岩层的不断过滤，流向下坡和泉池溪涧。

（8）安全防护

城市常有风害、火灾和地震等灾害。大片绿地有隔断并使火灾自行停息的作用，树木枝叶含有大量水分，亦可阻止火势的蔓延，树冠浓密，可以降低风速，减少台风带来的损失。

## （二）园林绿化的社会效益

### 1.美化环境

（1）美化市容

城市街道、广场四周的绿化对市容市貌影响很大。街道绿化得好，人们虽置身于闹市中，却犹如生活在绿色走廊里。街道两边的绿化，既可供行人短暂休息、观赏，满足闹中取静的需要，又可以达到装饰空间、美化环境的效果。

（2）增加建筑的艺术效果

用绿化来衬托建筑，使得建筑效果升级，并可用不同的绿化形式衬托不同用途的建筑，使建筑更加充分地体现其艺术效果。例如，纪念性建筑及体现庄重、严肃的建筑前多采用对称式布局，并较多采用常绿树，以突出庄重、严肃的气氛；居住性建筑四周的绿化布局及树种多体现亲切宜人的环境氛围。园林绿化还可以遮挡不美观的物体或建筑物、构筑物，使城市面貌更加整洁、生动、活泼，并可利用植物布局的统一性和多样性来使城市具有统一感、整体感，丰富城市的多样性，增强城市的艺术效果。

（3）提供良好的游憩条件

在人们生活环境的周围，选栽各种美丽多姿的园林植物，使周围呈现千变万化的色彩、绮丽芳香的花朵和丰硕诱人的果实，为人们能在工作之余小憩或为人们享受周末假日、调节生活提供良好的条件，以利人们的身心健康。

2.保健与陶冶功能

多层次的园林植物可形成优美的风景，参天的木本花卉可构成立体的空中花园，花的香芬能唤起人们美好的回忆和联想。森林中释放的气体像雾露一样熏肤、充身、润泽皮毛、培补正气。绿色能吸收强光中对眼睛和神经系统产生不良刺激的紫外线，且绿色的光波长短适中，对眼睛视网膜组织有调节作用，从而消除视力疲劳。绿叶中的叶绿体及其中的酶利用太阳能，吸收二氧化碳，合成葡萄糖，把二氧化碳储存在碳水化合物中，放出氧气，使空气清新。清新的空气能使人精力充沛。生活在绿化地带的居民，与邻居和家人大多能和谐相处。因绿色营造的环境中含有比非绿化地带多得多的空气负离子，对人的生理、心理等多方面都有很大益处。

园林植物能寄物抒情，园林雕塑能启迪心灵，园林文学因素能表达情感。当人们在优美的园林环境中放松和享受时，可消除疲劳，陶冶情操，彼此间可以增进友谊，对生活质量和工作、学习效率的提高大有裨益，有利于构建文明、和谐社会，这是不可估量的社会效益。

3.使用功能

园林绿地中的日常游憩活动一般包括钓鱼、音乐、棋牌、绘画、摄影、品茶等静态游憩活动，游泳、划船、球类、田径、登山、滑冰、狩猎和健身等体育活动，以及射箭、碰碰车、碰碰船、游戏攀岩、蹦极等动态游憩活动。人们游览园林，可普及各种科学文化教育，寓教于乐，了解动植物知识，开展丰富多彩的艺术活动，展示地方人文特色，并可以展览书法、绘画、摄影等，提高人们的艺术素养，陶冶情操。

# 第二节　园林绿地的构成要素

园林与绿地属同一范畴，所含的构成要素和功能基本相同，都是由山水地形、植物、园林建筑构成。

## 一、山水地形

园林工作者在进行城市园林绿地创作时，通常利用地域内的种种自然要素来创造和安排室外空间以满足人们的需要。山水地形是最主要也是最常用的因素之一，且显现不同的起伏状态，如山地、丘陵或坡地、平地、水体等，它们的面积、形状、高度、坡度、深度等直接影响城市园林绿地的景观效果。

### （一）在园林中的作用

山水地形是城市园林绿地诸要素的依托，是构成整个园林景观的骨架。园林绿地建设的原有地形往往多种多样，或平坦起伏，或沼泽水塘，无论铺路、建筑或挖池、堆山、栽植等均需适当地利用或改造地形，进行适当的地形改造可以取得事半功倍的效果。

1.满足园林的不同功能要求

组织、创造不同空间和地貌，以利开展不同的活动（集体活动、锻炼、表演、登高、划船、戏水等），遮蔽不美观或不希望游人见到的部分，阻挡不良因素的危害及干扰（狂风、飞沙、尘土、噪声等），并能起到丰富立面轮廓线、扩大园景的作用。如北京颐和园后湖北侧的小山就阻挡了颐和园的北墙，使人有小山北侧还是园林的感觉。

2.改善种植和建筑的条件

地形的适当改造能创造不同的地貌形式（如水体、山坡地），改善局部地区的小气候，为对生态环境有不同需求的植物创造适合的生长条件。另外，在改造地形的同时可为不同功能和景观效果的建筑创造地形条件，同时为一些基础设施（如各种管线的铺设）创造施工条件。

3.解决排水问题

园林绿地应能在暴雨后尽快恢复正常使用，利用对地形的合理处理，使积水迅速地通过地面排除，同时节省地下排水设施，降低造价。

## （二）山水地形在园林中的设计原则

地形设计必须遵循"适用、经济、美观"这一城市建设的总原则，同时，还要注意以下几点：

### 1.因地制宜

中国传统造园以因地制宜著称，即所谓"自成天然之趣，不烦人事之工"。因地制宜就是要就低挖池、就高堆山，以利用为主，结合造景及使用需求进行适当的改造，这样做还能减少土方工程量，降低园林工程的造价。

### 2.合理处理园林绿地内地形与周围环境的关系

园林绿地内地形并不是孤立存在的，无论是山坡地，还是河网地、平地，园林绿地内外的地形均有整体的连续性。此外，还需要注意与环境的协调关系。若周围环境封闭，整体空间小，则绿地内不应设起伏过大的地形；若周围环境规则严整，则绿地内地形应以平坦为主。

### 3.满足园林的功能要求

在进行地形设计时，要注意满足园林内各种使用功能的要求，如应有大面积的观赏、集体活动、锻炼、表演等需要的平地，散步、登高等需要的山坡地，划船、戏水、种植水生植物等需要的水体。

### 4.满足园林的景观要求

在进行地形设计时，还要考虑利用地形组织空间，创造不同的立面景观效果。可设计山坡地将园林绿地内的空间划分为大小不等、或开阔或狭长的各种空间类型，丰富园林的空间，使绿地内立面轮廓线富于变化。在满足景观要求的同时，还要注意使地形符合自然规律与艺术要求。自然规律如山坡角度应是自然安息角，若不是，则要用工程措施加以处理；山应有峰、有脊、有谷、有鞍，否则水土易被冲刷，且山体不美观；坡度也应不等，最好南缓北陡、东缓西陡或西缓东陡，山与水之间是相依相抱的山环水抱或水随山转的自然依存关系。总之，要使山、水诸景达到"虽由人作，宛自天开"的艺术境界。

### 5.满足园林工程技术的要求

地形设计要符合稳定合理的工程技术要求。只有工程稳定合理，才能保证地形设计的效果持久不变，符合设计意图，并有安全性。

### 6.满足植物种植的要求

在园林中设计不同的地形，可为不同生态条件下生长的各种植物提供生长所需的环境，使园林景色美观、丰富，如水体可为水生植物提供生长空间，创造荷塘远香的美景。

7.土方要尽量平衡

设计的地形最好使土方就地平衡，应根据需要和可能，全面分析，多做方案进行比较，使土方工程量达到最小限度。这样可以节省人力，缩短运距，降低造价。

## （三）山水地形的设计

### 1.陆地的设计

陆地可分为平地、坡地和山地。园林绿地中地形状况与容纳游人数量及游人的活动内容有密切的关系，平地容纳的游人较多，山地及水面的游人容量受到限制，有水面才能开展水上活动，如划船、游泳、垂钓等；有山坡地才能供人进行爬山锻炼、登高远望等活动。一般理想的比例是：陆地占全园面积的2/3～3/4，其中平地占陆地面积的1/2～2/3，丘陵占陆地面积的1/3～1/2；山地占全园面积的1/3～1/2；水面占全园面积的1/4～1/3。平地是指坡度比较平缓的地。平地便于群众开展集体性的文体活动，利于人流集散并可造成开朗的园林景观，也是游人欣赏景色、游览休息的好地方，因此公园中都有较大面积的平地。在平地的坡度设计中，为了有利于排水，一般平地要保持0.5%～2%的坡度，除建筑用地基础部分外，绿化种植地坡度最大不超过5%。同时，为了防止水的冲刷，应注意避免同一坡度的坡面延续过长，而要有起有伏。园林中的平地按地面材料可分为土地面、沙石地面（可做活动用）、铺装地面（道路、广场、建筑地）和绿化种植地面。按使用功能可分为交通集散性广场、休息活动性广场、生产管理性广场。土地面可作为文体活动的场所，但在城市园林绿地中应力求减少裸露的土地面，尽量做到"黄土不露天"。沙石地面有天然的岩石、卵石或沙砾，视其情况可用作活动场地或风景游憩地。

绿化种植地面包括草坪，或在草地中栽植树木、花卉，或营造树林、树丛、花境供游人游憩观赏。坡地是倾斜的地面。因倾斜的角度不同可分为缓坡（8%～10%）、中坡（10%～20%）、陡坡（20%～40%）。坡地多是从平地到山地的过渡地带或临水的缓坡逐渐伸入水中。山地包括自然的山地和人工的叠石堆山。山地能构成山地景观空间，丰富园林的观赏内容，提供建筑和种植需要的不同环境，改善小气候，因此平原的城市园林绿地常用挖湖的土堆山。人工堆叠的山称为假山，它虽不同于自然风景中雄伟挺拔或苍阔奇秀的真山，但作为中国自然山水园林的组成部分，必须遵循自然造山运动、浓缩自然景观，这对于形成中国园林的民族传统风格有着重要作用。山地按材料可分为土山、石山（天然石山、人工石山）、土石山（外石内土的山或土上点石的山）。土山一般坡度比较缓（1%～33%），在土壤的自然安息角（30°左右）以内，占地较大，因此不宜设计得过高，可用园内挖出的土方堆置，且造价较低。

石山包括天然石山和人工塑山两种，它是以天然真山为蓝本，加以艺术提炼和夸张，用人工堆叠、塑造的山体形式。石材堆叠，可塑造成峥嵘、明秀、玲珑、顽拙等丰富多变的山景。利用山石堆叠构成山体的形态有峰、峦、岭、崮、岗、岩、崖、坞、谷、丘、壑、岫、洞、麓、台、蹬道等。石山坡度一般比较陡（50%以上），且占地较小。因石材造价较高，故不宜太高，体量也不宜过大。土石山有土上点石、外石内土（石包山）两种。土上点石是以土为主体，在山的表面适当位置点缀石块以增加山势，便于种植和建筑。这种山坡占地较大，不宜太高，它有土有石，景观丰富，以土为主，造价较低，因此，土上点石的山体做法可多运用。外石内土是在山的表面包了一层石块，它以石块挡土，因此坡可较陡。这种山坡占地较小，可堆得高一些。北京北海公园的琼华岛后山是我国现存最大、最宏伟而且自然山色丰富的外石内土型假山，被园林专家称为"其假山规模之大、艺术之精巧、意境之浪漫，不仅是全国仅有的孤本，也是世界上独一无二的珍品"。假山的堆叠讲究"三远"，即高远，自下仰视山巅；深远，自山前麓看山后；平远，自近山望远山。假山可采用等高线设计法，其步骤为先定山峰位置，再画山脊线，定高度和高差，而后画等高线标高程，最后对其进行检查和修改。

2.置石与掇山

在园林中置石与掇山是我国园林艺术的特色之一，有"无园不石"之说。石有天然的轮廓造型，质地粗实而纯净，是园林建筑与自然环境间恰当的协调介质。我国地域辽阔，叠山置石的材料各不相同，应因地制宜，就地取材。常用的石类有湖石类、黄石类、卵石类、剑石类等，岭南园林中还广泛采用泥灰塑山。置石与掇山不同于建筑、种植等其他工程，由于自然的山石没有统一的规格与造型，设计除了要在图上绘出平面位置、占地大小和轮廓外，还需要联系施工或到现场配合施工，才能达到设计意图。设计和施工应观察掌握山石的特征，根据山石的不同特点来叠置。山石的设置方式可分三类：置石成景、整体构景和配合工程设施。

3.水景的设计

中国古典园林中的山与水是密不可分的，掇山必须顾及理水，"水随山转，山因水活"。水与凝重敦厚的山相比，显得透迤婉转，妩媚动人，别有情调，能使园林产生很多生动活泼的景观。如产生倒影使一景变两景；低头见云天，打破了空间的闭锁感，有扩大空间的效果。养鱼池可开展观鱼、垂钓活动，也可种植水生植物，增加水中观赏景物；较大的水面往往是城市河湖水系的一部分，可以用来开展水上活动，也可蓄洪排涝，提高空气湿度，调节小气候。此外，还可以用于灌溉、消防。从园林艺术上讲，水体与山体还形成了方向与虚实的对比，构成了开朗的空间和较长的风景透视线。

园林中创造的水体水景形式可多种多样。水体水景按形式可分为自然式水体水景、规则式水体水景和混合式水体水景。自然式水体水景是保持天然的或模仿天然形状的水体形式，包括溪、涧、河、池、潭、湖、涌泉、瀑布、叠水、壁泉；规则式水体水景是人工开凿成的几何形状的水体形式，包括水渠、运河、几何形水池、喷泉、瀑布、水阶梯、壁泉；混合式水体水景是规则与自然的综合运用。水体水景按水的形态可分为静水、动水。静水能给人以明洁、怡静、开朗、幽深或扑朔迷离的感受，包括湖、池、沼、潭、井；动水能给人以清新明快、变化多端、激动、兴奋的感觉，不仅给人以视觉美感，还能给人以听觉上的美感享受，包括河、溪、渠、瀑布、喷泉、涌泉、水阶梯等，如无锡寄畅园的八音涧、绍兴兰亭的曲水流觞。水体水景按水的面积可分为大水面和小水面。大水面可开展水上活动或种植水生植物，小水面仅供观赏。水体水景按水的开阔程度可分为开阔的水面和狭长的水体。水体水景按使用功能可分为可开展水上活动的水体和纯观赏性的水体。

园林中常见的水景有湖池、溪涧、瀑、泉、岛、坝等。湖池有天然、人工两种。园林中湖池多以天然水域略加修饰或依地势就低开凿而成，水岸线往往曲折多变。小水面应以聚为主，较大的湖池中可设堤、岛、半岛、桥或种植水生植物作分隔，以丰富水中观赏内容及观赏层次，增加水面变化。堤、岛、桥均不宜设在水面正中，应设于偏隅之处，使水面有大小之对比变化。另外岛的数量不宜多且忌成排设置，形体宁小勿大，轮廓形状应自然而有变化。人工湖池还应该注意有水源及去向安排，可用泉、瀑作为水源，用桥或半岛隐藏水的去向。规则式水池有方形、长方形、圆形、抽象形及组合形等多种形式。水池的大小可根据环境来定，一般宜占用地的1/10～1/5，如有喷泉，应为喷水高度的2倍，水深为30～60cm。园林中的河流，平面不宜过分弯曲，但河床应有宽有窄，以形成空间上开合的变化，如北京颐和园后河，河岸随山势有缓有陡，使沿岸景致丰富。

自然界中，泉水由山上集水而下，通过山体断口夹在两山间的水流为涧，山间浅流为溪。习惯上"溪""涧"通用，常以水流平缓者为溪，湍急者为涧。园林中可在山坡地适当之处设置溪涧，溪涧的平面应蜿蜒曲折，有分有合，有收有放，构成大小不同的水面或宽窄各异的水流。竖向上应有缓有陡，陡处形成跌水或瀑布，落水处还可构成深潭。多变的水形及落差配合山石的设置，可使水流忽急忽缓、忽隐忽现、忽聚忽散，形成各种悦耳的水声，给人以视听上的双重感受，引人遐想。

## 二、园林植物

园林植物是园林绿地中一个极为重要的组成要素。园林植物是指在园林中作为观赏、组景、分隔空间、装饰、庇荫、防护、覆盖地面等用途的植物，包括木本和草本，要有形态美或色彩美，能适应当地的气候和土壤条件，在一般管理条件下能发挥园林植物的综合功能。而且这些植物经过选择、安排和种植后，在适当的生长年龄和生长季节中可成为园林中主要的观赏内容，有时还能产出一些副产品。

### （一）园林植物种植设计的原则

自然界的植物素材，以树木、花、草为主，如果按生态环境条件，又可分为陆生、水生、沼生等类型。我国园林植物资源十分丰富，在园林中运用园林草坪、园林花卉、园林树木以及水生植物、攀缘植物等各种园林植物材料，须遵循科学性和艺术性两项原则。

1.科学性

园林植物种植的目的性明确，要符合绿地的性质和功能要求。园林植物的种植设计首先要从园林绿地的性质和主要功能出发。园林绿地的面积悬殊、性质各不相同，功能也就不一致了，具体到某一绿地的某一部位，也有其主要功能。同时，注意选择合适的植物种类，满足植物的生态要求（适地适树），可突出当地植物景观的观赏特色，充分发挥它们的各种效能。此外，合理的种植密度直接影响绿化、美化效果。种植过密会影响植物的通风采光，导致植物的营养面积不足，造成植物病虫害易发及植株生长瘦小枯黄的不良后果，因此种植设计时应根据植物的成年冠幅来决定种植距离。若想在短期内就取得好的绿化效果，种植距离可减半，如悬铃木行道树间距本应为7～8m，在设计时可先定为3.5～4m，几年后可间伐或间移，也可采用速生材和慢长树适当配植的办法来解决，但树种搭配必须合适，要满足各种植物的生态要求。除密度外，植物之间的相互搭配也很重要。搭配得合理则绿化美化效果就好，搭配不好则会影响植物的生长，易诱发病虫害。如不能将海棠、梨等蔷薇科植物与桧柏种在一起，以避免梨桧锈病的发生。另外，在植物配置上速生与慢长、常绿与落叶、乔木与灌木、观叶与观花、草坪与地被等搭配及比例也要合理，这样才能保证整个绿地各种功能的发挥。

2.艺术性

种植设计与园林布局要协调。园林布局形式有规则、自然之分，要注意种植形式的选择应与园林绿地的布局形式协调，包括建筑、设施及铺装地。在设计中，还需考虑园林绿地四季景色随着大自然的季节变化而有变化。园林中，主要的构成因素和环境特色是以绿色植物为第一位，而设计要从四季景观效果考虑，不同地理位置、不同气候各有特色。中国长江流域四季常绿，花开经年。四季变化的植物造景，令游人百游不厌，流连忘返。如春天的桃花，夏天的荷花，秋天的桂花，冬天的梅花，是杭州西湖风景区最具代表性的季节花卉。在植物种植设计时还应根据园林植物本身具有的特点，全面考虑各种观赏效果，合理配置。如观整体树形或花色为主的植物可布置得距游人远一点；而观叶形、花形的植物可布置在距游人较近的地方；淡色开花植物近旁最好配以叶色浓绿的植物，以衬托花色。有香味的植物可布置在游人可接近的地方，如广场、休息设施旁。在植物种植设计中还须重视总体效果，包括平面种植的疏密和轮廓线、竖向的树冠线、植物丛中的透景线、景观层次与建筑的关系等空间观赏效果。

## （二）园林植物种植设计的要点

园林中植物造景的素材，无非是常绿乔木、落叶乔木、常绿灌木、落叶灌木、花卉、草皮、地被植物，再有就是水生植物、攀缘植物等主要种类。其中，陆地植物造景是园林种植设计的核心和主要内容。在园林设计过程中，首先要有整体观点。以公园为例，全园的植物造景，要从平面布局的块状、线状、散点、水体等角度统筹安排，要利用各种的种植类型，创造出四时烂漫、景观各异、色彩斑斓、引人入胜的植物景观。

# 三、园路及园林铺装

园路及园林铺装作为园林的脉络，是联系各景区、景点的纽带，是园林绿地中游人使用率最高的设施，在园林中起着极其重要的作用，直接影响游人的赏景和集散。

## （一）园路

园路（游步道）是构成园景的重要因素。它有引导游览、组织交通、划分空间、构成景色、为水电工程创造条件、方便管理等作用。

## （二）台阶

台阶是为解决园林地形高差而设置的。它除了具有使用功能外，由于其富有节奏的外形轮廓，还具有一定的美化装饰作用，构成园林小景。台阶常附设于建筑入口、水边、陡峭狭窄的山上等地，与花台、栏杆、水池、挡土墙、山体、雕塑等形成动人的园林美景。台阶设计应结合具体的环境，尺度要适宜。舒适的台阶尺寸为踏面宽30～38cm，高度10～17cm。如杭州望湖楼前的台阶、杭州灵峰探梅笼月楼前的台阶。

## （三）园桥及汀步

园桥是跨越水面及山涧的园路，汀步是园桥的特殊形式，也可看作点（墩）式园桥。园林绿地中的桥梁，不仅可以连接水两岸的交通，组织导游，而且可以分隔水面，增加水面层次，影响水面的景观效果，甚至还可以自成一景，成为水中的观赏之景。因此园桥的选择和造型，往往直接影响园林布局的艺术效果，如日本东京大学植物园内的汀步和南京瞻园的汀步。

## （四）园林广场

广场即是园路的扩大部分。园林广场有组织交通、集散游人、方便管理，为游人提供休息、社交、锻炼等活动场所的作用。

## 四、园林建筑

园林建筑是园林中建筑物与构筑物的统称。它的形式和种类很多，在园林中形成了丰富多彩的景观。

### （一）园林建筑的形式

园林建筑的形式和类型很多，按使用功能可分为游憩性建筑、服务性建筑、公用性建筑和管理性建筑。游憩性建筑又分科普展览建筑、文体娱乐建筑和游览观光建筑、售票房等。公用性建筑指厕所、电话通信设施、饮水设施、供电及照明设施、供水及排水设施、停车处等。管理性建筑指大门、办公室、仓库、宿舍、变电室、垃圾处理站等。

### （二）园林建筑的特征

园林建筑有较高的观赏价值，富有一定的诗情画意，空间变化多样，与环境结合巧妙，具有适宜的使用功能。

## 五、园林小品

### （一）园林小品的形式

园林小品是指园林中体量小巧、数量多、分布广、功能简明、造型别致，具有较强装饰性且富有情趣的精美设施。它包括两方面内容：第一，园林的局部和配件，包括花架、景墙、雕塑、花台、园灯、水池、果皮箱、园桌、园椅、栏杆、导游牌、宣传牌等。第二，园林建筑的局部和配件，包括园门、景窗、花格等。

### （二）园林小品的特征

小巧、美观，能烘托环境是园林小品的特征。不同的园林小品有各自的使用功能。

### （三）园林小品的设计

1.花架

花架是指供攀缘植物攀爬的棚架。它造型灵活、富于变化，可供游人休息、赏景，还可划分空间，引导游览，点缀风景。它是园林中与自然结合最密切的构筑物之一。花架的形式有点式（单柱、多柱）、廊式（单臂、多臂），或可分为直线形、曲线形、闭合形、弧形或单片式（花格栏杆或墙）、网格式等。花架可独立设置，也可与亭、廊、墙等组合设置。一般设在地势平坦处的广场边、广场中、路边、路中、水畔等处。点状似亭，线状似廊，材料取竹、木、钢、石、钢筋混凝土等。在设计花架的形式时要注意与周围建筑和绿化的风格统一，廊式花架要注意转折结构的合理性，花架的比例尺度要适当。因与山水田园风格不尽相同，在我国传统园林中较少采用花架，但在现代园林中融合了传统园林和西洋园林的诸多技法，因此花架这一小品形式在现代造园艺术中为园林设计者所乐用。

2.园墙

园林中的墙有围界及分隔空间、组织游览路线、衬托景物、遮蔽视线、遮挡土石、装饰美化等作用，是重要的园林空间构成要素之一。它与山石、花木、窗门配合，可形成一组组空间有序、富有层次、虚实相衬、明暗变化的景观效果。园墙按功能可分为：围墙，设定空间范围，在院、园的周边；景墙，作为对景、障景，或分隔空间用，设在广场中、风景视线端头或两区（空间）的交界处；挡土墙，作挡土用，防止山坡下滑，用在土坡旁。围墙、景墙按造型特点又可分为普通墙、云墙、梯形墙和花格墙、漏花墙。

园墙一般采用砖、毛石、竹、预制混凝土块等材料。砖墙上可粘贴各种贴面材料，如烧瓷壁画、石雕贴片等。砖墙厚度为224cm、37cm，毛石墙厚度为40cm左右。设置围墙时应注意，一是北方地区基础要在冻土线以下；二是景墙的端头可用山石、树木做隐蔽处理，不使其显得突兀。

3.栏杆

栏杆在园林中除本身具有一定的安全防护、分隔功能外，也是组景中一种重要的装饰构件，起美化作用，坐凳式栏杆还可供游人休息。

4.景门

景门在园林建筑设计中具有进出交通及组景作用，它可形成园林空间的渗透及空间的流动，具有园内有园、景外有景、变化丰富的意境效果。景门可分为曲线型、直线型和混合型。曲线型主要指月洞门、汉瓶门、葫芦门、梅花门等。直线型主要指方门、八方门，长八方门等。混合型则以直线型为主体，在转折部位加入曲线段进行连接或将某些直线变为曲线。设计景门时应注意位置的安排，要方便导游并能形成好的框景效果。形式的选择应结合意境，综合考虑与建筑、山石和环境配置等因素，务求协调。门宽不窄于0.7m，高度不低于1.9m。

5.景窗

景窗在建筑设计中除具有采光、通风的功能作用外，还可把分隔开的相邻空间联系起来，形成园林空间的渗透。另外，景窗还是园林中重要的观赏对象及形成框景、漏景的主要构造。景窗可分为空窗（什锦窗）、漏花窗两类。漏花窗又分花纹式和主题窗。景窗的设计尺寸为0.3m×0.5m或0.3m×0.6m。花纹式景窗主要采用瓦、木、铁、砖、预制钢筋混凝土块等材料，主题式景窗主要采用木、铁等材料。设计景窗要注意尺度，一定要与所在建筑物相关部分的尺度协调。主题式漏花窗应与建筑物的意境内容相适应。

6.园椅及园桌凳

园林座椅及园桌凳除具有供游人休息的功能外，还有组景、点景的作用。造型优美、使用舒适的园椅及园桌凳，能使游人充分地享受游览园林的乐趣。园椅及园桌凳一般设在铺装地边、水边及建筑物附近的树荫下，最好既可观赏风景，又可安静休息，夏能庇荫，冬能避风。园凳形式各种各样，有铁架园椅、木板坐凳、石桌凳等许多种类。

7.园灯

园灯在园林中也是一种引人注目的小品，白天可起雕塑作用装点园景，夜晚的照明功能可充分发挥指示和引导游人的作用，同时可突出主要景点，丰富园林的夜色。

8.导游牌

导游牌是园林中指引游人顺利游览必不可少的设施。除了导游作用外，设计精美的导游牌还能起到点景的作用。导游牌一般设在入口广场上、主要景点的建筑旁及交叉路口。导游牌的造型及形式可灵活多样，山石、岩壁均可作为导游牌的底牌，现代大型园林还引用了触摸式电脑导游装置。

9.花坛

花坛是现代园林中运用最广泛的小品形式之一，在园林中主要起点缀作用，有时甚至能成为局部空间的主景。花坛按布局形式可分为规则式和自然式；按平面组合可分为单体（各种几何形）和组合体（几个几何体的错落叠加）；按建造地点可分为建于地面上的和建于墙上或隔栏上的。花坛一般布置在入口处两侧及对景处广场上（中、边角）、道路端头对景处建筑旁等。花池一般采用砖、天然石、混凝土及各种表面装饰材料，它的体量及平面形式应与环境协调，单体宽度不小于30cm。

10.雕塑

园林中的雕塑主要是指具有观赏性的装饰性雕塑，除此之外，还有少量纪念性雕塑、主题性雕塑。园林中的雕塑题材广泛，可点缀风景，丰富游览内容，给游人以视觉上和精神上的享受。抽象雕塑还能使人产生无限的遐想。一般采用金属（铜、不锈钢等）、石、水泥、玻璃钢等材料。雕塑按功能可分为纪念性雕塑、主题性雕塑和装饰性雕塑；按形式可分为圆雕和浮雕，均有具象、抽象之分；按题材可以分为人物雕塑、动物雕塑、植物雕塑、金属雕塑、器物雕塑等自然界有形之体。

雕塑可配置于规则式园林的广场上、花坛中、道路端头、建筑物前等处，也可点缀在自然式园林的山坡、草地、池畔或水中等风景视线的焦点处，与植物、岩石、喷泉、水池花坛等组合在一起。园林雕塑的取材与构思应与主题一致或协调，体量应与环境的空间大小比例恰当，布置时还要考虑观赏时的视距、视角、背景等问题。布置动物类雕塑时，可将基座埋于地下，以取得更好的效果。

# 第三节 园林绿化造景与绿地植物群落构建

## 一、园林绿化植物造景与植物配植手法

### （一）做到疏密有度、主次分明

园林绿化植物造景与配植要想获得师法自然、尽显生态本色、避免人工之态的景观效果，就必须做到主次分明、疏密有度。基于园林植物景观的整体角度加以考虑，应从大局入手，而后进行局部的穿插配植。同时，还应注意一个景区内的树木搭配效果，新配植的树木应与原有树木有机结合，并且与相邻空间或远处的树木、背景相互呼应，切不可给人突兀的感觉，这样才能保证园林景观的完整性。

### （二）展现层次感

色彩搭配、分层配植是植物造景与配植的重要手法。充分利用乔木、花卉、灌木、地被植物的不同花色、叶色、高度进行协调搭配，会使景观植物的颜色和层次更为丰富。

### （三）体现季节性变化

在园林绿化植物造景与配植中，为了避免给人以单调、雷同、造作的感觉，应遵循四季常绿、三季有花的设计原则，营造春季繁花似锦、夏季绿树成荫、秋季叶色绚丽、冬季银装素裹的景观效果，尽显自然风光，体会季节多变的景观美感。按季节应配植的植物包括：早春开花的碧桃、丁香、迎春花等，晚春开花的玫瑰、蔷薇等；夏季开花的月季和各种花木等；秋天观叶的三角枫、元宝枫和银杏等；冬季常绿的桧柏、油松、龙柏等。

利用植物的芳香气味是园林绿化植物造景与配植的常用手法，也是点睛之笔。植物的香气可以舒缓人们紧张的神经，使人们处于放松状态，可以缓解疲劳。

## 二、绿地植物群落构建及调控方法与途径

绿地植物群落的构建与调控，其基本要求是保证植物群落正常、健康地生长与发育，根本目的是维系植物群落结构的稳定、最大限度发挥其自身的功能与效益。群落结构

的形成与完善是一个由不稳定向稳定逐步过渡、呈现动态而有序变化的系统发育过程。因此，绿地植物群落构建与调控应以群落生态学的理论为指导基础，在充分发挥植物群落自身组织潜力的同时，结合人工辅助调控，使之形成结构相对稳定、功能趋于完善、动态特征明显的植物群落。

## （一）绿地植物群落最适密度的调控

"疏则走马，密不透风"是对园林植物群落空间营造的经典描述，"疏密有致"则是园林植物群落配植中的重要指导思想。"密"并不是对植物群落的简单堆积，而是对植物群落结构的有序梳理。植物群落密度是对单位面积上植物之间拥挤程度的描述，是衡量植物群落结构合理与健康的一项关键性的数量指标。如何调控植物群落密度以及准确地反映植物之间的拥挤程度，已成为植物群落构建与调控的关键。密度是影响植物生长与造成植物群落间竞争的主要原因之一。一些绿地建设常常追求一次成形的效果，通常以高密度、大规格的种植手段满足短期景观效果，对于树木所处阶段的发育特点以及未来的动态变化缺乏考虑，种植密度大的植物群落生长发育受到环境与空间的制约，引发树冠尺度的分化，尤其是树冠的过度重叠，导致树冠缺失、畸形甚至枯死等现象，严重影响植物的正常生长发育以及生态景观效益的发挥。除此之外，植株下部枝条进行自然整枝，植物树干呈细长状，容易发生风折或倒伏。密度适宜的植物群落，植物获得充足的资源与生长空间，往往具有完整且舒展的树冠及粗壮的树干，群落结构相对稳定。

所谓群落密度调控，可直观地理解为给植物群落之间创造适宜的生长空间，使之充分地利用光照、水分与养分等环境资源，提升植物的最大生长量，从而实现生态效益的最大化。最适密度是城市林业和园林植物种植方面应遵循的基本原则之一。合理的种植密度可以使得植物群落能够最大限度地利用资源与空间，不仅有助于植物群落的生长与发育，同时，也有利于生态效能的高效发挥。在植物群落生长发育过程中，不同的生长阶段都有可能存在一个最适密度，这是一个数量级范围，它可能因立地条件、种植技术、经营目标等因素的不同而发生变化。因此，绿地植物群落最适密度调控主要应从以下几个方面展开。

第一，绿地植物群落构建期的初始密度的确定。绿地植物群落在满足景观等其他功能需求的同时，保证植物群落个体间充足的生长空间是实现群落结构稳定和可持续的关键。由密度引发的竞争常出现在冠层部分，在种植设计过程中，只将胸径指标作为植物规格的选择依据显然是不全面的，工作人员要充分考虑树冠尺度对植物规格选择的影响。通过对特定阶段植物树冠尺度生长空间需求的预测，为植物初始密度与景观效果以及动态过程调控提供可靠的参考阈值。

第二，绿地植物群落发育期的动态密度的调控。首先，选取恰当的时机。绿地植物生长发育阶段的生长速率有差异，区分植物群落所处的年龄结构如幼龄期、中龄期或衰老

园林生态化建设与植物育种学

期，是动态密度调控的关键。工作人员依据不同生长期的植物生长特性以及表观特征（如冠层）来确定恰当的疏解时机。此外，也可采用人工试验观测与数学统计与模拟相结合的研究方式对植物群落不同龄期的最适密度进行估算。其次，选择合适的方法。群落密度调控的主要措施是人工抚育间伐（疏密）。以群落自然演替规律为参照，结合抽稀等手段创建林隙，提供植物群落继续生长必需的地上和地下空间以及资源，改善植物群落生境。人工抽稀应遵循劣势种避让优势种、速生种避让慢生种、灌木避让乔木等原则，通过制定密度控制表，有可能实现群落密度的定量化控制。最后，把握适宜的强度。抽稀的强度主要是依据冠层结构的特征，如冠形完整度、冠积重叠率、郁闭度等确定。对于郁闭度高、冠积重叠率高、树冠缺失以及枝干畸形等情况，可适当提高抽稀强度以激发群落结构的恢复潜力。

对于抽稀、释压后的植物有可能出现的反应采取相应措施。第一，对于产生偏冠的植物，释压将会导致受压面的枝条生长旺盛，从而加重侧枝的负担，植物自身失衡，如遭遇风、雨、雪等易造成折断或倒伏；第二，对于严重受压的植物，在释压后若干年才能加速生长，但也有可能受压木的生理习性发生变化，即使释压，也很难恢复正常生长。

### （二）绿地植物群落动态过程的调控

自然植物群落动态变化过程主要由种间竞争驱动，体现在某些原有物种的消失、新物种或外来物种的迁入等方面。植物群落繁育初期，竞争少有发生，随着群落个体数量与规模的扩充，受到资源与空间的限制而引发竞争，最终使得群落中某些物种衰退、消亡，与此同时，释放的空间被新生物种或外来物种替代，更新了原有的群落结构。绿地植物群落虽由人工构建，但仍然不失自然群落的特质，都存在群落结构的动态变化，只是有时这种过程变化特征出于人工过度干预等某些原因常常被忽略或掩盖。脱离了对植物群落动态管理过程的认知与研究，就很难正确地管理与合理地利用植物群落，这也是目前绿地设计与建设中普遍存在的问题所在。

一个合理而又稳定的植物群落结构不是静态的，相反，它应该是有序且动态变化的。植物群落结构是动态变化的，物种结构以及种间结构关系等都是动态的，随着时间、环境、空间等条件的变化而发生改变。任何植物群落（自然或人工）都处于演替序列的某个特定阶段，群落的结构特征应体现该阶段的生态特点，这样才能使得演替过程中物质与能量的流动相对平衡，实现群落演替的稳定过渡。因此，应强化对植物群落的发展和动态演替规律的认知，使之成为日后种植设计与群落构建的重要依据。

### （三）绿地植物群落生态关系的调控

绿地植物群落以人工构建的为主，其结构变化的主要来源是群落个体间出现竞争所引起的个体分化。竞争是绿地植物群落需要调控的最为重要的生态关系。植物群落生态关系与植物的生理与生态属性，以及与环境与资源等有关。生态关系的调控指植物群落种间对于空间与资源的竞争与利用等关系的调控，合理配植种间对资源的需求、科学构建种内以及种间关系，尽可能地提升植物群落的可塑性以及弹性，以达到效益最大化与可持续的目的，从而实现群落的良性演替及可持续性发展。

植物群落生态关系调控的核心在于群落内个体间空间结构的组合，也是生态位的配植，充分利用生态位的差异来构建植物群落合理的分布格局，主要包括水平分布与层级结构两个主要方面，指的是群落个体分布格局在二维平面与三维空间的生态关系。植物群落的水平分布体现了群落中植物个体在二维平面上的位置及布局形式。植物群落的水平分布情况也是群落层级结构的形成与组织的前提。针对绿地植物群落生态关系的调控主要从以下几个方面开展。

一方面，基于空间利用效率的植物群落生态关系调控。首先，依据资源与空间来选择合适的树形、树种及规格。不同类型植物冠层结构的几何空间差异性（树形与冠形）有利于提升植物群落对空间的有效利用率。例如，锥形树冠组成的植物群落，其单位面积可拥有较大的树冠面积，对光合作用与生长速率具有促进作用。一般来说，郁闭度较高的植物群落，圆锥形树冠的针叶树木具有较高的光合速率，生物量的积累高于阔叶林。即使都是针叶树种，树冠窄的物种光合速率要高于树冠相对宽的物种。在资源与生长空间充足的条件下，可考虑树冠伸展较宽、整枝性能良好的树种；在资源与生长空间不足或受限的条件下，由于受场地空间环境的制约，植物树冠的生长空间受到严格限制。一些冠幅开阔、尺度较大的树种难以正常生长发育，甚至影响周边环境设施。例如，在城市居住区环境中，特别是宅间绿地等紧凑空间，由于前期设计对所用园林树种树冠的扩展潜力缺乏合理预估，后期有可能出现树冠尺度过大，并对建筑、构筑物的通风与采光等带来不利影响。因此，应依据不同种类植物树冠尺度序列适应不同场地空间，如选取树冠较窄、直干性强的树种，提升植物冠层对空间的利用率。其次，针对一些生态关系状况不佳（如竞争激烈）的植物群落，绿地植物群落个体间生态关系的调控途径主要有：第一，通过人为干预（抽稀、修剪等）控制群落某些个体的生长，维系群落个体间的竞争关系，从而保持原有植物群落外貌景观。第二，通过适度混交来实现，依据植物的生物学特性（速生与慢生、同龄与异龄、大尺度与小尺度、深根与浅根等），调整植物个体在群落分布中的角度与方位、资源利用与空间形态的互补等。许多研究成果已表明，混交林的生态功能与稳定性优于纯林，混交能实现植物群落对光照、水分与养分等环境资源利用的最大化，有利于绿地数量及生态效益的提升。第三，通过管理演替的手段来调控群落个体间的生态关系，例如，采取选择种间竞争关系较弱的植物种类、调整空间配植与布局模式、设置合理的规格与株距、留足未来生长所需的空间等手段在特定时间段实现对植物群落分化与演替的目标。

另一方面，基于光能利用效率的植物群落生态关系调控。植物群落光环境的差异对植物群落的结构与动态有着显著影响。植物群落冠层结构的几何学特征不仅影响植物接受光合辐射的程度与截留降水的能力，也对温湿度、风速、土壤等群落内部小气候产生一定影响，进而影响植物群落冠层结构间以及与环境之间的能量交换。植物群落的冠层结构是用以适应环境，同时提高自身光能等资源利用效率所采取的一种生态策略。植物群落冠层结构的形成受到植物自身特性与环境等多方面的影响，不同生态习性的树种或在不同立地环境下冠层空间形态与结构有所差异。阔叶或针叶植物的树冠，其不同部位的光合作用效率不相同。一般来说，树冠中部效率最高，上部次之，下部最低。群落结构层级分化的实质是对光辐射梯度的一种适应。植物群落上层空间或具有高度与体量优势的植株预先获取更多的共享资源，从而限制或阻碍了小个体对资源的获取，使得邻株个体的生长受到压迫，这也被认为是导致拥挤的植物群落中个体大小分化以及自疏的主要原因。光照是重要的可预先获取性资源，对资源的获取具有预先性与方向性。因此，在植物群落复层结构的构建过程中，应充分考虑不同层级植物群落的光环境特征之间的差异，以上研究结果分析了不同类型乔木层下光合有效辐射的强弱，为林下植物的配植提供参考，同时，可结合林下不同层级植物对光照的需求量确定合适的植物种类。

# 第四节　园林景观项目实施步骤与原则

## 一、园林景观绿化工程项目实施步骤

### （一）绿化工程施工前的准备工作

绿化施工合同签订以后，即可着手办理各项开工手续，认真研读设计图纸，领会设计意图，做好技术交底、图纸会审工作。同时，确认工程范围，熟悉施工现场，查清现场地下管线及构筑物等，为绿化工程施工做准备。

1.技术准备

认真审核图纸，熟悉施工图，领会设计意图，熟悉工程的范围和工程项目数量及工程质量要求等。

搜集相关的技术经济资料，如土质、水源、苗木花草来源、树木习性等资料，做到"识地识树"，加深对工程的总体了解。

编制施工预算和施工组织设计，如制定施工预算和施工组织设计及安全文明生产方案等。

2.施工材料准备

施工中所需的材料、机具要按计划组织到位，设计涉及的树木花草来源及起掘、运输、种植等要按计划落实。

3.施工现场准备

界定施工范围，制定与落实施工范围内需保护的建筑、古树名木等相关措施。

进行工程现场测量，设置平面控制点与高程控制点。

做好"三通一平"，"三平"即水通、路通、电通，"一通"即场地平整。

搭建好临时设施，做好后勤保障工作。

4.编制施工组织设计

施工组织设计应根据园林绿化工程的特点与要求，力求科学、全面地安排劳动力、材料、设备、资金和施工方法等施工因素，优化配置，保证施工任务的顺利完成。施工组织设计的主要内容包括：建立施工组织；确定施工方案；编制施工财务预算；确定施工程序与进度计划。

施工进度计划的内容包括：工程项目分类及工程量确定；计算劳动量和机械台班数；机械运输计划；解决工程各工序间相互配合衔接问题；编制施工进度，确定工期；安排劳动力、材料和机具的计划；按照工程进度，制定相应的技术措施和具体的质量、安全等要求。

## （二）园林绿化景观工程项目施工步骤

1.定点、放线

定点、放线是指按照施工图在绿化施工现场测量出树木、苗木、花草栽植的位置或范围。常用的定点放线法有以下三种：

（1）自然式配植放线法

仪器测放法：用经纬仪或平板仪依据原有基点，按照设计图依次定出孤植树的种植位置以及树群范围线，并钉上木桩标明，在木桩上写明树种、株数。此法适用于范围较大、测量基点准确的绿地。

网格法：根据植物配植的疏密度，按一定的比例在设计图上和现场分别画出等距离的方格。定点时，先在设计图上量好树木在其方格上的纵横坐标距离，再按现场放大的比例，定出相应方格的位置，钉上标以树种、坑（穴）规格的木桩或以白灰线标明。

目测法：对于设计图上无固定点的绿化种植，如灌木丛、树群等可用上述两种方法标出树群、树丛的栽植范围，其中每株树木的位置和排列可根据设计要求在规定范围内用目测法进行定点。

上述方法可按方便原则而采用，位置确定后即可做出明显标志。孤立树可钉木桩，写明树种、挖穴规格、坑（穴）号；树丛要用白灰线画清楚范围，线圈内钉上木桩，写明树种、数量、坑（穴）号，然后用目测方法定出单株小点，并用白灰点标明。

定点放线时应注意以下几点：树种、数量要符合设计要求；树种位置要注意层次，宜中心高、边缘低或呈由高渐低的倾斜林冠线；树丛内配植要自然，避免平均分布，等距栽植；邻近配植的树忌排成机械的几何图形或一条直线。

（2）整齐排列配植的放线法

成片整齐式种植或行道树可用仪器和皮尺定点放线。定点的方法是将绿地的边界、小建筑物等的平面位置作为依据，然后量出每株树木的位置，用白灰打点或打桩标明，并标明树种名称。

（3）等弧线的放线法

树木栽植于道路弧线处时，放线可从弧线的开始到末尾以路牙或道路的中心线为准，每隔一定距离画出与路牙垂直的直线，在这些直线上找出距离路牙相等的点，把这些点连接起来就成为近似道路弧度的弧线，于此线上再按株距要求定出各点位置。

2.种植穴的挖掘

种植穴挖掘的质量对树木以后的生长有很大影响。除应按设计确定位置外，可根据根系或土球大小、土质情况来确定穴径大小，一般应比规定的根系或土球大20～30cm。还应根据树种根系类别确定树穴的深度，一般比土球高度稍深10～20cm。穴的形状一般为圆形，穴的上、下口径必须保持大小一致，以避免植树时根系不能舒展或填土不实。种植穴挖掘时应注意以下几点：挖穴的位置要准确；穴的规格大小符合要求；挖穴时，表层土与底层土应分开堆放于穴边。因表层土有机质含量较高，底层土有机质含量较低，所以植树填土时，应先将表层土填入穴的下部，把底层土填于穴的上部，这样有利于植物根系的生长。为行道树挖穴时，挖出的土应堆于与道路平行的树行两侧，种植坑穴的上、下口大小应一致；在斜坡上挖穴时，应先将斜坡整成小平台，然后在平台上挖穴，穴的深度从坡的下沿口开始计算；在新填土方处挖穴时，应将穴底适当踩实。土质不好的，应加大种植穴的规格，并将挖出的杂物筛出清走；遇石灰渣、炉渣、沥青、混凝土等对树木生长不利的物质，则应将穴径加大1～2倍，并将有害物清运干净，换上好土；挖种植穴时发现电缆、管道等应停止操作，及时找有关部门配合解决；绿篱等株距近的可以挖沟槽种植。

3.苗木准备

选择的苗木要符合设计要求。苗木的种类、规格（包括胸径或地径、高度、冠幅等）、数量都要按设计标准来定，同时要注意选择长势健旺、无病虫害、无机械损伤、树形端正、根须发达的苗木，应该选择在育苗期内经过移栽、根系集中在树苑的苗木。苗木选定后，要挂牌或在根基部位画出明显标记，以免挖错。起苗时间和栽植时间最好能紧密配合，做到随起随栽。为了挖掘方便，对严重干旱的地块，起苗前1~3天应适当浇水使泥土松软。

4.苗木起掘

苗木的起掘质量直接影响树木栽植能否成活和以后的绿化效果，掘苗质量不但与原有苗木的质量、起掘操作有关系，还与土壤干湿、工具锋利程度等有关，具体应根据不同树种采取适合的起掘方法。

带土球掘苗：在苗木根系的一定范围内，将土掘削成球状，用草绳或其他软材料包装起出，称为带土球掘苗。带土球掘苗由于在土球范围内须根未受损伤，并带有部分原有的适合生长的土壤，根系与土壤结合紧密，不易失水，故对根系恢复有利，移栽容易成活，但操作比较困难，费人工，耗用包装材料，且增加运输负担。此法主要适用于常绿树或较难移栽的落叶树，以及在不适宜季节移栽的树木等。

裸根掘苗：不带泥土将根系掘起的方法。主要适用于休眠状态的落叶乔木、灌木、藤本等容易移栽、成活率高的树木。此法操作简便，节省人力、运输及包装材料，但由于须根损伤大，且掘起后至栽植前根部裸露，容易失水干枯，故对根系恢复不利。为保证裸根掘苗树木的成活率，可对树木地上部分进行重度修剪。裸根掘苗法不适用于常绿树或较难移栽成活的树木。

带宿土掘苗：类似于裸根掘苗，不同的是挖起以后，树苗根部的泥土不要敲掉，让根系所带的土壤尽量自然保留，然后用草绳或蒲包等进行包裹。这种起掘方法主要用于侧根、须根较多且容易成活的灌木、小乔木和竹类植物。

在选用上述方法起苗时还要考虑：移植常绿树木和珍贵落叶树木必须带土球；对根系发育差、抵抗干旱力弱的实生树木，虽在早春或秋季移植，亦应带土球移栽；在春季发芽以后的生长期间移栽，不论常绿或落叶树木，均须带土球移栽。

# 二、园林景观项目建设施工的原则

## （一）遵循国家法规、政策的原则

国家政策、法规对施工组织设计的编制有很大影响，因此，在实际编制中要分析这些政策对工程施工有哪些积极影响，并要遵守哪些法规，如合同法、环境保护法、森林法、园林绿化管理条例、环境卫生实施细则、自然保护法及各种设计规范等。在建设工程承包合同及遵照经济合同法而形成的专业性合同中，都明确了双方的权利和义务，特别是明确的工程期限、工程质量保证等，在编制时应予以足够重视，以保证施工顺利进行，按时交付使用。

### （二）符合园林工程特点，体现园林综合艺术的原则

园林工程大多是综合性工程，并具有随着时间的推移其艺术特色才慢慢发挥和体现的特点。因此，组织设计的制定要密切配合设计图纸，要符合原设计要求，不得随意更改设计内容。同时，还应对施工中可能出现的其他情况拟定防范措施。只有吃透图纸，熟识造园手法，采取有针对性的措施，编制出的施工组织设计才能符合施工要求。

### （三）采用先进的施工技术，合理选择施工方案的原则

在园林工程施工中，要提高劳动生产率、缩短工期、保证工程质量、降低施工成本、减少损耗，关键是采用先进的施工技术、合理选择施工方案以及利用科学的组织方法。因此，应视工程的实际情况，现有的技术力量、经济条件，吸纳先进的施工技术。目前园林工程建设中采用的先进技术多应用于设计和材料等方面。这些新材料、新技术的选择要切合实际，不得生搬硬套，要以获得最优指标为目的，做到施工组织在技术上是先进的、经济上是合理的、操作上是安全可行的、指标上是优质高标准的。

施工方案应进行技术经济比较，比较时数据要准确，实事求是。要注意在不同的施工条件下拟定不同的施工方案，努力达到"五优"标准，即所选择的施工方法和施工机械最优，施工进度和施工成本最优，劳动资源组织最优，施工现场调度组织最优和施工现场平面最优。

### （四）周密而合理的施工计划、加强成本核算，做到均衡施工的原则

施工计划产生于施工方案确定后，根据工程特点和要求安排的，是施工组织设计中极其重要的组成部分。施工计划安排得好，能加快施工进度，保证工程质量，有利于各项施工环节的把关，消除窝工、停工等现象。

周密而合理的施工计划，应注意施工顺序的安排，避免工序重复或交叉。要按施工规律配置工程时间和空间上的次序，做到相互促进，紧密搭接；施工方式上可视实际需要适当组织交叉施工或平行施工，以加快速度；编制方法要注意应用横道流水作业和网络计划技术；要考虑施工的季节性，特别是雨季或冬季的施工条件；计划中还要正确反映临时设施设置及各种物资材料、设备的供应情况，以节约为原则，充分利用固有设施，减少临时性设施的投入；正确合理地进行经济核算，强化成本意识。所有这些都是为了保证施工计划的合理有效，使施工保持连续均衡。

## （五）确保施工质量和施工安全，重视园林工程收尾工作的原则

施工质量直接影响工程质量，必须引起高度重视。进行施工组织设计时应针对工程的实际情况，制定出切实可行的保证措施。园林景观项目工程是环境艺术工程，设计者呕心沥血的艺术创造，完全凭借施工手段来体现。为此，设计者要求施工人员必须做到一丝不苟，保质保量，并进行二度创作，使作品更具艺术魅力。

"安全为了生产，生产必须安全"，施工中必须切实注意安全，制定施工安全操作规程及注意事项，搞好安全教育，增强安全生产意识，采取有效措施作为保证。同时应根据需要配备消防设备，做好防范工作。

园林项目的收尾工作是施工管理的重要环节，但有时往往难以引起人们的注意，使收尾工作不能及时完成，而因园林工程的艺术性和生物性特征，使得收尾工作中的艺术再创造与生物管护显得更为重要。这实际上将导致资金积压，增加成本，造成浪费。因此，应十分重视后期收尾工程，尽快竣工验收，交付使用。

# 第七章 园林植物的灾害防治

## 第一节 园林植物养护管理的意义与内容

### 一、养护管理概述

#### （一）养护管理的意义

园林树木需要精细的养护管理，是由以下因素决定的：

1.培育目标的多样性与养护管理

园林树木的功能是多种多样的，从生态功能上可以保护环境、净化空气，维持生态平衡；从景观功能上可以美化环境；同时，许多园林树木还具有丰富的文化内涵。园林树木与人的距离很近，关系密切，人们对树木多种有益功能的需求是全天候的、持久的，且随季节的变换而改变。因此，养护管理的首要任务是保证园林树木正常生长，这是树木发挥多种有益功能的前提，其次要采取人为措施调整树木的生长状况，使其符合人们的观赏要求。例如，随着树龄的增长和季节的变换，树木个体或群体的外貌不断发生改变，为了使树木保持最佳的观赏效果，就必须对树木进行必要的整形修剪。

2.园林树木生长周期的长期性与养护管理

园林树木的生长周期非常长，短的几十年，长的数百年，甚至上千年。在漫长的生命历程中，树木一方面要与本身的衰老作斗争，另一方面要面临各种天灾人祸的考验。只有通过细致的养护管理，才能培育健壮的树势，以克服衰老、延长寿命，同时提高对各种自然灾害的抵抗力，达到防灾减灾的目的。

3.生长环境的特殊性与养护管理

园林树木的生长环境远不及其他地方的树木。从树木根系生长的条件来看，由于城市建设已把原生土壤破坏，园林树木生长的土壤大多为客土，多数建筑地面已达心土层，有的甚至达到母质层，树木的根系被限制在狭小的"树洞"内。同时，根系的生长还经常受到城市地下管道的阻碍，大量的水泥地面使树木得不到正常的水分供应。

从树木地上部分的生长环境看，园林树木经常处在不利的环境中，城市特有的各种有毒气体、粉尘、热辐射、酸雨、生活垃圾和工业废弃物等都严重影响树木的生长，其还经常遭受人为践踏和机械磨损。因此，园林树木养护管理的任务非常艰巨，需要长期、精细的管护，其管护成本比其他地方的树木要高得多。

4.园林树木的栽培特点与养护管理

与大规模的植树造林相比，园林树木栽植具有以下特点：①为了满足景观的需要，大量使用外来树种，而外来树种对环境的适应能力一般不如乡土树种；②为了保证城市建设工程按时完成，经常在非适宜季节栽植园林树木，增加了管理的难度；③为了达到某种观赏效果或符合规则式配置的要求，限制了树种选择，以致在不太适宜某树种生长的地方不得不栽植该树种，必须加强管理才能保证该树木的正常生长；④由于城市土地空间的限制，许多园林树木只能采用孤植或团块状栽植，其结构较为简单，而处于孤立状态的树木，其抵御不良环境侵害的能力远不如结构复杂的森林中的林木。

## （二）养护管理的内容

园林树木的养护管理包括土、肥、水的管理，自然灾害防治，病虫害防治，整形修剪和树体养护等。这些管理措施的采用是相辅相成的，其综合结果对树木的生长发育产生很大影响。

# 二、园林植物养护工作年历

## （一）1月

全年中气温最低的月份，露地树木处于休眠状态。

（1）防寒与维护。随时检查树木的防寒情况，发现防寒物有漏风等问题的，应及时补救；对于易受损坏的树木要加强保护，必要时可以采取捆裹树干的方法加强保护。

（2）冬季修剪。全面进行整形修剪作业，对悬铃木、大小乔木上的枯枝、伤残枝、病虫枝及妨碍架空线和建筑物的枝杈进行修剪。

（3）行道树检查。检查行道树的绑扎、立桩情况，发现松绑、铅丝嵌入树皮、摇桩等情况时立即整改。

（4）防治害虫。冬季是消灭园林害虫的有利季节，往往有事半功倍的效果。可在树下疏松的土中挖刺蛾的虫蛹、虫茧，集中焚烧。1月中旬，介壳虫类开始活动，但这时候其行动迟缓，可以采取刮除树干上的幼虫的方法予以防治。

（5）绿地养护。要注意防冻浇水，拔除绿地内大型野草；草坪要及时挑草、切边，对于当年秋天播种晚或长势弱的草坪，在1月上旬应采取覆盖草帘、麦秆等措施保护草坪越冬。

（6）做好年度养护工作计划，包括药剂、肥料、机具设备等材料的采购。

## （二）2月

气温较1月有所回升，树木仍处于休眠状态。

（1）养护基本与1月相同。

（2）主要是防止草坪被过度践踏。对温度回升快的地方，在2月下旬应浇1次解冻水，促进草坪的返青。1月下旬可对老草坪进行疏草工作，清除过厚的草坪垫层和枯枝落叶层。

（3）修剪。继续对大小乔木的枯枝、病枝进行修剪，月底以前结束。

（4）防治害虫。继续以防治刺蛾和介壳虫为主。

## （三）3月

气温继续上升，3月中旬以后，树木开始萌芽，有些树木已开花。

（1）植树。春季是植树的有利时机。土壤解冻后，应立即抓紧时机植树。种植大小乔木前做好规划设计，事先挖（刨）好树坑，要做到随挖、随运、随种、随浇水。种植灌木时也应做到随挖、随运、随种，并充分浇水，以提高苗木存活率。

（2）春灌。因春季干旱多风，蒸发量大，为防止春旱，对绿地应及时浇水。

（3）施肥。土壤解冻后，对植物施用基肥并灌水。

（4）防治病虫害。本月是防治病虫害的关键时刻。一些植物（如山茶、海桐）出现了煤污病（可喷3~5波美度的石硫合剂，消灭越冬病原），瓜子黄杨绢野螟也出现了，可采用喷洒杀螟松等农药进行防治。防治刺蛾可以继续采用挖蛹方法。

（5）草坪养护。草坪剪去冬季干枯的叶梢，保持较低的高度，以利接受更多的太阳辐射，提早返青。草坪开始进入返青期，应全面检查草坪土壤平整状况，可适当添加细沙进行平整。如果洼地超过2cm，应将草皮铲起添沙、肥泥并浇水、镇压。及早灌溉是促进草坪返青的必要措施，地温一旦回升应及时浇1次透水。3月中旬应追施1次氮肥，3月下旬根据实际情况可在叶面喷施1次磷钾肥。3月中下旬适当进行低修剪，可促进草坪提早返青，同时能吸收走草坪上的枯草层或枯枝落叶。对践踏过度、土壤板结的草坪，应使用打孔机具（人工、机动）打孔透气，发现有成片空秃及质量差的草坪应安排计划及早补种。做好草坪养护机具的保养工作。

（6）拆除部分防寒物。冬季防寒所加的防寒物，可部分撤除，但不能过早。冬季整形修剪没有结束的应抓紧时间剪完。

### （四）4月

气温继续上升，树木均已发芽、展叶，开始进入生长旺盛期。

（1）继续植树。4月上旬应抓紧时间种植萌芽晚的树木，对冬季死亡的灌木应及时拔除补种。

（2）灌水。继续对养护绿地及时浇水。

（3）施肥。对草坪、灌木结合灌水，追施速效氮肥，或者根据需要进行叶面喷施。

（4）修剪。剪除冬、春季干枯的枝条，可以修剪常绿绿篱，做好绿化护栏油漆、清洗、维修等工作。

（5）防治病虫害。一是防治介壳虫。介壳虫在第二次蜕皮后陆续转移到树皮裂缝内、树洞、树干基部、墙角等处分泌白色蜡质薄茧化蛹，可以用硬竹扫帚扫除，然后集中深埋或浸泡处理；也可喷洒杀螟松等农药进行防治。二是防治天牛。天牛开始活动了，可以采用嫁接刀或自制钢丝挑除幼虫，但是伤口要做到越小越好。三是预防锈病。施用烯唑醇或三唑酮2～3次。4月下旬对发生虫害的地段可采用菊酯类等药物防除。4月下旬喷施两次杀菌剂对草坪病害进行防治，如多菌灵、三唑酮、甲基硫菌灵、代森锰锌。四是进行其他病虫害的防治工作。

（6）绿地内养护。注意大型绿地内的杂草及攀缘植物的拔除。对草坪也要进行挑草及切边工作。拆除全部防寒物。

（7）草花。迎五一替换冬季草花，注意做好浇水工作。

### （五）5月

气温急剧上升，树木生长迅速。

（1）浇水。树木抽条、展叶盛期，需水量很大，应适时浇水。

（2）施肥。可结合灌水追施化肥。

（3）修剪。修剪残花；新植树木剥芽、去蘖等；行道树进行第一次的剥芽修剪。

（4）防治病虫害。继续以捕捉天牛为主。刺蛾第一代孵化，但尚未达到危害程度，根据养护区内的实际情况采取相应措施。由介壳虫、蚜虫等引起的煤污病也进入了盛发期（在紫薇、海桐、夹竹桃等上），在5月中下旬喷洒松脂合剂10～20倍液及50%辛硫磷乳剂1500～2000倍液以防治病害及杀死害虫。

（5）草坪养护。草坪开始进入旺盛生长时期，应每隔10天左右剪1次。可根据草坪品种不同，留茬高度控制在3~5cm。对于早春干旱缺雨地区，及时进行灌溉，并适当施用磷酸二铵以促进草坪生长。对易发生病害的草坪进行防治，如喷洒多菌灵、三唑酮、井冈霉素以防止锈病及春季死斑病的发生。

## （六）6月

气温急剧升高，树木迅速生长。

（1）浇水。植物需水量大，要及时浇水。

（2）施肥。结合松土、除草、浇水进行施肥以达到最好的效果。

（3）修剪。继续对行道树进行剥芽去蘖工作，对过大过密树冠适当疏剪。对绿篱、球类及部分花灌木实施修剪。

（4）中耕锄草。及时消灭绿地内的野草，防止草荒。

（5）排水工作。雨季将来临，预先挖好排水沟，做好排水防涝的准备工作，大雨天气时要注意低洼处的排水工作。

（6）防治病虫害。6月中下旬刺蛾进入孵化盛期，应及时采取措施，现基本采用50%杀螟硫磷乳油500~800倍液喷洒。继续对天牛进行人工捕捉。月季白粉病、青桐木虱等也要及时防治。草坪病害防治：褐斑病、枯萎病、叶斑病开始发生，喷灌预防性杀菌剂，如多菌灵、代森锰锌和百菌清等。草坪黏虫防治：黏虫1年可发生2~4代，对草坪破坏性极大，及时发现是防治黏虫的关键。黏虫为3龄以内，施用1~2次杀虫剂可控制。

（7）做好树木防汛防台风前的检查工作，对松动、倾斜的树木进行扶正、加固及重新绑扎。

（8）草坪养护。草坪进入夏季养护管理阶段，定期修剪的次数一般为10天左右。每次修剪后要及时喷洒农药，防止病菌感染。主要杀菌剂有多菌灵、甲基硫菌灵、代森锰锌等。施肥以钾肥为主，避免施用氮肥，施肥量以15克/米为宜。浇水应在早、晚进行，避开中午高温时间。

## （七）7月

气温最高，7月中旬以后会出现大风大雨情况。

（1）移植常绿树。雨季期间，水分充足，蒸发量相对较低，可以移植常绿树木，特别是竹类最宜在雨季移植。但要注意天气变化，一旦碰到高温天气要及时浇水。

（2）大雨过后要及时排涝。

（3）施追肥，在下雨前干施氮肥等速效肥。

（4）巡查、救危。进行防台风剥芽修剪，对与电线有矛盾的树枝一律修剪，并对树桩逐个检查，发现松垮、不稳现象立即扶正绑紧。事先做好劳力组织、物资材料、工具设备等方面的准备，并随时派人检查，发现险情及时处理。

（5）防治病虫害。继续对天牛及刺蛾进行防治。防治天牛可以采用50%杀螟硫磷乳油50倍液注射，然后封住洞口，也可达到很好的效果。香樟樟巢螟要及时地剪除，并销毁虫巢，以免再次造成危害。草坪病害防治：褐斑病、枯萎病、叶斑病开始发生，喷灌预防性杀菌剂，如多菌灵、代森锰锌和百菌清等。草坪黏虫防治：黏虫1年可发生2～4代，对草坪破坏性极大，及时发现是防治黏虫的关键。黏虫为3龄以内，施用1～2次杀虫剂可控制。

（6）草坪养护。天气炎热多雨，是冷季型草坪病害多发季节，养护管理工作以控制病害为主。浇水应选择早上为好，控制浇水量，以湿润地表15～20厘米为准。此时正是杂草大量发生的季节，要及时清除杂草，对阔叶杂草可采用苯磺隆等除草剂防除。修剪应遵循"1/3原则"；每次剪去草高的1/3，病害发生时修剪草坪应对剪草机的刀片进行消毒处理，防止病害蔓延；每次修剪后还要及时喷洒多菌灵、甲基硫菌灵、代森锰锌、百菌清、三唑酮、井冈霉素等，可以单用也可混合使用，建议施药时要避开午间高温时间和有露水的早晨。根据实际情况可适当增施磷、钾肥。

## （八）8月

仍为高温多雨时期。

（1）排涝。大雨过后，对低洼积水处要及时排涝。

（2）行道树防台风工作。继续做好行道树的防台风工作。

（3）修剪。除对一般树木进行夏修外，还要对绿篱进行造型修剪。

（4）中耕除草。杂草生长也旺盛，要及时除草，并可结合除草进行施肥。草坪养护同7月份。

（5）防治病虫害。捕捉天牛为主，注意根部的天牛捕捉。蚜虫危害、香樟樟巢螟要及时防治。潮湿天气要注意白粉病及腐烂病，要及时采取相应措施。

## （九）9月

气温有所下降，做好迎国庆相关工作。

（1）修剪。迎接国庆，做好市容工作，行道树三级分叉以下剥芽。绿篱造型修剪。绿地内除草，草坪切边，及时清理死树，做到树木青枝绿叶，绿地干净整齐。

（2）施肥。秋季是一年中施肥量最多的季节。对一些生长较弱、枝条不够充实的树木，应追施一些磷、钾肥。

（3）草花。迎国庆，更换草花，选择颜色鲜艳的草花品种，注意浇水要充足。

（4）防治病虫害。穿孔病（多发于樱花、桃、梅等上）为发病高峰，采用50%多菌灵1000倍液防止侵染。天牛开始转向根部危害，注意对根部天牛的捕捉；对杨、柳上的木蠹蛾也要及时防治；做好其他病虫害的防治工作。

（5）绿地管理。天气变凉，是虫害发生的主要时期，管理工作以防治虫害为主，草地害虫如蝼蛄、草地螟等应及时防除。选用的药物主要有呋喃丹、西维因、敌杀死、辛硫磷、氧化乐果等，如果单一药物作用不是很大，则应按适应的比例把几种药物混合使用。该月病害基本不再蔓延，应及时清除枯死的病斑，对于草坪中出现的空秃可进行补播。草坪施肥以磷肥为主，可施入少量钾、氮肥，增强其抗病能力和越冬能力。本月是建植草坪的最佳时期，草皮补植及绿化维修服务主要在本月进行。

（6）国庆节前做好各类绿化设施的检查工作。

## （十）10月

气温下降，10月下旬进入初冬，树木开始落叶，陆续进入休眠期。

（1）做好秋季植树的准备。10月下旬耐寒树木——落叶，就可以开始栽植。

（2）绿地养护。及时去除死树，及时浇水。绿地、草坪挑草切边工作要做好。草花生长不良的要施肥，晚秋施肥可增加草坪绿期及促进草坪提早返青。留茬高度应适当提高，以利草坪正常越冬。浇水次数可适当减少，增施氮、磷、钾肥（肥料配比应是高磷、高钾、低氮）促进草坪生长，以便于越冬。

（3）防治病虫害。继续捕捉根部天牛，香樟樟巢螟也要注意观察防治。

## （十一）11月

气温继续下降，冷空气频繁，天气多变，树木落叶，进入休眠期。

（1）植树。继续栽植耐寒植物，土壤冻结前完成。

（2）翻土。有条件的可以在土壤封冻前施基肥；对绿地土壤翻土，暴露准备越冬的害虫。清理落叶：如草坪上有落叶，要及时清理，防止伤害草坪。

（3）浇水。对干、板结的土壤浇水，灌冻水要在封冻前完成。

（4）防寒。对不耐寒的树木做好防寒工作，灌木可搭风障，宿根植物可培土。

（5）病虫害防治。各种害虫在11月下旬准备过冬，防治任务相对较轻。

## （十二）12月

低气温，开始冬季养护工作。

（1）冬季修剪，对一些常绿乔木、灌木进行修剪。

（2）消灭越冬病虫害。

（3）做好明年调整工作准备。待落叶植物落叶以后，对养护区进行观察，绘制要调整的方位。根据情况及时进行冬灌；防止过度践踏草坪，避免翌年出现秃斑。

# 第二节 园林植物自然灾害的预防

园林树木在漫长的生命历程中，经常面对各种自然灾害的侵扰，如不采取积极的预防措施，精心培育的树木可能毁于一旦。要预防和减轻自然灾害的危害，就必须掌握各种自然灾害的发生规律和树木致害的原理，从而因地制宜、有的放矢地采取各种有效措施，保证树木的正常生长，充分发挥园林树木的功能效益。对于各种自然灾害的防治，都要贯彻"预防为主，综合防治"的方针；在规划设计中要考虑各种可能的自然灾害，合理地选择树种并进行科学的配置；在树木栽培养护的过程中，要采取综合措施促进树木健康生长，增强抗灾能力。自然灾害的种类非常多，常见的有冻害、霜害、寒害、日灼、雪害、风害等。

## 一、低温危害

### （一）低温危害的种类

1.冻害

冻害是指气温降至0℃以下，树木组织内部结冰所引起的伤害。冻害一般发生在树木的越冬休眠期，以北方温带地区常见，南方亚热带有些年份也会出现冻害。树木冻害的部位和程度及受害状因树种、年龄和具体的环境条件而异，主要有下列症状：

（1）溃疡

溃疡指低温下树皮组织的局部坏死。这种冻伤一般只局限于树干、枝条或分叉部位的某一较小范围内。受冻部位最初微微变色下陷，不易察觉，以后逐渐干枯死亡、脱落。这种现象在经过一个生长季后的秋末十分明显。如果冻害轻，形成层尚未受伤，可以逐渐恢复。

多年生枝杈，特别是枝基角内侧，位置荫蔽而狭窄，易遭受积雪冻害或一般冻害；树木根茎部也是易遭冻害的部位之一，特别是在嫁接口和插穗的上切口部位，不管是小苗还是大树，该部位的输导系统发育较差，组织脆弱，容易受冻害。根茎冻害可能是局部斑块状溃疡，也可能是环状溃疡，对树木的危害非常大，常引起树木衰弱甚至整株死亡；树木组织的抗冻性与木质化程度关系大，进入休眠期晚、木质化程度低的幼嫩部分，如树冠外围枝条的先端部位等，容易遭受冻害；根系因有土壤的保护而较少遭受冻害，但如果土壤结冰，许多细根就可能产生冻伤。通常新栽树木或幼树细根多，分布浅，易遭冻害，土壤疏松、干燥、沙性重时，树木根系受冻的可能性大。

（2）冻裂

冻裂是树皮因冻而开裂的现象。冻裂常造成树干纵裂，给病虫的入侵制造机会，影响树木的健康生长。冻裂常在气温突然降至0℃以下时发生，是由于气温骤降，树干木材内外收缩不均引起的。

冻裂多发生在树干向阳的一面，因这一方向昼夜温差大；通常落叶树种，较常绿树种易发生冻裂，如苹果属、椴属、悬铃木属、七叶树属的某些种及鹅掌楸属、核桃属、柳属等；一般孤立木和稀疏的林木比密植的林木冻裂严重；幼壮龄树比老年龄树冻裂严重。

（3）冻拔

冻拔又叫冻举，指温度降至0℃以下，土壤结冰与根系连为一体。水在结冰时体积会变大，使根系和土壤同时被抬高，化冻后，土壤与根系分离，土壤在重力作用下下沉，根系则外露，看似被拔出，故称冻拔。冻拔的危害主要是影响树木扎根，使树木倒伏死亡。冻拔常危害苗木和幼树，土壤含水量大、质地黏重时容易发生冻拔。

2.霜害

气温急剧下降至0℃或0℃以下，空气中的过饱和水汽与树体表面接触，凝结成霜，使幼嫩组织或器官受害的现象，叫霜害。霜害一般发生在生长期内。霜冻可分为早霜和晚霜。秋末的霜冻叫早霜，春季的霜冻叫晚霜。

早霜危害的发生常常是因为当年夏季较为凉爽，而秋季又比较温暖，树木生长期推迟，当霜冻来临时，树体还未做好抗寒的准备，导致一些木质化程度不高的组织或器官受伤。在正常年份，如霜冻突然来临也容易造成早霜危害。

晚霜危害一般发生在树体萌动后，气温突然下降至0℃或更低，使刚长出的幼嫩部分受损。一般晚霜危害发生后，阔叶树的嫩枝、叶片萎蔫、变黑和死亡；针叶树的叶片变红和脱落。早春温暖，树木过早萌发，最易遭受突如其来的晚霜的危害。黄杨、火棘、朴树、檫树等对晚霜比较敏感。南方树种引种到北方，容易遭受早霜危害；秋季水肥过量，特别是氮素供应过多的树木，也易遭受早霜危害。不同树种，同一树种的不同品种，抗霜冻的能力不一样。

3.寒害

寒害又称冷害，是指0℃以上的低温对林木造成的伤害。寒害常发生于热带和南亚热带地区，在这一地区的某些树种耐寒性很差，当气温降至0～5℃时，就会破坏细胞的生理代谢，产生伤害。

## （二）低温危害的预防

低温危害的发生除与树木本身的抗寒性有关外，还受其他因素的影响。从前述中已知，树木的冻害、霜害和寒害是有明确定义的，但下面要讨论的树木的"抗寒性"则包括了抗冻害、霜害和寒害的特性。据观测，桂花属中月桂的抗寒性不及丹桂强，但若月桂树势强、养分积累多，则抗寒能力强；嫁接树种所用砧木不同，则抗寒性不同，砧木抗寒性强的，则树木抗寒性也强；其他如树木主干受伤（包括病虫危害或树皮受损）都会降低树木的抗寒性。外界环境如地形、高差、土壤、小气候也直接影响树木的抗寒能力。栽培管理水平也影响抗寒性，如水肥条件好，修剪好，病虫少，栽植深度适当则抗寒性强，反之抗寒性弱。新栽树木的抗寒能力往往不及栽植多年的树木。

综上所述，影响林木抗寒性的因素很多，预防低温危害要采取综合措施，生产上比较行之有效的方法有以下几种：

1.选用抗寒的树种、品种和砧木

选择耐寒树种是避免低温危害最有效的措施，在栽植前必须了解树种的抗寒性，有针对性地选择抗寒性强的树种。例如，有关专家以北京市园林绿化中最常见的乡土树种及近年来引种推广的园林树种为测试对象，将北京地区园林树种的抗寒性分为4级。乡土树种由于长期适应当地气候，具有较强的抗寒性。在有低温危害的地区引进外来树种，要经过引种试验，证明其具有适应低温的能力再推广种植。对于同一个树种，应选择抗寒性强的种源、家系和品种。对于嫁接的树木，应选择抗寒性强的砧木。

2.加强水肥管理，培育健壮树势

树木生长越健壮，积累的营养越多，病虫害越少，在与低温危害的斗争中就越处于优势地位。对于存在低温危害可能性的树木，在春夏季节可加强水肥供应，促进树木的营养积累；在生长期的后期，则要控制水肥，特别是少施氮肥，注意排水，以免树木徒长，降低抗寒性。可适当施些磷、钾肥，以促进树木木质化，提高树木的抗寒性。

3.地形和栽培位置的选择

不同的地形造就了不同的小气候，气温可相差3～5℃。一般而言，背风处温度相对较高，低温危害较轻；当风口温度较低，树木受害较重；地势低的地方为寒流汇集地，受害重，反之受害轻。在栽植树木时，应根据城市地形特点和各树种的耐寒程度，有针对性地选择栽植位置。

4.改善树木生长的小气候

这里指的是人工改善林地小气候，使林木免受低温危害。

（1）设置防护林带

防护林带可以降低风速，增加大气湿度。据观测，在林带的保护范围内，冬季极限低温可比无林带保护的地方高1～2℃，林带树种一般为抗性强的常绿针、阔叶树种。实践证明，在果园、花园、苗圃及梅园、竹园、棕榈园等专类园的周围建立防护林带，能有效减轻低温的危害。目前，许多大城市建立的环城林带，也具有预防低温危害的作用。

（2）熏烟法

熏烟法是在林地人工放烟，通过烟幕减少地面辐射散热，同时烟粒吸收湿气，使水汽凝结成水滴放出热量，从而提高温度，保护林木免受低温危害的方法。熏烟一般在晴朗的下半夜进行，根据当地的天气预报，事先每隔一定距离设置放烟堆（由秸秆、谷壳、锯末、树叶等组成），在3：00—6：00点火放烟。其优点是简便、易行、有效，缺点是在风大或极限低温低于–3℃时，效果不明显，放烟本身还会污染环境，在中心城区不宜用此法。

（3）喷水法

根据当地天气预报，在将要发生霜冻的凌晨，利用人工降雨和喷雾设备，向树冠喷水。因为水的温度比气温高，水洒在树冠的表面可减少辐射散热，水遇冷结冰还会释放热能，喷水能有效阻止温度的大幅降低，减轻低温危害。

5.其他防护措施

（1）设置防风障

用草帘、彩条布或塑料薄膜等遮盖树木，防护效果好，但费工费时，成本高，影响观赏效果，对于抗寒性弱的珍贵树种可用此法。给乔木树种设置防风障要先搭木架或钢架，绿篱、绿球等低矮植物一般不需搭架，可直接遮盖，但要在四周落地处压紧。

（2）培土增温

一些低矮的植物可以全株培土，如月季、葡萄等，较高大的可在根茎处培土，一般培土高度为30cm。培土可以减轻根系和根茎处的低温危害。如果培土后用稻草、草包、腐叶土、泥炭藓、锯末等保温性好的材料覆盖根区，效果更好。另外还有泄"冻水""春水"，喷洒药剂等方法。

## （三）受害植株的养护

低温危害发生后，如果树木受害严重，继续培养已无价值或已死亡，应及时清除。多数情况下，低温危害只造成树木部分组织和器官受害，不至于毁掉整株树木，但要采取必要的养护措施，以帮助受害树木恢复生机。

1.适当修剪

低温危害过后，要全部清除已枯死的枝条，为便于辨别受害枝，可等到芽发出后再修剪。如果只是枝条的先端受害，可将其剪至健康位置，不要将整个枝条都剪掉，以免过分破坏树形，增加恢复难度。

**2.加强水肥管理**

如果树木遭受低温危害较轻，在灾害过后可增施肥料，促进新梢的萌发和伤口的愈合；如果树木受害较重，则在受灾害后不宜立即施肥，因为施肥会刺激枝叶生长，增加蒸腾，而此时树木的输导系统还未恢复正常的运输功能，过多施肥可能会扰乱树木的水分和养分代谢平衡，不利于树木恢复。因此，对于受害较重的树木，一般要等到7月后再增施肥料。

**3.防治病虫害**

树木遭受低温危害后，树势较弱，树体上有创伤，给病虫害以可乘之机。防治的办法是结合修剪，在伤口涂抹或喷洒化学药剂。药剂用杀菌剂加保湿胶黏剂或高脂膜制成，具有杀菌、保湿、增温等功效，有利于树木伤口的愈合。

**4.其他措施**

对树木不能愈合的大伤口进行修补；因低温危害树形有缺陷的，可通过嫁接弥补。

## 二、高温危害

高温危害是指在异常高温的影响下，强烈的阳光灼伤树体表面，或干扰树木正常生长而造成伤害的现象。高温危害常发生在仲夏和秋初。

### （一）高温危害的致害机理

日灼是最常见的高温危害。当气温高，土壤水分不足时，树木会关闭部分气孔以减少蒸腾，这是植物的一种自我保护措施。蒸腾减少，因此树体表面温度升高，灼伤部分组织和器官，一般情况是皮层组织或器官溃伤、干枯，严重时引起局部组织死亡，枝条表面被破坏，出现横裂，降低负载力，甚至导致枝条死亡。果实如遭日灼，表面出现水烫状斑块，而后扩大，导致裂果，甚至干枯。苗木和幼树常发生根茎部灼伤，因为幼树尚未成林，林地裸露，当气温高、光照强烈时，地表温度很高，过高的温度灼伤根茎处的形成层。故根茎灼伤常呈环状，阳面通常更严重。

对于成年树和大树，常在树干上发生日灼，使形成层和树皮组织坏死，通常树干光滑的耐阴树种易发生树皮灼伤。树皮灼伤一般不会造成树木死亡，但灼伤破坏了部分输导组织，影响树木生长，给病虫害入侵创造了机会。灼伤也可能发生在树叶上，灼伤使嫩叶、嫩梢烧焦变褐。如果持续高温，超过了树木忍耐的极限，可能导致新梢枯死或全株死亡。

不同树种抗高温的能力不同，二球悬铃木、樱花、檫树、泡桐、樟树、部分竹类等易遭皮灼；槭属、山茶属树木的叶片易遭灼害；同一树种的幼树，同一植株的当年新梢及幼嫩部分，易遭日灼危害。日灼的发生也与地面状况有关，在裸露地、沙性土壤或有硬质铺装的地方，树木最易发生根茎部灼伤。

### （二）高温危害的防治

预防高温危害，要采取综合措施：选择抗性强、耐高温的树种和品种；加强水分管理，促进根系生长。土壤干旱常加剧高温危害，因此，在高温季节要加强对树木的灌溉，加强土壤管理，促进根系生长，提高其吸水能力；树干涂白、地面覆盖均可有效预防高温危害。对于易遭日灼的幼树或苗木，可用稻草、苔藓等材料覆盖根区，也可用稻草捆缚树干。

## 三、雪害

雪害是指树冠积雪太多，压断枝条或树干的现象。例如，2003年11月北京的一场雪灾，据调查，有多达1347万株树木遭受雪害，直接经济损失1.1亿元。通常情况下，常绿树种比落叶树种更易遭受雪害，落叶树如果在叶片未落完前突降大雪，也易遭雪害；下雪之前先下雨，雪花更易沾在湿叶上，雪害更重；下雪后又遇大风，将加剧雪害。雪害的程度受树形和修剪方法的影响。一般情况下，当树木扎根深、侧枝分布均匀、树冠紧凑时，雪害轻。不合理的修剪会加剧雪害。例如，许多城市的行道树从高2.5m左右"砍头"，然后再培养5~6个侧枝，由于侧枝拥挤在同一部位，树体的外力高度集中，积雪过多极易造成侧枝劈裂。

雪害看似天灾，不可避免，但人们仍可通过多种措施减轻其危害。第一，通过培育措施促进树木根系的生长，使其形成发达的根系网。根系牢，树木的承载力就强，头重脚轻的树木易遭雪压。第二，修剪要合理，不要过分追求某种形状而置树木的安全于不顾。事实上，在自然界树木枝条的分布是符合力学原理的，侧枝的着力点较均匀地分布在树干上，这种自然树形的承载力强。第三，合理配置，栽植时注意乔木与灌木、高与矮、常绿与落叶树木种类之间的合理搭配，使树木之间能相互依托，以增强群体的抗性。第四，对易遭雪害的树木进行必要的支撑。第五，下雪时及时摇落树冠积雪。

## 四、风害

在多风地区，大风使树木偏冠、偏心或出现风折、风倒和树杈劈裂的现象，称风害。偏冠给整形修剪带来困难，影响生态效益发挥；偏心的树木易遭冻害和日灼。北方冬季和早春的大风，易使树木枝梢干枯而死亡；春季的旱风常将新梢枝叶吹焦。在沿海地区，夏季常遭台风的袭击，造成风折、风倒和大枝断裂。

## （一）影响树木抗风性的因素

树木抗风性的强弱与其生物学特性有关。主根浅、主干高、树冠大、枝叶密的树种，抗风性弱。相反，主根深、主干短、枝叶稀疏、枝干柔韧性好的树种，抗风性强。一些已遭虫蛀或有创伤的树木，易遭风害。环境条件和栽植技术也影响抗风性的强弱。在当风口和地势高的地方，风害严重；如果行道树的走向与风向一致，就成为风力汇集的廊道，风压增加，加剧风害；土壤浅薄、结构不良时，树木扎根浅，易遭风害；新植的树木和移栽的大树，在根系未扎牢前，易遭风害；整地质量好、水肥管理及时、株行距适宜、配置合理的林木，风害轻。

## （二）风害的预防

预防风害要采取综合措施。

（1）选择抗风性强的树种在易遭风害的风口、风道处，要适当密植，最好选用矮化植株栽植。

（2）设置防风林带。防风林带既能防风，又能防冻，是保护林木免受风害的有效措施。

（3）促进根系生长。包括改良土壤，大穴栽植，适当深栽，促进根系发展。

（4）合理修剪。见"雪害"。

（5）设立支撑或防风障。定植后及时支柱，对结果多或易遭风害的树木要采取吊枝、顶枝等措施；对幼树和名贵树种，可设置防风障。

园林生态化建设与植物育种学

# 第三节　园林植物的病虫害防治

## 一、园林害虫概述

### （一）害虫危害植物的方式和危害性

（1）食叶

将园林植物叶片吃光、吃花，轻者影响植物生长和观赏，重者可造成园林植物长势衰弱，甚至死亡。

（2）刺吸

以针状口器刺入植物体吸取植物汁液，有的造成植物叶片卷曲、黄叶、焦叶，有的引起枝条枯死，严重时使树势衰弱，引发次生害虫侵入，造成植物死亡。刺吸害虫还是某些病原物的传媒体。

（3）蛀食

以咀嚼方式钻入植物体内啃食植物皮层、韧皮部、形成层、木质部等，直接切断植物输导组织，造成园林植物枯干、枯萎，严重的甚至造成整株枯死。

（4）咬根、茎

以咀嚼方式在地下或贴近地表处咬断植物幼嫩根茎或啃食根皮，影响植物生长，严重时可造成植物枯死。

（5）产卵

某些昆虫将产卵器插入树木枝条产下大量的卵，破坏树木的输导组织，造成枝条枯死。

（6）排泄

刺吸害虫在危害植物时的分泌物不仅污染环境，还会引起某些植物发生煤污病。

## （二）检查园林植物害虫的常用方法

### 1.看虫粪、虫孔

食叶害虫、蛀食害虫在危害植物时都要排粪便，如槐尺蠖、刺蛾、侧柏毒蛾等食叶害虫在吃叶子时排出一粒粒虫粪。通过检查树下、地面上有无虫粪就能知道树上是否有虫子。一般情况下，虫粪粒小则虫体小，虫粪粒大说明虫体较大；虫粪粒数量少，虫子量少，虫粪粒数量多，虫子量多。另外，蛀食害虫，如光肩星天牛、木蠹蛾等危害树木时，向树体外排出粪屑，并挂在树木被害处或落在树下，很容易被发现。通过检查树木有无虫粪或虫孔，可以发现有无害虫。虫孔与虫粪多少能说明树上的虫量多少。

### 2.看排泄物

刺吸害虫危害树木的排泄物不是固体物而是呈液体状，如蚜虫、介壳虫、斑衣蜡蝉等在危害树木时排出大量"虫尿"落在地面或树木枝干、叶面上，甚至洒在停在树下的车上，像洒了废机油一样。因此，通过检查地面、树叶、枝干上有无废机油样污染物可以及时发现树上有无刺吸害虫。

### 3.看被害状

一般情况下，害虫危害园林植物，就会出现被害状。如食叶害虫危害植物，受害叶就会出现被啃或被吃等症状；刺吸害虫会引起受害叶卷曲或小枝枯死，或部分枝叶发黄、生长不良等情况；蛀食害虫危害植物，被害处以上枝叶很快呈现生长萎蔫或叶片形成鲜明对比。同样，地下害虫危害植物后，其植株地上部分也有明显表现。只要勤观察、勤检查就会很快发现害虫的危害。

### 4.查虫卵

有很多园林害虫在产卵时有明显的特征，抓住这些特征就能及时发现并消灭害虫。如天幕毛虫将卵呈环状产在小枝上，冬季非常容易看到；又如斑衣蜡蝉的卵块、舞毒蛾的卵块、杨扇舟蛾的卵块、松蚜的卵粒等都是发现害虫的重要依据。

### 5.拍枝叶

拍枝叶是检查松柏、侧柏或龙柏树上是否有红蜘蛛的一种简单易行的方法。只要将枝叶在白纸上拍一拍，就可看到白纸上是否有蜘蛛及数量多少。

### 6.抽样调查

抽样调查是检查害虫的一种较科学的方法，工作量较大。通常是选择有代表性的植株或地点进行细致调查，根据抽样调查取得的数据确定防治措施。

## 二、园林病害概述

### （一）园林植物病害的危害性

**1.危害叶片、新梢**

可造成叶片部分或整片叶子出现斑点、坏死、焦叶、干枯，影响生长和观赏。如月季黑斑病、毛白杨锈病、白粉病等。

**2.危害根、枝干皮层**

引起树木的根或枝干皮层腐烂，输导组织死亡，导致枝干甚至整株植物枯死。如立枯病、腐烂病、紫纹羽病、柳树根朽病等。

**3.危害根系、根茎或主干**

生物的侵入和刺激，造成各种肿瘤，消耗植物营养，破坏植物吸收。如线虫病、根癌病等。

**4.危害根茎维管束造成植物萎蔫或枯死。**病原物侵入植物维管束，直接引起植物萎蔫、枯死。如枯萎病。

**5.危害整株植物**

病原物侵入植株，引起各种各样的畸形、丛枝等，影响植物生长，甚至造成植物死亡。如枣疯病、泡桐丛枝病等。

**6.低温危害**

可直接造成部分植物在越冬时抽梢、冻裂，甚至死亡。如毛白杨破腹病等。

**7.盐害**

北方城市冬季雪后撒盐或融雪剂对行道树危害较大，严重时可造成行道树死亡。

### （二）检查园林植物病害的方法

园林植物病害种类很多，按其病原可将病害大致分为两类：一类是传染性病害，其病原有真菌、细菌、病毒、线虫等；另一类是非传染性病害，其病原有温度过高或过低、水分过多或过少、土壤透气不良、土壤溶液浓度过高、药害及空气污染等不利环境条件。通过检查及时发现病害对控制和防治病害的大发生十分重要。常用的方法有以下几种：

**1.检查叶片上出现的斑点**

病斑有轮廓，比较规则，后期上面又生出黑色颗粒状物，这时再切片用显微镜检查。叶片细胞里有菌丝体或子实体，为传染性叶斑病，根据子实体特征再鉴定为哪一种。病斑不规则，轮廓不清，大小不一，查无病菌的则为非传染性病斑。传染性病斑在一般情况下，干燥的多为真菌侵害；斑上有溢出的脓状物，病变组织一般有特殊臭味的，多为细菌侵害。

2.看叶片正面是否生出白粉物

叶片生出白粉物多为白粉病或霜霉病。白粉病在叶片上多呈片状，霜霉病则多呈颗粒状。如黄栌白粉病、葡萄霜霉病。叶片背面（或正面）生出黄色粉状物，多为锈病。如毛白杨锈病、玫瑰锈病、瓦巴斯草锈病等。

3.检查叶片出现的黄绿相间或皱缩变小，节间变短，丛枝、植株矮小情况

出现上述情况多为病毒引起。叶片黄化，整株或局部叶片均匀褪绿，进一步白化，一般由类菌质体或生理原因引起，如翠菊黄化病等。

4.观察阔叶树的枝叶枯黄或萎蔫情况

如果是整株或整枝的，先检查有没有害虫，再取下萎蔫枝条，检查其维管束和皮层下木质部，如发现有变色病斑，则多是真菌引起的导管病害，影响水分输送造成的；如果没有变色病斑，可能是茎基部或根部腐烂病或土壤气候条件不好所造成的非传染性病害。如果出现部分叶片尖端焦枯或整个叶片焦边，再观察其发展，看是否生出黑点，检查有无病菌。如果发现整株叶片很快都焦尖或焦边，则多由土壤、气候等条件引起。

5.检查松树的针叶

针叶枯黄如果先由各处少量叶子开始，夏季逐渐传染范围扩大，到秋季又在病叶上生出隔段，上生黑点的则多为针枯病；很快整枝整株全部针叶焦枯或枯黄半截，或者当年生针叶都枯黄半截的，则多为土壤、气候等条件引起。

6.辨别树木花卉的干、茎皮层

出现起泡、流水、腐烂情况，局部细胞坏死多为腐烂病，后期在病斑上生出黑色颗粒状小点，遇雨生出黄色丝状物的，多为真菌引起的腐烂病；只起泡流水，病斑扩展不太大，病斑上还生黑点的，多为真菌引起的溃疡病，如杨柳腐烂病和溃疡病。树皮坏死，木质部变色腐朽，病部后期生出病菌的子实体（木耳等），是由真菌中担子菌引起的树木腐朽病。草本花卉茎部出现不规则的变色斑，发展较快，造成植株枯黄或萎蔫的多为疫病。

7.检查树木根部皮层病变情况

如根部皮层产生腐烂，易剥落的多为紫纹羽病、白纹羽病或根朽病等。前者根上有紫色菌丝层；白纹羽病有白色菌丝层；后期病部生出病菌的子实体（蘑菇等）的多为根朽病；根部长瘤子，表皮粗糙的，多为根癌病；幼苗根茎处变色下陷，造成幼苗死亡的，多为幼苗立枯病。一些花卉根部生有许多与根颜色相似的小瘤子，多为根结线虫病，如小叶黄杨根结线虫病。地下根茎、鳞茎、球茎、块根等细胞坏死腐烂的，如表面较干燥，后期皱缩的，多为真菌危害所致；如有溢脓和软化的，多为细菌危害所致。前者如唐菖蒲干腐病，后者如鸢尾细菌性软腐病。

**8.检查树干树枝情况**

树干和树枝流脂流胶的原因较复杂，一般由真菌、细菌、昆虫或生理原因引起。如雪松流灰白色树脂、油松流灰白色松脂（与生理和树蜂产卵有关）、栾树春天流树液（与天牛、木蠹蛾危害有关）、毛白杨树干破裂流水（与早春温差、树干生长不匀称有关）、合欢流黑色胶（由吉丁虫危害引起）等。

**9.观察树木小枝枯梢情况**

枝梢从顶端向下枯死，多由真菌或生理原因引起。前者一般先从星星点点的枝梢开始，发展起来有个过程，如柏树赤枯病等；后者一般是一发病就大部或全部枝梢出问题，而且发展较快。

**10.辨认叶片、枝或果上出现的斑点**

病斑上常有轮纹排列的突破病部表皮的小黑点，是由真菌引起的，如小叶黄杨炭疽病、兰花炭疽病等。

**11.检查花瓣上出现的斑点**

花瓣上出现斑点并有发展，玷污花瓣，致使花朵下垂，多为真菌引起的花腐病。

## 三、园林植物病虫害综合治理

病虫害防治方针是预防为主，综合治理。综合治理考虑到有害生物的种群动态和与之相关的环境关系，尽可能地协调运用技术和方法，使有害生物种群保持在经济危害水平之下。病虫害综合治理是一种方案，它能控制病虫的发生，避免相互矛盾，尽量发挥有机的调和作用，保持经济允许水平之下的防治体系。

### （一）综合治理的特点

综合治理有两大特点：一是它允许一部分害虫存在，这些害虫为天敌提供了必要的食物；二是强调自然因素的控制作用，最大限度地发挥天敌的作用。

### （二）综合治理的原则

**1.生态原则**

病虫害综合治理从园林生态系的总体出发，根据病虫和环境之间的相互关系，通过全面分析各个生态因子之间的相互关系，全面考虑生态平衡及防治效果之间的关系，综合解决病虫危害问题。

**2.控制原则**

在综合治理过程中，要充分发挥自然控制因素（如气候、天敌等）的作用，预防病虫的发生，将病虫害的危害控制在经济损失水平之下，不要求完全彻底地消灭病虫。

3.综合原则

在实施综合治理时，要协调运用多种防治措施，做到以植物检疫为前提，以园林技术防治为基础，以生物防治为主导，以化学防治为重点，以物理机械防治为辅助，以便有效地控制病虫的危害。

4.客观原则

在进行病虫害综合治理时，要考虑当时、当地的客观条件，采取切实可行的防治措施，如喷雾、喷粉、熏烟等，避免盲目操作所造成的不良影响。

5.效益原则

进行综合治理的目标是实现"三大效益"，即经济效益、生态效益和社会效益。进行病虫害综合治理的目标是以最少的人力、物力投入，控制病虫的危害，获得最大的经济效益；所采用措施必须有利于维护生态平衡，避免破坏生态平衡及造成环境污染；所采用的防治措施必须符合社会公德及伦理道德，避免对人、畜的健康造成损害。

## 四、园林植物病虫害综合治理方法

### （一）植物检疫法

植物检疫是国家或地方行政机关通过颁布法规禁止或限制国与国、地区与地区之间，将一些危险性极大的害虫、病菌、杂草等随着种子、苗木及其植物产品在引进、输出中传播蔓延，对传入的要就地封锁和消灭，是病虫害综合防治的一项重要措施。从国外及国内异地引进种子、苗木及其他繁殖材料时应严格遵守有关植物检疫条例的规定，办理相应的检疫审批手续。苗圃、花圃等繁殖园林植物的场所，对一些主要随苗木传播，经常在树木、木本花卉上繁殖和造成危害的，危害性又较大的（如介壳虫、蛀食枝干害虫、根结线虫、根癌病等）病虫害，应在苗圃彻底进行防治，严把苗木外出关。

### （二）园林技术防治法

病虫害的发生和发展都需要适宜的环境条件。园林技术防治是利用园林栽培技术来防治病虫害的方法，即创造有利于园林植物和花卉生长发育而不利于病虫害为害的条件，促使园林植物生长健壮，增强其抵抗病虫害危害的能力，是病虫害综合治理的基础。如采取选用抗病虫品种、进行合理的水肥管理、实行轮作和植物合理配置、消灭病原和虫源等措施，及时清除病叶及虫枝，并加以妥善处理，减少侵染来源。

### （三）物理机械和引诱剂法

利用简单的工具及物理因素（如光、温度、热能、放射能等）来防治害虫的方法，称为物理机械防治。物理机械防治的措施简单实用，容易操作，见效快，可以作为应对害虫大发生时的一种应急措施。特别对于一些化学农药难以解决的害虫或发生范围小时，往往是一种有效的防治手段。

1.人工捕杀

人工捕杀是利用人力或简单器械，捕杀有群集性、假死性的害虫。例如，用竹竿打树枝振落金龟子，组织人工摘除袋蛾的越冬虫囊，摘除卵块，发动群众于清晨到苗圃捕捉地老虎，以及利用简单器具钩杀天牛幼虫等，都是行之有效的措施。

2.诱杀法

诱杀法是指利用害虫的趋性设置诱虫器械或诱物诱杀害虫，利用此法还可以预测害虫的发生动态。常见的诱杀方法有以下几种：

（1）灯光诱杀

灯光诱杀是利用害虫的趋光性，人为设置灯光来诱杀防治害虫。目前生产上所用的光源主要是黑光灯，此外，还有高压电网灭虫灯。黑光灯是一种能辐射出360nm紫外线的低气压汞气灯，而大多数害虫的视觉神经对波长330～400nm的紫外线特别敏感，具有较强的趋性，因而诱虫效果很好。利用黑光灯诱虫，除能消灭大量虫源外，还可以用于开展预测预报和科学实验，进行害虫种类、分布和虫口密度的调查，为防治工作提供科学依据。安置黑光灯时应以安全、经济、简便为原则。黑光灯诱虫时间一般在5—9月，灯要设置在空旷处，选择闷热、无风、无雨、无月光的夜晚开灯，诱集效果最好，一般以晚上9：00—10：00诱虫最好。设灯时易造成灯下或灯的附近虫口密度增加，因此应注意及时消灭灯光周围的害虫。除黑光灯诱虫外，还可以利用蚜虫对黄色的趋性，用黄色光板诱杀蚜虫及美洲斑潜蝇成虫等。

（2）毒饵诱杀

利用害虫的趋化性在其所嗜好的食物中（糖醋、麦麸等）掺入适当的毒剂，制成各种毒饵诱杀害虫。例如，蝼蛄、地老虎等地下害虫，可用麦麸、谷糠等作饵料，掺入适量敌百虫或其他药剂制成毒饵来诱杀。所用配方一般是饵料100份、毒剂1～2份、水适量。另外，诱杀地老虎、梨小食心虫成虫时，通常以糖、酒、醋作饵料，以敌百虫作毒剂来诱杀。所用配方是糖6份、酒1份、醋2～3份、水10份，再加适量敌百虫。

（3）饵木诱杀

许多蛀干害虫如天牛、小蠹虫、象虫、吉丁虫等喜欢在新伐倒不久的倒木上产卵繁殖。因此，在成虫发生期间，在适当地点设置一些木段，供害虫大量产卵，待新一代幼虫完全孵化后，及时进行剥皮处理，以消灭其中的害虫。例如，在山东泰安岱庙内，每年用此方法诱杀双条杉天牛，取得了明显的防治效果。

（4）植物诱杀

植物诱杀或称作物诱杀，即利用害虫对某种植物有特殊嗜好的习性，经种植后诱集捕杀的一种方法。例如，在苗圃周围种植蓖麻，使金龟子误食后麻醉，可以集中捕杀。

（5）潜所诱杀

利用某些害虫的越冬潜伏或白天隐蔽的习性，人工设置类似环境诱杀害虫。注意诱集后一定要及时消灭。例如，有些害虫喜欢选择树皮缝、翘皮下等处越冬，可于害虫越冬前在树干上绑草把，引诱害虫前来越冬，将其集中消灭。

3.阻隔法

人为设置各种障碍，切断病虫害的侵害途径，称为阻隔法。

（1）涂环法

对有上下树习性的害虫可在树干上涂毒环或胶环，从而杀死或阻隔幼虫。多用于树体的胸高处，一般涂2~3个环。

（2）挖障碍沟

对于无迁飞能力只能靠爬行的害虫，为阻止其为害和转移，可在未受害植株周围挖沟；对于一些根部病害，也可以在受害植株周围挖沟，阻隔病原菌的蔓延，以达到防治病虫害传播蔓延的目的。

（3）设障碍物

设障碍物主要防治无迁飞能力的害虫。如枣尺蠖的雌成虫无翅，交尾产卵时只能爬到树上，可在其上树前于树干基部设置障碍物阻止其上树产卵。

（4）覆盖薄膜

覆盖薄膜能增产，也能达到防病的目的。许多叶部病害的病原物是在病残体上越冬的，花木栽培地早春覆膜可大幅减少叶病的发生。因为薄膜对病原物的传播起了机械阻隔作用，覆膜后土壤温度、湿度提高，加速病残体的腐烂，减少了侵染来源。如芍药地覆膜后，芍药叶斑病大幅减少。

4.其他杀虫法

利用热水浸种、烈日暴晒、红外线辐射等方法，都可以杀死在种子、果实、木材中的病虫；根据某些害虫的生活习性，应用光、电、辐射、人工等物理手段防治害虫；利用高温处理，可防治土壤中的根结线虫；利用微波辐射可防治蛀干害虫。设置塑料环可防治草履介、松毛虫等；人工捕捉，采摘卵块虫包，刷除虫或卵，刺杀蛀干害虫，摘除病叶病梢，刮除病斑，结合修剪去除病虫枝、干等。

## （四）生物防治法

用生物及其代谢产物来控制病虫的方法，称为生物防治，主要有以虫治虫、以微生物治虫或治病、以鸟治虫等。生物防治法不但可以改变生物种群的组成成分，而且能直接消灭大量的病虫；对人、畜、植物安全，不杀伤天敌，不污染环境，不会引起害虫的再次猖獗和形成抗药性，对害虫有长期的抑制作用；生物防治的自然资源丰富，易于开发，且防治成本低，是综合防治的重要组成部分和主要发展方向。但是，生物防治的效果有时比较缓慢，人工繁殖技术较复杂，受自然条件限制较大。害虫的生物防治主要是保护和利用天敌、引进天敌进行人工繁殖与释放天敌控制害虫发生。

生物防治还包括对鸟类等其他生物的利用，鸟类绝大多数以捕食害虫为主。目前，以鸟治虫的主要措施是保护鸟类，严禁在城市风景区、公园打鸟；人工招引及人工驯化等。如在林区招引大山雀防治马尾松毛虫，招引率达60%，对抑制松毛虫的发生有一定的效果。蜘蛛、捕食螨、两栖动物及其他动物，对害虫也有一定的控制作用。例如，蜘蛛对控制南方观赏茶树（金花茶、山茶）上的茶小绿叶蝉起着重要的作用；而捕食螨对酢浆草岩螨、柑橘红蜘蛛等螨类也有较强的控制力。一些真菌、细菌、放线菌等微生物，在它的新陈代谢过程中分泌抗生素，可杀死或抑制病原物。这是目前生物防治研究中的一个重要内容。如哈茨木霉菌能分泌抗生素，杀死、抑制茉莉白绢病病菌。又如菌根菌可分泌萜烯类等物质，对许多根部病害有拮抗作用。保护和利用病虫害的天敌是生物防治的重要方法。主要天敌有：天敌昆虫、微生物和鸟类等。天敌昆虫分寄生性和捕食性两类。寄生性天敌主要有赤眼蜂、跳小蜂、姬蜂、肿腿蜂等。捕食性天敌主要有螳螂、草蛉、瓢虫、椿象等。增植蜜源（开花）植物、鸟食植物，有利于各种天敌生存发展。选择无毒或低毒药剂，避开天敌繁育高峰期用药等，有利于天敌生存。

## （五）生物农药防治法

生物农药作用方式特殊，防治对象比较专一，对人类和环境的潜在危害比化学农药要小，因此特别适用于园林植物害虫的防治。

### 1.微生物农药

以菌治虫，就是利用害虫的病原微生物来防治害虫。可引起昆虫致病的病原微生物主要有细菌、真菌、病毒、立克次氏体、线虫等。目前，生产上应用较多的是病原细菌、病原真菌和病原病毒三类。利用病原微生物防治害虫，具有繁殖快、用量少、不受园林植物生长阶段的限制、持效期长等优点。近年来，其作用范围日益扩大，是目前园林害虫防治中最有推广应用价值的类型之一。

### 2.生化农药

生化农药指那些经人工合成或从自然界的生物源中分离或派生出来的化合物，如昆虫信息素、昆虫生长调节剂等，主要来自昆虫体内分泌的激素，包括昆虫的性外激素、昆虫的蜕皮激素及保幼激素等内激素。在国外已有100多种昆虫激素商品用于害虫的预测预报及防治工作，我国已有近30种性激素用于梨小食心虫、白杨透翅蛾等昆虫的诱捕、迷向及引诱绝育法的防治。现在我国应用较广的昆虫生长调节剂有灭幼脲I号、Ⅲ号等，对多种园林植物害虫如鳞翅目幼虫、鞘翅目叶甲类幼虫等具有很好的防治效果。有一些由微生物新陈代谢过程中产生的活性物质，也具有较好的杀虫作用。例如，来自浅灰链霉素抗性变种的杀蚜素，对蚜虫、红蜘蛛等有较好的毒杀作用，且对天敌无毒；来自南昌链霉素的南昌霉素，对菜青虫、松毛虫的防治效果可达90%以上。

### （六）化学防治法

化学防治是指用农药来防治害虫、病害、杂草等有害生物的方法。害虫大发生时可使用化学药剂压低虫口密度，具有收效快、防治效果好、使用方法简单、受季节限制较小、适合于大面积使用等优点。但也有明显的缺点如抗药性、再猖獗及农药残留。长期对同一种害虫使用相同类型的农药，使某些害虫产生不同程度的抗药性；用药不当杀死了害虫的天敌，从而造成害虫的再度猖獗危害；农药在环境中存在残留毒性，特别是毒性较大的农药，对环境易产生污染，破坏生态平衡。施药方法主要有喷雾、土施、注射、毒土、毒饵、毒环、拌种、飞机喷药、涂抹、熏蒸等。

施药时的注重事项。①在城区喷洒化学药剂时，应选用高效、无毒、无污染、对害虫的天敌也较安全的药剂。控制对人毒性较大、污染较重、对天敌影响较大的化学农药的喷洒。用药时，对不同的防治对象，应对症下药，按规定浓度和方法准确配药，不得随意加大浓度。②抓准用药的最有利时机（既是对害虫防效最佳时机，又是对主要天敌较安全期）。③喷药均匀周到，提高防效，减少不必要的喷药次数；喷洒药剂时，必须注意行人、居民、饮食等安全，防治病虫害的喷雾器和药箱不得与喷除草剂合用。④注意不同药剂的交替使用，减缓防治对象抗药性的产生。⑤尽量采取兼治，减少不必要的喷药次数。⑥选用新药剂和方法时，应先试验。证明有效和安全时，才能大面积推广。

### （七）外科治疗法

一些园林树木常受到枝干病虫害的侵袭，尤其是古树名木由于历尽沧桑，因屡次受病虫的危害已经形成大大小小的树洞和创痕。对于此类树木可通过外科手术治疗，对损害树体实行镶补后使树木健康地成长。常见的方法有以下几种：

1.表层损伤的治疗

表皮损伤修补是指对树皮损伤面积直径在10厘米以上的伤口的治疗。基本方法是用高分子化合物（聚硫密封胶）封闭伤口。在封闭之前对树体上的伤疤进行清洗，并用硫酸铜30倍液喷涂两次（间隔30分钟），晾干后密封（气温在23℃±2℃时密封效果好）。最后用粘贴原树皮的方法进行外表修饰。

## 2.树洞的修补

首先对树洞进行清理、消毒，把树洞内积存的杂物全部清除，并刮除洞壁上的腐烂层，用硫酸铜30倍液喷涂树洞消毒，30分钟后再喷1次。若壁上有虫孔，可注射氧化乐果50倍液等杀虫剂。将树洞清理干净并进行消毒后，树洞边材完好时，采用假填充法修补，即在洞口上固定钢板网，其上铺10~15厘米厚的107胶水泥砂浆（沙：水泥：107胶：水=4：2：0.5：1.25），外层用聚硫密封胶密封，再粘贴树皮。树洞大，边材部分损伤的，则采用实心填充，即在树洞中央立硬杂木树桩或水泥柱做支撑物，在其周围固定填充物。填充物和洞壁之间的距离以5厘米左右为宜，树洞灌入聚氨酯，把填充物和洞壁粘成一体，再用聚硫密封胶密封，最后粘贴树皮进行外表修饰。修饰的基本原则是随坡就势，因树作形，修旧如故。

## 3.外部化学治疗

对于枝干病害可以采用外部化学手术治疗的方法，即先用刮皮刀将病部刮去，然后涂上保护剂或防水剂。常用的伤口保护剂是波尔多液。

## （八）园林树木害虫防治方法

防治树木害虫多采用喷药法，其虽有一定的防治效果，但大量药液弥散于空气中污染环境，容易造成人畜中毒，且对桑天牛、光肩星天牛、蒙古木蠹蛾等蛀干害虫一般喷药方法很难奏效，必须采用特殊方法。针对以上病害的防治方法如下：

### 1.树干涂药法

防治柳树、刺槐、山楂、樱桃等树上的蚜虫、金花虫、红蜘蛛和松树类上的介壳虫等害虫，可在树干距地2米高部位涂抹内吸性农药，如氧化乐果等，防治效果可达95%以上。此法简单易行，若在涂药部位包扎绿色或蓝色塑料纸，药效更好。塑料纸在药效显现5~6天后解除，以免包扎处腐烂。

### 2.毒签插入法

将事先制作的毒签插入虫道后，药与树液和虫粪中的水分接触产生化学反应形成剧毒气体，使树干内的害虫中毒死亡。将磷化锌11%、阿拉伯胶58%、水31%配合，先将水和胶放入烧杯中，加热到80℃，待胶溶化后加入磷化锌，拌匀后即可使用。使用时用长7~10厘米、直径0.1~0.2厘米的竹签蘸药，先用无药的一端试探蛀孔的方向、深度、大小，后将有药的一端插入蛀孔内，深4~6厘米，每个蛀孔插1支。插入毒签后用黄泥封口，以防漏气，此法毒杀钻蛀性害虫的防治效果达90%以上。

### 3.树干注射法

天牛、柳瘿蚊、松梢螟、竹象虫等蛀害树木树干、树枝、树木皮层，用打针注射法防治效果显著。可用铁钻在树干离地面20厘米以下处打孔3~5个（具体钻孔数目根据树体的大小而定），孔径0.5～0.8厘米，深达木质部3～5cm。注射孔打好后，用兽用注射器将内吸性农药如氧化乐果、杀虫双等缓缓注入注射孔。注药量根据树体大小而定，一般是高为2.5米、冠径为2米左右的树，每株注射原药1.5～2mL，幼树每株注射原药1～1.5mL，成年大树可适当增加注射量，每株注射原药2～4mL，注药1周内害虫即可大量死亡。

**4.挂吊瓶法**

给树木挂吊瓶是指在树干上吊挂装有药液的药瓶，用棉绳棉芯把瓶中的药液通过树干中的导管输送到枝叶上，从而达到防治的目的。此法适合于防治各种蚜虫、红蜘蛛、介壳虫、天牛、吉丁虫等吸汁、蛀干类害虫等。挂瓶方法是，选树主干用木钻钻一小洞，洞口向上并与树干形成45°的夹角，洞深至髓心；把装好药液的瓶子钉挂在洞上方的树干上，将棉绳拉直。针对不同害虫，选择具有较高防效的内吸性农药，从树液开始流动到冬季树体休眠之前均可进行，但以4—9月的效果最好。

**5.根部埋药法**

一是直接埋药。用3%呋喃丹农药，在距树0.5～1.5米的外围开环状沟，或开挖2～3个穴，1～3年生树埋药150g左右，4～6年生树埋药250g左右，7年生以上树埋药500g左右，可明显控制树木害虫，药效可持续2个月左右。尤其对蚜虫类害虫防治效果很好，防治松梢螟效果可达95%。二是根部埋药瓶。将40%氧化乐果5倍液装入瓶子，在树干根基的外围地面，挖土让树根暴露，选择香烟粗细的树根剪断根梢，将树根插进瓶里，注意根端要插到瓶底，然后用塑料纸扎好瓶口埋入土中，通过树根直接吸药，药液很快随导管输送到树体，可有效防治害虫。

## （九）园林病虫害冬季治理措施

园林植物病虫害的越冬场所相对固定、集中，在防治上是一个关键时期。因此，研究病虫害的越冬方式、场所，对于其治理措施的制定具有重要意义。

**1.病害的越冬场所**

**（1）种苗和其他**

繁殖材料带病的种子、苗木、球茎、鳞茎、块根、接穗和其他繁殖材料是病菌、病毒等病原物初侵染的主要来源。病原物可附着在这些材料表面或潜伏其内部越冬，如百日菊黑斑病、瓜叶菊病毒病、天竺葵碎锦病等。带病繁殖材料常常成为绿地、花圃的发病中心，生长季节通过再侵染使病害扩展、蔓延，甚至造成流行。

**（2）土壤**

土壤对于土传病害或根部病害是重要的侵染来源。病原物在土壤中休眠越冬，有的可存活数年，如厚垣孢子、菌核、菌索等。土壤习居菌腐生能力很强，可在寄主残体上生存，还可直接在土壤中营腐生生活。引起幼苗立枯病的腐霉菌和丝核菌可以腐生方式长期存活于土壤中。在肥料中如混有未经腐熟的病株残体，其常成为侵染来源。

（3）病株残体

病原物可在枯枝、落叶、落果上越冬，翌年侵染寄主。

病株的存在，也是初侵染来源之一。多年生植物一旦染病后，病原物就可在寄主体内存留，如枝干锈病、溃疡病、腐烂病，可以营养体或繁殖体在寄主体内越冬。温室花卉由于生存条件的特殊性，其病害常是露地花卉的侵染来源，如多种花卉的病毒病、白粉病等。

2.虫害的越冬场所

虫害以各种方式在树基周围的土壤内、石块下、枯枝落叶层中、寄主附近的杂草上越冬，如日本履绵介、美国白蛾、尺蛾类、美洲斑潜蝇、杜鹃三节叶蜂、棉卷叶野螟、月季长管蚜、霜天蛾。以卵等形态在寄主枝叶上、树皮缝中、腋芽内、枝条分叉处越冬，如大青叶蝉、紫薇长斑蚜、绣线菊蚜、日本纽绵介、考氏白盾介、水木坚介、黄褐天幕毛虫。以幼虫在植物茎、干、果实中越冬，如星天牛、桃蛀螟、亚洲玉米螟。以其他方式越冬：小蓑蛾以幼虫在护囊中越冬；多数枣蛾以幼虫在枝条或植物根茎做茧越冬；蛴螬、蝼蛄、金针虫等地下害虫喜在腐殖质中越冬。

3.治理措施

对带有病虫的植物繁殖材料，须加强检疫，进行处理，杜绝来年种植造成虫害的扩大蔓延。以球茎、鳞茎越冬的繁殖材料，收前应避免大量浇水，要在晴天采收，减少伤口，剔除有病虫的材料后在阳光下暴晒几日；贮窖要预先消毒、通气，贮存温度5℃，空气相对湿度70%以下。用辛硫磷、甲基异柳磷、五氯硝基苯、代森锌等农药处理土壤。农家杂肥要充分腐熟，以免病株残体将病原物带入，防止蝼蛄、蛴螬、金针虫繁衍滋生。接近封冻时，翻耕土壤，使在土壤中越冬的害虫受冻致死，改变好气菌、厌氧菌的生存环境，降低土壤含虫、含菌量。翻耕深度以20~30厘米为宜。

把种植园内有病虫的落枝、落叶、杂草、病果处理干净，集中烧毁、深埋，可减少大量病虫害。对有病虫的植株，结合冬季修剪，消灭病虫。将病虫枝剪掉，集中烧毁；用牙签剔除受精雌介壳虫外壳，人工摘除枝条上的刺蛾茧；刮除在树皮缝、树疤内、枝杈处的越冬害虫、病菌；对有下树越冬习性的害虫可在其下树前绑草诱集，集中杀灭。冬季树干涂白，以两次为好，第一次在落叶后至土壤封冻前进行，第二次在早春进行，采用此法可减轻日灼、冻害。如加入适量杀虫、杀菌剂，还可兼治病虫害。植物发芽前喷施晶体石硫合剂50~100倍液，既可杀灭病菌，又可杀除在枝条、腋芽、树皮缝内的蚜、介、螨的虫体及越冬卵。在使用涂白剂前，最好先将林园行道树的树木用枝剪剪除病枝、弱枝、老化枝及过密枝，然后将剪下来的树枝收集起来予以烧毁，并且把折裂、冻裂处用塑料薄膜包扎好。在仔细检查过程中如发现枝干上已有害虫蛀入，要用棉花浸药把害虫杀死后再进行涂白处理。涂白部位主要在离地1~1.5米处。如老树更新后，为防止日晒，则涂白位置应升高，或全株涂白。

# 第八章 园林植物的引种与育种

## 第一节 种质资源

## 一、种质资源的概念及作用

### （一）种质资源的概念

种质资源是指园林植物材料中能将特定的遗传信息传递给后代并能得到表达的遗传物质的总称。

种质资源包括以下几类。种与品种：野生种、变种及人工选育或杂交的品种；器官和组织：种子、块根、块茎、鳞茎、叶、茎、果实、鳞片、珠芽、愈伤组织、分生组织、花粉、合子等；细胞和分子：原生质体、染色体和核酸片段等。

又因现代的遗传育种研究中包含染色体工程、基因工程，所以，遗传学上也常称种质资源为遗传资源。

### （二）种质资源的作用

1.种质资源是开展育种工作的物质基础

种质资源是选育新品种和发展农业生产的物质基础，也是进行生物学研究的重要材料。没有好的种质资源，就不可能育成好的品种。

为了不断增加园林植物种类，提高质量和选育新的优良品种，需要有目的、有计划地收集、保存、研究和利用园林植物种质资源。这是从根本上发展园林植物育种事业的重要物质基础。育种目标确定以后，要正确地选择和利用种质资源，如果在种质资源中缺少控制所需要性状的基因，那么无论做多少组合杂交试验，后代中也不可能出现所需要的性状。现代育种所取得的成就大小，从根本上来说取决于所掌握种质资源的数量多少和对其性状表现及遗传规律的研究的深浅。因此只有尽可能广泛地收集和保存大量的种质资源，并进行深入细致的研究，才能使育种新途径和新技术充分发挥作用，才能成功地培育出优良的新品种。

2.种质资源是不断发展新园林植物的主要来源

据统计，全球植物有35万～40万种，其中1/6具有观赏性。这些植物中有许多还处于野生状态，尚待人们调查、收集、保存、研究和利用。有的野生花卉种质资源通过引种、驯化变为家生，就具有了观赏效果，这仍是一种培育新种既快又好的方法。随着生产和科学技术的发展，人们正在并将继续不断地从野生植物资源中发展更多的新花卉，以满足生产和生活中日益增长的需求。

可见，植物种质资源是人类宝贵的财富。掌握种质资源，可以培育新的优良品种，为人类提供生活资料、药物来源和工业原料。所以，生物科学和农业科学的发展，在某种程度上将取决于人们对种质资源的发掘和掌握程度。

### （三）保护种质资源的迫切性

乱砍滥伐、森林火灾、掠夺性采掘植物资源、盲目的农业开垦以及其他人为干扰等因素，导致生态环境被破坏，使生物种质资源受到严重威胁，许多物种和类型灭绝或濒于灭绝，花卉植物种质资源亦是如此。很多宝贵的花卉种质资源在尚未开发利用之前，就已散失、绝种，成为无法弥补的损失。如昆明的金殿附近和宜良曾经盛产品质优良的兰花，现已所剩无几；浙江、福建的兰花也遭受同样的命运。同时，很多花卉种质资源目前还在深山老林中自生自灭，因此亟须对花卉种质资源进行调查、收集、保存、研究和开发利用，使我国丰富多彩的花卉种质资源为世界花卉育种做出更大的贡献。

## 二、种质资源的分类

### （一）本地的种质资源

本地的种质资源是指在当地的自然和栽培条件下，经长期的栽培与选育而得到的植物品种和类型。它不仅深刻地反映了本地的风土特点，对本地的生态条件具有高度的适应性和抗逆性，而且反映了当地人民生产、生活的需要。我国花卉栽培历史悠久，形成的地方品种非常多，而且类型极其丰富，还有许多独特的优良性状。据统计，我国山茶花品种约为200个，梅花品种300个，牡丹品种近500个，芍药品种200个，月季品种800个，春兰100多个，菊花近3000个，桃花、丁香花、蜡梅、桂花、紫薇等也有相当多的品种。我国的花卉优良遗传品质突出，如多季开花的种类多，早花种类多，香花种类多，抗逆性强的种类多等。本地种质资源取材方便，但是由于长期生长在相对固定的环境条件下，遗传性较保守，对不同环境条件的适应范围较窄。

本地的种质资源是选育新品种时最主要和最基本的原始材料。育种工作者对本地种质资源一般采取直接利用、通过改良加以利用或作为基础的育种材料使用的方式。

### （二）外地的种质资源

外地的种质资源是指由不同气候区域引进的植物品种和类型。外地种质资源来自不同的生态环境，反映了各自原产地区的生态和栽培特点，具有不同的生物学、经济学价值和遗传性状，其中有些是本地资源所不具备的。特别是来自起源中心的材料，能够集中反映遗传的多样性，是改良本地品种的重要材料。正确地选择和利用外地种质资源可丰富植物品种及类型，从而扩大育种材料的范围和数量。在育种上，有时还特意选用与产地距离远的品种或类型作为杂交亲本，以创造遗传基础丰富的新类型。若外地的优良品种或类型的产地环境条件与本地区接近，也可直接引种利用，但是外地种质资源对本地区的自然条件与栽培条件的适应能力较差。

### （三）野生的种质资源

野生的种质资源是指未经人类引种驯化的自然界野生的植物。它是自然长期选择的结果，具有高度的适应性和抗逆性，并有其独特的品质，是培育新品种的宝贵材料。有些野生花卉植物具有较高的观赏价值，对这类野生花卉只需经过引种驯化就可直接应用于花卉生产。例如，原产四川的王百合和布朗百合就是通过引种驯化而成的世界名贵花卉。

### （四）人工创造的种质资源

人工创造的种质资源是指应用杂交、诱变等方法所创造的育种原始材料，包括运用各种育种方法在育种过程中所得到的育种材料。它具有比自然资源更为丰富的遗传性状，其中某些遗传性状是自然资源中所没有的。因此，人工创造的遗传资源是进一步育种的理想的原始材料。

## 三、种质资源的收集与整理

### （一）种质资源的收集

1.收集种质资源的必要性和迫切性

为了很好地保存和利用自然界生物的多样性，为了丰富和充实育种工作及生物学研究的物质基础，必须广泛地发掘和收集种质资源。

（1）新的育种目标须以更丰富的种质资源为基础

现代育种工作迫切需要更多更好的种质资源，以此来满足人民生活和经济发展对良种越来越高的要求。

（2）为了满足人口增长和人民生活的需要，必须不断发展新的栽培植物

地球上有记载的植物约有30万种，其中陆生植物8万种，只有150余种被用以大面积栽培。所以，迄今为止人类利用的植物资源很少，发掘植物资源的潜力还是很大的。有人估算，如能充分利用所有的植物资源，可养活500亿人。

（3）不少宝贵的资源大量流失，亟待发掘保护

种质资源的流失即遗传流失（genetic erosion）。自地球上出现生命至今，99%以上的物种已不复存在。这主要是物竞天择和生态环境的改变所造成的。人类的出现，科学技术的发展，使大量的物种濒临灭绝。20世纪30年代，瓦维洛夫等在地中海、近东和中亚地区所采集的栽培植物，到60年代后期已从原产地销声匿迹。希腊95%的土生小麦资源早在几十年前就已绝迹，地球上还有15%～20%的物种即将灭绝。有科学研究称，由于受人类活动的影响，近代这些物种灭绝的速率比其自然灭绝速率快1000倍。种质资源一旦灭绝，就不可能用现代技术创造出来。

（4）为了避免新品种遗传基因的贫乏，必须利用更多的种质资源

遗传多样性的大幅减少和品种的单一化，会使植物对严重病虫害的抵抗能力下降，遗传脆弱性（genetic vulnerability）增加。一旦发生病害或虫害，栽培植物就不会产生新的适应性，进而失去抵抗力，造成重大损失。

2.种质资源收集的原则

（1）明确收集对象

必须根据收集的目的和要求、单位的具体条件和任务，确定收集的对象，包括收集对象的类别和数量。收集工作必须在普查的基础上，有计划、有步骤、分期分批地进行，并且应根据需要，有针对性地进行。

（2）由近及远

收集工作应该由近及远，根据需要按先后次序进行。首先应考虑收集珍稀濒危种类，其次收集与之相关的种、变种、类型及遗传变异的个体，尽可能保存物种的多样性。

（3）严格保证种质质量

种质资源的收集应该遵照调拨制度的规定，注意检疫，并做好登记、核对工作，尽量避免材料的重复和遗漏。材料要求可靠、典型、质量高。

3.种质资源的收集

（1）种质资源收集的范围

种质资源收集的范围包括国内外植物、相关的野生和栽培种、自交系、优良育种系、一些稀有的和濒危的种类、遗传无性种等。遗传无性种包括诱变的、天然突变的、正常染色体遗传畸形和变异的细胞无性种、标志基因、多倍体和抗虫无性种等。

（2）种质资源的收集方法

种质资源的收集方法有直接收集、考察收集、交换和转引等。

①直接收集

在调查考察的基础上直接收集有关物种资源。收集的材料可以是种子、枝条、植株、球根、花粉等。收集的数量应以充分保持育种材料的变异性为原则。因此，被收集材料的群体大小非常重要。一般应使所收集的每一群体内可能的遗传变异个体数尽量达到最大，不要遗漏各种类型的材料。根据前人的经验，每个地方（或每一个群体）以收集50～100个植株为宜，每个植株可采集50粒种子。如果考虑保存的需要，每份样品采集的种子应不少于2500～5000粒，但这些数目也因调查收集的目的及具体情况而异。对于无性繁殖植物，在一个采集区只要收集50～200份材料就可以认为已收集到了绝大部分尚存的无性繁殖材料。而野生种则不同，有学者建议，从每平方公里的群体里，至少随机收集10～20份。如果生态环境没有很大变化，取样点不必过密，以免过多地重复。而Marshall和Brown主张在每平方公里的群体里至少收集50～100份。对于茎和根特化（鳞茎、球茎、块茎等）的植物，最好在植株刚枯死，地面还可见到残留物时进行收集。过早，根茎不成熟；过晚，找不到挖掘地点。对于珍稀濒危植物的采集，如数量很少，又无种子，宜采用高空压条等方法繁殖后再收集。收集植物营养体时应防止干枯，采取快速运输的方法，即使是种子也应在稍微干燥后运输，避免过湿过干，并注意检疫，防止病虫害的传入和蔓延。收集的材料要及时加以整理、分类、编号登记，包括植物材料的名称，产地的自然环境或栽培条件，植物材料的来历、现状及分布特点，植物材料的繁殖方法，主要的形态特征，生物学特性和经济性状等信息，还应包括收集编号、收集日期、地点、收集者姓名等，如发现资料不全或有错误，应及时补充、订正。

②考察收集

栽培植物是人类利用和驯化野生植物的结果。因此，为了使所收集材料具有典型性和多样性特征，应尽量到它的起源中心或驯化中心去收集。为了获得遗传上最大的多样性，收集一切属于该类型的收集对象，对于那些当时认为无价值的资源也要收集，以后可能会发现其有巨大价值。

③交换和转引

由于每个国家、地区或育种单位的能力都是有限的，不可能将所有的物种都收集完全，所以国家与国家间、地区与地区间、育种机构与育种机构之间应经常进行种质资源的交换和转引，以达到取长补短、互通有无的目的。对于国外种质资源的收集，主要是通过交换、转引的方式进行的。

（3）种质资源的收集单位

主要由专业队伍与当地的单位或群众共同进行收集，并将收集的植物资源集中整理保存。集中收集、保存、管理及研究园林花卉植物的专业机构，主要是各地区的植物园。此外，高等农林院校、一些相关科研单位及园林管理部门也都有收集、保管、研究植物资源的责任和义务。

### （二）种质资源的整理

应对收集到的种质资源，及时进行整理。首先应将样本对照现场记录，进行初步整理、归类。然后将同种异名者合并，以减少重复；将同名异种者予以订正，并进行科学登记和编号。中国农业科学院国家种质库对种质资源的编号办法如下。

1.将植物划分为若干大类

Ⅰ代表农作物；Ⅱ代表蔬菜；Ⅲ代表绿肥、牧草；Ⅳ代表园林植物、花卉。

2.又将各大类植物分为若干类

1代表禾谷类作物；2代表豆类作物；3代表纤维类作物；4代表油料作物；5代表烟草作物；6代表糖料作物。

3.具体的植物编号

I1A代表水稻；I1B代表小麦；I1C代表黑麦；I2A代表大豆等。

## 四、种质资源的保存

收集到的种质资源经整理归类后，必须妥善保存，使之能维持一定的样本数量，保持各样本的生活力和原有的遗传变异性，供以后的育种和各种研究使用。植物种质资源保存方式有以下几种。

### （一）就地保存法

就地保存法是通过保护某一植物所在的自然生态环境来保存植物资源的方法，这种保存基因源（或称天然基因库）的方法被认为是植物遗传资源保存的关键。尤其是木本植物稀有种、濒危种的保存，多采用此法。当今世界各国建立大量自然保护区的目的之一就在于此。就地保存的优点是能够保存原有的生态环境和生物多样性，保存费用较低，缺点是被保存的植物资源易遭受自然灾害。

## （二）异地种植保存法

异地种植保存法即选择与资源植物生态环境相近的地段建立异地保存基地，以有效地保存种质资源的方法。保存基地可分级分类建立，集中与分散相结合。国家级、省级保存基地以综合种质资源保存为主；地方级以专类种质资源保存为主。保存基地应在各方面具有代表性，土壤与种质资源原产地差异小，对一些遗传性适应范围较窄的乔灌木，要尽可能选择或创造与原产地相似的环境条件。栽种的株数应根据对种质资源的要求而定，既要有利于保存和研究，又不致占地过多。原则上乔木每种（品种）至少5株，灌木和藤本10～12株，草本20～25株，重点品种栽种株数可以适当增多。

种质资源材料定植后，管理上要尽可能满足不同种类的要求，使资源材料能够良好地生长，能反映出其性状和特性，以便进行科学的比较研究。中国和世界的许多植物园、树木园、园林植物种质资源圃、原始材料圃、花圃等都是异地种植保存种质资源的重要场所。

异地种植保存法的优点：基因型集中，比较安全，管理研究方便。缺点：费用较高，基因易发生混杂，特别是异花授粉植物，须采取隔离措施。

## （三）种子保存法

种子保存法是一种最简便、最经济、应用最普遍的种质资源保存方法。种子保存法主要是通过控制贮藏温度、湿度、气体成分等措施来延长种子的保存期。此方法的优点是种子容易采集，数量大而体积小，便于贮存、包装、运输、分发。

1.种子的类型

正常型种子：通过适当降低种子含水量、降低贮存温度可以显著延长其贮存时间的一类种子。

顽拗型种子：在干燥、低温的条件下反而会迅速丧失生活力的一类种子。如核桃、栗、榛、椰子、番樱桃、山竹子、油棕、南洋杉、七叶树、杨、柳、枫、栎、樟、茶、佛手、茭白等。这类植物不用种子保存法来保存种质资源。

2.种子贮藏条件

影响种子长期贮藏的关键因素主要有两方面：一是种子本身的发育状况和处理方法；二是种子贮藏时的环境条件。长期贮藏应选择发育健康、刚刚生理成熟的种子，未成熟的种子或过于成熟的种子生活力均较弱，易较早地结束生命。有病虫害的种子以及为防止病虫害采用药剂处理或熏蒸过的种子都不要贮藏。

影响种子长期贮藏的环境因素因植物种类不同而有所差别，但是有两个共同的重要因素，即种子周围空气的相对湿度和温度。

空气的相对湿度决定着种子的含水量，而含水量直接影响到种子的寿命。随着种子的逐渐成熟，种子内的水分逐渐减少，成熟后的种子含水量常与周围的空气湿度保持平衡。种子含水量与空气的相对湿度达到平衡，对提高种子寿命最有帮助，但也因植物种类而异。当种子含水量达40%以上时，种子就要发芽，而发芽的种子一经干旱就会死亡。当种子的含水量高于14%时，微生物的侵染和繁殖使种子的温度升高，种胚受到破坏，种子将因此变质死亡。当种子含水量保持在4%～14%时，含水量每减少1%，种子寿命便可增加2倍。近来研究表明，油料种子在超干燥贮存条件下，比含水量5%或5%以上的种子具有更好的耐贮性，但是对淀粉种子和蛋白质种子在超干燥条件下的耐贮性报道各异，有待进一步的研究。

温度对种子的生活力同样有重要的影响，种子贮藏的温度越低，它的寿命一般也就越长。通常认为在0～50℃的范围之内，贮藏温度每降低5℃，种子寿命便可以延长1倍；当温度为50℃或更高时，种子很快就会受到损害，这是由蛋白质变性和酶钝化造成的，但是也有很多植物种子能忍受80～100℃的高温数小时之久。0℃以下的贮藏温度对十分干燥的种子不会带来重大伤害，但当种子含水量极高时，则会造成种子死亡。

3.三种种质库

种质库的温湿度管理一般分三个档次，保存年限与温度、湿度成反比。

（1）短期库

又称"工作库"，用于临时贮藏应用材料，供研究、鉴定和利用。库温10～15℃或稍高，相对湿度50%～60%，种子存入纸袋或布袋，可存放5年左右。

（2）中期库

又称"活跃库"，任务是对种质进行繁殖更新、描述鉴定、记录存档，向育种家提供种子。库温0～10℃，相对湿度60%以下，种子含水量8%左右，种子存入防潮布袋、聚乙烯瓶或铁罐，可安全贮存10～20年。

（3）长期库

又称"基础库"，是中期库的后盾，防备中期库种质丢失，一般不向外界提供种子。为确保遗传完整性，只有在必要时才进行繁殖更新。库温–10℃、–18℃或–20℃，相对湿度50%以下，种子含水量5%～8%，存入密封的种子盒内，每5～10年检测一次种子发芽力，能安全贮存种子50～100年。

## （四）离体保存法

离体保存法是利用植物细胞和组织来进行种质资源保存的方法。植物体的每一个细胞在遗传上都是全能的，都含有生长发育所必需的全部遗传信息。因此，可以通过利用试管保存组织或细胞培养物的方法，来有效地保存种质资源材料。离体保存技术适用于保存顽拗型植物、水生植物和无性繁殖植物的种质资源。作为种质资源的细胞或组织培养物有愈伤组织、悬浮细胞、幼芽生长点、花粉、花药、体细胞、原生质体、幼胚和组织块等。

利用离体保存技术，可以保存用种子保存法不易保存的某些种质，如高度杂合性的、不能产生种子的多倍体材料和不适合长期保存的无性繁殖器官，如球茎等。目前，种质资源离体保存有两个系统。

1.缓慢生长系统

例如甘薯腋芽的培养基温度从28℃降到22℃时，继代培养的间隔从6周增加到55周。采用防止培养基蒸发的措施后，继代培养的期限则增加到83周。在培养基中加入化学抑制剂如甘露醇，或激素类物质如脱落酸，可增加延缓效果。

将利用分生组织培养的草莓小植株保存在4℃无光的冰箱中，每3个月检查一次，发现干燥时加入1～2滴新鲜培养液。保存6年后，用这些小植株培养的草莓仍发育正常。

用上述方法保存的试管苗在进行继代培养时，可立即恢复生长，但由于继代培养耗费劳力，并且在继续分裂过程中难以排除遗传变异的可能，所以，该法适于短期和中期保存。

2.超低温保存系统

（1）超低温保存

是指在-80℃（干冰温度）以下的超低温中保存种质资源的技术，通常使用液氮（-196℃）保存，或称LN保存。

在超低温条件下，细胞处于代谢停滞状态，从而可防止或延缓老化。由于不需要多次继代培养，可抑制细胞分裂和DNA的合成，细胞不会发生变异，因而保证了资源材料的遗传稳定性。

超低温保存的特点：在超低温条件下，细胞的整个代谢和生长活动基本或者完全停止，保证不会引起遗传性状的变异，便于长期保存。

超低温保存的原理：采用适当的冰冻保护剂、降温速度和化冻方式，避免在降温和解冻过程中生物细胞内结冰，从而使细胞不受损伤或只受到较小的损伤。

利用植物组织细胞超低温保存技术成功保存的植物种类已有数十种。根据组织类型的不同，植物组织细胞超低温保存分为：悬浮培养细胞和愈伤组织超低温保存、生长点的超低温保存、体细胞胚和花粉胚的超低温保存、原生质体的超低温保存。

（2）超低温保存的一般程序

①培养材料的选择

培养材料的正确选择是植物组织细胞超低温保存成功的关键。如超低温保存细胞，应选择培养5～9 d的幼龄细胞，或选择处于减数分裂旺盛时期的细胞；如果选择芽，最好取冬芽，此时的芽抗冰冻的能力较强，有较高的存活率。

②材料的预处理（冰冻保护）

冰冻前，将要冰冻的材料放入保护剂中预处理。常用冰冻保护剂分为以下两类。渗透型冰冻保护剂：二甲基亚砜（DMSO）、甘油、乙二醇（EG）、乙酰胺、丙二醇（PG）等，多属低分子中性物质，在溶液中易结合水分子，发生水合作用，使溶液的黏性增加，从而弱化了水的结晶过程，达到保护的目的；非渗透型冰冻保护剂：聚乙烯吡咯烷酮（PVP）、蔗糖、葡聚糖（右旋糖酐）、聚乙二醇（PEG）、白蛋白、羟乙基淀粉（HES）等，能溶于水，但不能进入细胞，可使溶液呈过冷状态，在特定温度下降低溶质（电解质）浓度，从而起到保护作用。

③降温操作

材料经冰冻保护剂预处理后，要立即降温冰冻。其方法有下列3种。

快速冰冻法：将经冰冻保护剂处理后的材料直接投入液氮中。

慢速冰冻法：以每分钟下降0.1~10℃的速度降温。

两步冰冻法：先用慢速冰冻法降到一定温度，使细胞达到适当的保护性脱水状态，再投入液氮中迅速冰冻。

④保存

保存分为短期保存、中期保存（-80~-100℃）、长期保存（-196℃）。

⑤化冻操作

通常有2种化冻方式。

快速化冻：在35~40℃温水中进行，大多数材料采用此法化冻。

慢速化冻：在0~3℃或室温下进行，冬芽超低温保存后多采用此法化冻。

⑥生活力与存活率检测

超低温保存化冻后生活力和存活率测定有以下3种方法。

再培养法：根据培养材料颜色的变化进行判断，呈褐色者存活率低。

二醋酸酯荧光染色法：先配制0.1%荧光素染料，并与1滴化冻后的细胞悬浮液相混合，然后将混合液分别放入普通光学显微镜及紫外光显微镜下观察计数。

TTC法：2，3，5-三苯基氯化四氮唑还原法。此法可以检测细胞内脱氢酶的活性。

TTC在细胞内被氢还原后，生成红色的三苯甲腙，不溶于水，但溶于酒精，可用分光光度计进行定量计算。

## （五）基因文库保存

从资源植物中提取相对分子质量较大的DNA，用限制性内切核酸酶将其切成许多DNA片段，再通过载体把该DNA片段转移到繁殖速度快的大肠杆菌中，通过大肠杆菌的无性繁殖，增殖成大量可保存在生物体中的单拷贝基因，当需要某个基因时，可以通过某种方法去"钓取"。这样建立起来的基因文库不仅可以长期保存该种类的遗传资源，而且还可以反复地培养繁殖、筛选，来获得各种基因。

## 五、种质资源的研究利用

为了更好地利用收集来的种质资源，充分发挥种质资源的作用，必须对种质资源的形态特征、观赏价值、抗逆性、生态型、经济性状等进行研究，并探讨与育种目标有关的性状遗传变异规律，以便在育种工作中能合理、有效地加以应用。

### （一）分类学性状的研究

为了搞清楚植物资源的分类学地位，了解其所属分类单位的基本特点，需对其进行分类学性状的研究。尤其是在有性杂交过程中，对原始材料亲缘关系的研究显得非常重要。在鉴定和分析杂种特征和特性时，分类学性状是主要依据。

### （二）生态型的研究

在研究和利用园林植物材料时，除了要注意它们的分类学性状之外，还必须注意生态型的不同。因为，同一物种可由于生态型的差异而具有各不相同的抗逆性，研究生态型对于引种驯化和正确地选配杂交亲本有很大的意义。相差悬殊的生态型之间进行杂交，其杂种常具有较大的遗传变异性和旺盛的生活力。

### （三）经济性状的研究

经济性状包括产品的品质、生产率和产量等。对园林植物产品品质的研究应根据产品的特性进行。园林植物材料主要研究花的大小、花色、叶形、叶色、香味以及切花所必须具有的坚硬性、耐贮藏性、耐运输能力等；以生产香料为主的植物材料则主要研究香精的产量、质量以及加工提炼的工业方法等。

### （四）物候期的研究

物候期包括发芽、生长、现蕾、开花、结实、果实成熟、落叶休眠等生长发育阶段。物候期的早晚，持续时间的长短与不同植物类型的遗传特性有一定的关系。

### （五）抗逆性的研究

抗逆性研究包括抗寒性、抗旱性、耐热性、耐湿性、耐盐碱性等。对植物材料抗逆性的研究，有助于抗性育种，从而培育出具有各种抗逆性的植物新品种。

### （六）适应能力的研究

植物材料对改变了的环境条件和栽培方法的适应能力有大有小，因此，在选育工作之始，对作为亲本的植物材料进行适应性的研究很有必要，它关系到新品种的适应能力的大小，有助于我们运用栽培方法最大限度地发挥其观赏价值和经济价值。

通过对以上各种性状的研究，可以全面地、系统地和规律性地了解植物材料。在此基础上进行引种、驯化、选种、育种，才有科学依据，才能收到良好的效果。

# 第二节　引种

## 一、园林植物引种概述

### （一）引种的概念

植物引种、驯化是人类利用和改造并保存植物的两个阶段。引种中必然包括驯化。通常来说，引种是把植物材料从原分布区定向迁移到新地区栽植的措施，而被引种的植物对新地区的环境条件适应的过程即为驯化。园林植物的引种是从其他地区引进花木等材料，但它和原始材料的收集的意义不同。原始材料的收集是指从各个地区收集花木资源供杂交、选择或诱变用，而引种是直接从外国或外地引进具有生产意义的花木品种，扩大园林植物材料种类，丰富本地区园林植物资源。因此，引种本身就是一种简单而见效迅速的育种手段。

### （二）引种工作的特点

引种工作最大的特点是工作周期短而见效快，加上花卉商品市场的世界性，使得一个好的品种往往会畅销全世界。如月季中的"和平"，百合中的"魅力"，等等。因此园林植物引种范围非常广泛，在花卉育种中，引种的重要性似乎更为突出。

此外，由于花卉等园林植物生产规模较农作物要小得多，而经济效益又较高，有条件集约经营，因而可以从不同生态区域引种，通过创造模拟条件如温室、荫棚、人工喷雾和人工培养基来进行栽培。这样看来，园林植物引种范围是其他作物所不能比拟的。

## （三）园林植物资源分布状况

### 1.地中海气候型

主要分布在地中海沿岸、非洲南部、澳洲西南部、南美中部和北美南部。其基本气候特征为：秋冬季降水多，夏季干燥，冬季最低温度为6~7℃，夏季为20~25℃。代表花卉主要有风信子、郁金香、鸢尾类、石竹、金鱼草、瓜叶菊、水仙、紫罗兰、风铃草等。

### 2.大陆西岸气候型

分布在欧洲西海岸、北美西北部、南美西南部和新西兰等地。这种气候型的基本特征概括起来为冬暖夏凉、冬夏温差小。代表园林植物有飞燕草、楼斗菜、剪秋罗、德国铃兰、雏菊、三色堇、勿忘草等。

### 3.大陆东岸气候型（中国气候型）

分布在中国大部分地区、日本、北美东部、巴西南部、非洲东部等处。气候特征一般是夏季高温多雨，冬季寒冷干燥，冬夏温差较大。此气候型又可进一步分为温暖型和冷凉型两种。温暖型的代表花木有中国石竹、天人菊、福禄考、美女樱、中国水仙、百合类、唐菖蒲、马蹄莲、非洲菊、山茶、杜鹃、蔷薇类、南天竹、叶子花等。冷凉型代表花木有翠菊、矢车菊、荷包、牡丹、芍药、菊花、铁线莲、紫苑、假龙头、硫华菊、贴梗海棠、连翘、迎春、柽柳、蜡梅、桃花、丁香、木兰、鹅掌楸等。

### 4.热带高原气候型

分布在喜马拉雅山北部至中国西南部的山丘地带、墨西哥高原、南美和非洲中部的高山地带等。气候特点主要是年平均气温在14~17℃。代表花木有百日草、万寿菊、波斯菊、大丽菊、晚香玉、南山茶、常绿杜鹃和蔷薇类等。

### 5.热带气候型

分布在南美热带及亚、非、澳三洲热带地区。月平均最高温与最低温温差小，有的地方相差不到1℃，但距赤道越远温差越大。代表园林植物有紫茉莉、长春花、凤仙花、鸡冠花、竹芋、秋海棠、彩叶草、洋兰、美人蕉、朱顶红、大岩桐、变叶木等。

### 6.沙漠气候型

分布在阿拉伯、非洲、澳洲、南北美洲等地区。气候特征主要是干旱少雨，大多为不毛之地。代表植物多为仙人掌和多肉植物。

### 7.寒带气候型

分布在极地和高山附近。代表花卉为各地自生的高山植物，如点地梅、龙胆、雪莲等。

## 二、园林植物引种工作程序

### （一）引种目标

应根据当地的观赏园艺发展状况以及人们的生活需求，结合当地自然、经济条件和现有品种存在的问题，例如适合当地栽培的园林植物种或品种的缺乏、现有种品质的低劣、抗病虫害能力差、生育期不适应等，有目的有计划地引进外国、外地种或品种，避免盲目引种，以节约时间、人力和物力。

### （二）引种材料的收集

引种人要详细了解原产地的自然条件、经济状况和栽培技术及管理水平，对所引进的种或品种要详细调查询问并记载其特点、抗病虫害的能力等。

收集工作必须由专人负责，根据引种目标，了解、掌握所要引进的种或品种的自然分布、栽培分布状况以及分布范围内的生态类型、选种历史、遗传性状等。还要对收集地区的自然气候、土壤条件、园艺生产情况做详细调查记录，综合写成材料，对每一个收集的样本都应详细登记在预先印制好的引种登记表内，一式两份，一份作为收集档案，一份留用。引种登记表内的项目可参照下列各项酌情增减：1.编号。应使用统一的编号，它在整个引种试验和推广利用过程中永远代表该种或品种。2.植物名称。包括学名、中文名称以及别名。3.品种名称（栽培种）。园林植物的栽培品种繁多，因此在引种时一定要记清品种名称。4.引入日期。5.材料类别。引种时要注明引入的是种子还是营养繁殖体（球茎、鳞茎、块根、块茎等）。6.数量。7.播种日期（月，旬）。8.生育期。9.材料来源。

将引种登记表装订成册，由负责引种的实验室统一登记和保存。

### （三）检疫工作

引种不仅是引进新种或新品种的途径，也是传播病虫害和杂草的一个重要途径。国内外在这方面都有许多严重的教训。如榆树的荷兰病原分布于西欧，由于引种，现已广泛分布于世界上很多国家。为了避免在引种时传入病虫害及杂草，从国内外引种时必须通过安全检疫。为了确保安全，除对新引进的材料进行检疫外，还要通过检疫种植进行观察，经鉴定没有危险的病虫杂草后才能繁殖种子，进入下一步的引种试验。

### （四）引种试验

经过详细的调查研究，从外国或外地引入了新材料，只能说明引种的可能性，引种材料的实用价值、观赏价值还要根据其在本地区种植条件下的具体表现来评定。观察鉴定内容包括物候期、品质、形态特征、产量、抗病虫害能力等。在生态环境差异大的地区间引种时，新引进的品种容易发生变异和生育期不一致的现象，要在引种试验过程中加以选择保存。

通常引种试验要分两步：一是进行2～3年的小区观察试验；二是进行品种比较试验。

第一步：小区观察试验。当新引进品种数量较多时，要各种几个小区，当地的推广品种也要种一个小区，或每隔几个小区的引入种，种一个小区的当地品种作为对照加以观察比较。重点观察项目包括越冬性（露地）、生育期、抗病虫害能力等。经过重点观察，挑选表现较好的材料做进一步的品种比较试验，表现不突出的可以留在下一年继续做观察试验。

第二步：品种比较试验。在与当地品种进行比较试验时，试验的材料必须经过当地试种1～2年，因为品种本身是一个群体生态类型，虽然在原产地表现一致，但是到了新的环境下，原来潜伏的不一致性可能会表现出来，杂交种更是如此。因此，试种是很有必要的。在品种比较试验中，对整个生长发育过程都要认真观察记录，试验中表现突出的良种可进一步做区域试验。

## （五）区域试验

区域试验范围比较大，更多的是进行区域测试，以确定其所适应的地区和范围。

## （六）栽培试验和推广

通过初步试验得到肯定的引进品种，在推广前还应根据其遗传特性进行栽培试验，在提供良种的同时，探索关键性的栽培技术措施，做到良种良法配套推广。

# 三、引种中对生态因子的剖析

引种成功的关键，在于正确掌握植物和周围环境的关系。在不同的国家和地区间引种，由于地理距离较远，要特别注意原产区与引种地区之间生态环境的异同。一般来说，生态条件相似的地区间引种容易成功，反之则困难得多。一、二年生草花生长周期短，可以通过人为措施，调节其生长发育，因而完全可能将热带、亚热带花卉引种到温带，甚至寒温带来栽培。而多年生观赏树木生长周期长，在生长过程中要经受引种地区全年的各种生态条件的考验，且这些条件不易人为控制和调整，因此在引种木本园林植物时要特别注意地区间生态条件的相似性。

温度、光照、降水、湿度、土壤酸碱度及土壤结构等常常是限制引种的主要因素。引种时除对原产地生态环境进行综合分析外，还要对影响植物生长发育的主要因素进行剖析。下面对限制植物引种的几个主要生态因子进行分析。

## （一）温度

温度是影响植物生存的重要因子，与植物引种密切相关。每一种植物都有适合其生存的温度范围，其中主要包括年平均温度，最低、最高温及其持续时间，季节交替特点，无霜期，积温大小等。

在引种过程中，首先应考虑的是原产地与引种地的年平均温度，如果年平均温度相差过大，引种就很难成功。其次，一些植物原产地的年平均温度与引种地的年平均温度看起来基本相似，引种有望成功，但全年最高、最低温度却成为影响引种的限制因子。因此，了解所引种的园林植物能忍受的最高和最低温度（也称为临界温度）是至关重要的。高温的危害使植物呼吸作用加强，光合作用减弱，养分积累减少，甚至消耗大于积累，长此以往就会导致植物死亡。低温危害表现在使原生质和液泡形成冰晶，破坏原生质结构，使细胞死亡，进而导致植物受害乃至死亡。这一点对于从南方向北方进行的引种尤为重要。

引种时，除考虑最低和最高温度外，还要注意它们的持续时间。有些植物能够忍受短暂的低温，但稍长的低温就会使植物受害。

季节交替的温度变化特点也往往是引种的限制因子之一。如我国江浙地区初春气温反复变化幅度较大，该区的植物通常具有较长的冬季休眠期，这是对这种反复变化的气候特性的一种特殊适应方式，它们不会因气温暂时转暖而萌动生长。高纬度地区初春没有"回春"天气，所以这些地区植物虽有对更低温度的耐受性，但若把它们引入中纬地区（如江浙一带），初春气温的反复无常，经常会引起冬眠中断而使其开始萌动，一旦寒流袭来就会造成冻害。

对于某些植物来说，一定时期的低温常常是必需的，只有满足它们对低温的要求，它们才能在第二年正常生长发育，如某些球根花卉在休眠期需要一定时期的低温作用，才能继续花芽分化和发育，否则其引种可能不会成功。

## （二）光照

地球以一定倾斜角度围绕太阳运转，结果出现了不同纬度日照时间长短的不同，并呈现出一年内有规律的变化。每天日照时数的变化又称为光周期，它对植物的发芽、生长、开花、结实有着直接的影响，这种现象被称为光周期现象。根据植物花期对光周期的反应，可将植物分为长日照、短日照和中日照等三类植物。对于高纬度地区（北半球）来说，夏季为生长季节，此时昼长夜短，生长的植物属长日照植物。而在低纬度地区，四季昼夜相差不大，日照时间较短，分布在此地区的植物属短日照植物。不同纬度地区间引种一定要注意这一点，只有在引种地区能够满足被引种植物对光周期的要求时，植物才能正常生长发育、开花结实。南树北移时，生长季节内的日照时间延长，使生长期滞后，封顶推迟或根本不封顶，妨碍本质化，降低其越冬能力，当冬季来临时，植物就会受冻害或被冻死。如江西的香椿种子在山东泰安播种时，由于不能适时停止生长，地上部分常被冻死。反之，北种南移时，日照由长变短，常会使植物生长期缩短，年生长量减少，生长缓慢。因此在引种时要充分注意光周期现象。

光照强度也对植物的生长发育、生理变化、形态结构等方面有着重要的影响。根据植物所需的光强可以把它们分为阳性植物和阴性植物。阳性植物开花期和幼果期需要充分的光照，如果光照减弱，花和果实就会发育不良。而阴性植物的生长发育在弱光下就能正常进行，有时强光会抑制其生长发育。因此在引种时应充分了解被引进的种或品种对光强的要求，以便在栽培过程中采取相应的措施确保引种成功。总之，引种时一定要注意植物原产地区与引种地区之间的日照时间长短和光照强度的变化。

## （三）降水和湿度

我国不同纬度地区，年降水量是不同的，而且相差悬殊。而水分是维持植物生存的必要条件，引种植物时必须研究植物原产地区和引种地区的降水问题。我国降水分布规律是：年降水量从东南沿海向西北内陆逐渐减少；从四季降水情况来看，北方地区以6、7、8三个月降水较多，而南方降水则从4月持续至9月，从而形成我国夏季高温高湿的特征。

从南向北，从东到西，随着降水量的减少，植物类型由森林变为森林草原、草原、干草原、半荒漠、荒漠。可见，降水和湿度是决定自然植被类型的关键因素，也是决定引种成败的因素。降水量少，在许多情况下是引种的限制因子。由湿润地区向干旱地区引种，必须采取灌溉措施。即便如此，由于大气湿度小，成功的例子也不多。如黄河流域各省大量引进的毛竹，在湿度较大，又注意灌溉的地区能正常生长，而在大气湿度小的地区都落叶枯死。柳杉、杉木的引种也与大气湿度有密切关系，向干燥地区引种，均不易成功。在我国华北地区，许多南方树种不能越冬，这既与冬季低温有关，也与干旱有密切关系。北京引种的许多南方树种（如梅花），不是在冬季最寒冷的时候被冻死的，而是在冬末初春受到风的袭击，出现生理干旱而脱水死亡的。因此，由南向北引种时不仅要防寒，更要重视防旱。

降雨量在不同季节的分配，也与引种的成败有一定的关系。我国东部亚热带地区，特别是华南，属于夏雨型，引种地中海和美国西海岸的黄松、辐射松、月桂等往往不易成功。这是由于华南冬季干旱而且高温，不适合原产区为冬季型的树种。而引进夏雨型的加勒比松、湿地松则生长良好。又如非洲南部把辐射松、海岸松引种到冬季降水的西海岸，把长叶松引种到夏季降水的东海岸，都获得了成功。

此外，空气湿度与能否适宜外来植物的生长关系很大，在引种时必须注意。我国相对湿度随季节变化的情况有三种类型：沿海各地夏初最高、秋冬最低，对植物生长有利；三北干燥地区夏季相对湿度最高，春季最低，对植物生长不利；四川一带10—12月相对湿度最高，夏季最低，对成熟种子的贮藏是不利的。如果原产地区与引种地区的相对湿度相差很大，这种差异就会成为引种的限制因子。在华中、华东，鹅掌楸、红杉生长不良与空气湿度较低有密切关系。

### （四）土壤条件

土壤酸碱度、物理结构和土壤微生物也是影响引种成败的因素。

在引种时，由于土壤的变化，矿质元素常常会供应失调，从而影响引种效果。为了保证良好的引种效果，在引种时必须先对用于栽培植物的土壤进行化学分析，详细了解土壤中矿物质元素含量及其有效性，以便结合植物生物学特性，采取相应的土壤改良措施，使引进的植物不致因缺乏某些元素而发生生理性病害。

土壤对引种的成败影响最大的因素是土壤酸碱度和含盐量。土壤的酸碱度决定了植物的自然分布范围，从而形成不同的植物群落。根据植物对土壤酸碱度要求的不同，把植物划分为酸性土植物（如蕨类植物、凤梨、杜鹃、栀子花、马尾松等），中性土植物（大多数园林植物），碱性土植物（如柽柳、紫穗槐等）。在引种时，当土壤酸碱度与引进植物的生物学特性不相适应时，植物往往生长不良，甚至死亡，导致引种失败。例如，庐山植物园建园初期，对土壤酸碱度未加注意，引种了大批喜中性和偏碱性土壤的树种，如白皮松、日本黑松等，而庐山土壤的pH一般为4.8～5.0。经过10多年的试验，这些树种逐渐死亡淘汰。要调整土壤酸碱度，常用的办法是：酸性土中施加石灰，碱性土中施加硫酸铵或其他有机肥等酸性肥料。如河南鄢陵花农用自行配制的使土壤酸化的矾肥水定期灌溉，能使酸性土花卉生长良好。

土壤的物理结构如通气、排水性能也是影响植物引种的主要因素之一。松树、泡桐等许多树种不适于在排水不良的土地生长；花旗松、雪松、毛白杨要求土层深、排水好；落羽杉、池杉、水杉、柳树适于多水土地，特别是池杉，极耐水淹。

土壤微生物和植物的生长有非常密切的关系。有些微生物与树木根部组织共生，成为树木正常生长所必需的条件。常见的与微生物共生的有松属、椴属、桦属和豆科的树种。这类树木在引种时，由于土壤条件的改变，失去与微生物的共生关系，从而在引种地不易正常发育和成活。如澳大利亚、新西兰从北半球引进的松树，因没有菌根菌与松菌共生形成的菌根而生长不良。后来从原产地引进带菌根的土壤，生长状况有了显著改善。所以引种有根瘤或菌根的树种时应注意共生菌的引进。

## 四、引种驯化的鉴定

驯化鉴定是对引种植物对于新条件适应程度的最终的综合评价。鉴定的目的在于总结引种成果，它既是引种驯化规律研究的基本资料，又是生产的依据。

驯化鉴定是引种驯化研究的必需阶段，而且日益受到重视。驯化鉴定的内容涉及与生长发育有关的各种内外因子，其中值得一提的是"驯化指数"方法和"可塑性系数"方法，在一般的鉴定中都有所应用。近年来，数理统计和现代电子技术可对个别因子进行深入分析，进一步提高了鉴定的科学性。当然，目前单因子的分析只见于专题研究，大多数引种单位仍采用一般的综合评定方法。

驯化鉴定能最终评定引种植物的驯化程度，无论在科学上还是生产上都是一项重要工作。在实践中应掌握下列几点：只有达到完全成熟的植物才能进行鉴定。所谓完全成熟，一方面，开花结实正常的园林植物，以开花结实作为成熟标志；另一方面，对于观叶植物和观赏树木，有些可能长期开花结实不正常，但营养生长良好，并可以借无性繁殖方式繁衍后代，也应视为完全成熟。园林植物驯化鉴定是在物候期、生长发育、抗逆性、观赏价值、经济性状等科学考察基础上进行的，每一鉴定对象都应有自幼苗期到成熟期的系统观察资料，至少应该具备苗期、壮年期和成熟期等不同阶段的代表资料，以便于了解其适应性的发展过程。

那么，怎样才算引种成功呢？一般认为必须通过五关才算引种成功。这五关分别是成活关、生长关、开花结实关、传宗接代关、经济性状关。具体标准可以概括为以下三点：

第一，与在原产地时比较，不需要特殊保护措施就能露地越冬，生长良好，并能开花结果。

第二，没有降低原来的经济价值或观赏价值。

第三，能够用原来的繁殖方式（有性或无性）正常繁殖。

# 第三节　育种

## 一、选择的意义和方法

### （一）选择的意义

1.选择决定进化的方向

生物的变异可以是多种多样的，有些是有利变异，有些是有害变异。自然界用"优胜劣汰，适者生存"的方法，淘汰有害变异，保留有利变异，使生物沿着与环境相适应从而利于自身种族繁衍的方向前进，这种选择就称为"自然选择"。自然选择对生物本身的生存发展是有利的，但不一定对人类有利。例如，有些园林植物（月季、刺玫、三角梅等）枝条生有皮刺，对其本身有保护作用，但对人类栽培利用不利。还有些园林植物（杨树、榆树、云杉、紫茉莉等）的种子在成熟过程中脱落，这有利于自身繁衍，但不利于种子采收。

自从人类开始从事农业生产活动以来，决定生物进化方向的自然选择，就不再是独一无二的支配力量了。人类按照自己的需要，对植物进行有目的的选择，挑选那些有用的变异，淘汰那些较差的植物，这种选择就称为"人工选择"。在进行人工选择的同时，自然选择也在发挥作用，因为栽培植物不可能完全摆脱自然条件的作用。人工选择的结果是使植物变得更能满足人类的需要，但对植物本身的生存不一定有利。例如山茶品种"恨天高"观赏价值很高，但繁殖能力很差。

人工选择可以分为无意识选择和有意识选择两类。无意识选择是人类无预定目标地保存植物优良个体，淘汰没有价值的个体，在这个过程中完全没有考虑到品种遗传性的改变。

例如人们把好看的花留种，这种做法并不是有目的地选育新品种，可是却无意识地改良了品种。虽然无意识选择在改良品种过程中的作用是缓慢的，但由于时间漫长，成就却是巨大的。有意识选择是指有计划，有明确目标，应用完善的鉴定方法，系统地进行选择。我国丰富多彩的园林植物，就是我国劳动人民长期选择的结果。新中国成立后，园林植物的有意识选择逐渐增多，现代园林植物新品种选育则完全是有意识的人工选择过程。

人工选择应充分利用自然选择创造的条件。如选择抗病虫害能力强的园林植物，应在受病虫害感染严重的地区挑选未遭病虫害的或受害较轻的园林植物。如选择耐寒的个体，应到大批树木受寒潮侵袭而死亡的地区去挑选，因为在那种条件下，耐寒性最易判别。

2.选择具有创造性的作用

选择本身虽然不能创造变异，但它并不是单纯消极地过筛，而是具有积极的创造性作用。一方面，生物具有连续变异的特性，即变异的物种（或品种）还有沿原来的方向继续变异的倾向，对这种连续变异进行自然或人工选择，最后就能创造出新的品种或类型。例如在一朵花上发现一两个多余的花瓣，对这个个体加以选择，经过若干代即可培育出重瓣花。现在已知的许多园林植物如凤仙花、芍药、翠菊等的重瓣品种都是这样培育出来的。另一方面，选择好的、淘汰坏的，排除了劣株对优株的干扰，从而加速了有利变异的巩固和纯合化，最终创造出新的类型、品种，甚至新的种。这些就是选择的创造性作用。选择在自然进化中的作用是重要的，在人工进化中的作用更加重要，因为人工选择大大加快了生物进化的速度。例如北京林业大学陈俊愉教授通过对梅花抗寒性的选择，选出了"北京小梅""北京玉蝶"两个新品种，可抗-19℃的低温。

3.选择是所有育种方法不可缺少的环节

选择不仅是独立培育新品种的手段，而且是其他育种方法中不可缺少的环节。它贯穿育种工作的始终，如种质资源的选择、引种材料的选择、杂交亲本的选择、杂种后代的选择、多倍体后代的选择、花药离体培养后代的选择、诱变育种后代的选择、转基因后代的选择等等。选择存在于植物生活的各个时期，如苗期选择、花期选择、结实期选择及各种逆境条件袭来时的选择。选择是育种的中心环节，杂交、诱变或转基因创造的变异都是为选择服务的。培育加强选择的创造性作用，鉴定给选择提供客观标准，品种比较试验是为了进行更可靠、更科学的选择。

## （二）选择的基本方法

1.混合选择法

混合选择法，又称表现型选择法，是根据植株的表现型性状，从原始群体中选择符合标准要求的优良单株，将其种子或无性繁殖材料混合留种，混合保存，下一代混合播种在混选区内，相邻小区种植对照及原始群体的小区进行比较鉴定的一种选择方法。混合选择可进行一次或多次，因此根据选择次数可分一次混合选择法与多次混合选择法。

（1）一次混合选择法

一次混合选择法是对原始群体只进行一次混合选择的方法，当选择的群体表现优于原始群体或对照品种时，即进行繁殖推广。这种方法一般适用于变异不大、遗传基础较纯合的群体。对于自花授粉植物，如凤仙花、桂竹香、香豌豆、金盏菊等品种，由于长期自交，其群体中的单株多为纯合体，后代不易发生性状分离，常采用此法。

（2）多次混合选择法

多次混合选择法是在第一次混合选择的群体中继续进行第二次混合选择，或在以后几代继续进行选择，直至性状表现比较一致稳定，并优于对照品种时，再进行繁殖推广的方法。这种方法常用于遗传基础比较杂合的园林植物，这些植物必须经过多次选择，性状才能达到整齐一致。对于异花授粉植物，如石竹、四季秋海棠、菊花、松树等，由于经常异花授粉，群体内的单株多为杂合体，不同植株的基因型可能不同，后代性状分离复杂，这类植物常采用多次混合选择法。

2.单株选择法

单株选择法是个体选择和后代鉴定相结合的选择法，故又称系谱选择法或基因型选择法。此方法是按照选择标准从原始群体中选出一些优良的单株，将种子或无性繁殖材料分别编号、分别留种，将下一代单独种植在一个小区内形成一个株系（一个单株的后代），根据各株系的表现，鉴定各入选单株基因型的优劣的一种选择方法。如果只进行一次以单株为对象的选择，而后以各株系为取舍单位，就称为一次单株选择法。如进行连续多次的单株选择，然后再选株系，则称为多次单株选择法。

（1）一次单株选择法

一次单株选择法是单株选择只进行一次，在以后的株系圃内不再进行单株选择的一种方法。这种方法适用于遗传基础较纯合，性状本来就比较稳定，进行一次单株选择就能使后代整齐一致的原始群体。如中国水仙的重瓣品种"玉玲珑""真水仙"就是一次单株选择的结果。再如我国牡丹、梅花、山茶等形形色色的品种，绝大多数都是一次单株选择的结果。

（2）多次单株选择法

多次单株选择法是在第一次株系圃选留的株系内，继续选择优株分别编号、采种，然后播种形成第二次株系圃，再比较株系的优劣，如此反复进行的一种方法。这种方法适用于遗传基础比较杂合，自交后代仍然继续分离的植物。如百日草、鸡冠花等异花授粉植物，必须采用多次单株选择法才能选育出稳定的后代。

## （三）两种基本选择方法的比较

混合选择法的优点是：工作进度快、方法简单、易推广，可以在生产田、种子田、试验田进行留种，不用专门设试验圃地；不需要较多的土地、人力、设备就能迅速从混杂的原始群体中分离出优良类型，便于掌握；混合选择的群体能保留较丰富的遗传性，异花授粉的园林植物用此法选择不易引起生活力衰退；可以大量生产种子，并能把每代的选择结果应用到生产当中去，易被花农接受。缺点是：不能根据后代的表现对亲本单株进行遗传性状优劣的鉴定，选择进度慢；选择效果差，系谱关系不明确；由于所选优良单株的种子是混收混种的，很难将杂株、劣株彻底去掉，从而影响选择效果。因此混合选择法在新品种选育上很少应用，适用于混杂退化严重的生产田的提纯复壮以及园林植物的良种繁育。

单株选择法的优点是：可以根据后代株系的表现对亲本单株进行遗传性状优劣的鉴定，可以排除环境饰变，选出真正属于遗传性变异的优良类型，选择效果好，性状较稳定；多次单株选择可以定向积累有利变异，如百日草、翠菊、凤仙花、水仙等重瓣品种，就是利用这种方法选育出来的。缺点：一是育种技术烦琐，育种时间长，需要较多的人力、物力；二是工作程序比较复杂，需要专门设置试验田，有些植物还需要隔离条件，成本较高；三是有可能丢失一些有利的基因，因为在选择过程中，会淘汰一些株系，其中就有可能存在一些有价值的基因；四是一次选择所得的种子数量少，难以迅速在生产上应用；五是在异花授粉植物上应用容易引起其生活力的衰退。因此一次单株选择法适用于改良自花授粉、常异花授粉植物一两个不良性状的新品种选育上，而多次单株选择法主要用在常规杂交育种的杂种后代处理上。

## （四）两种基本选择方法的综合应用

1.单株—混合选择法

先进行一次单株选择，在株系圃内淘汰一些不良株系，再在选留的株系内淘汰不良植株，然后把选留的植株混合留种，自由授粉，进行一代或多代混合选择。该方法适用于单株间差别不明显的群体。这种选择法的优点是：先经过一次单株后代的株系比较，可以根据遗传性淘汰不良的株系，然后进行混合选择，不致出现生活力衰退的问题，并且从第二代起以后各代都可以产生大量种子。缺点是选优纯化的效果不及多次单株选择法。

2.混合—单株选择法

先进行几代混合选择之后，再进行一次单株选择。该方法适用于株间差异明显的群体。这种选择法的优缺点与单株—混合选择法大致相似。

3.母系选择法

本方法是将种子分收，对入选的植株不进行隔离的多次单株选择法，所以又称无隔离系谱选择法。优点是无须隔离，较为简便，生活力不易衰退。缺点是选优纯化的速度较慢。

4.亲系选择法（留种区法）

这种选择方法不在株系比较试验圃内留种，需另设留种区，留种区收的种子每株分两份。一份种植在株系比较试验圃内不进行隔离，进行比较鉴定；另一份种植在留种区内隔离、留种。下一年继续这样进行。这种方法主要是为了避免隔离留种影响试验结果的可靠性。在系统数较多时，一般都在留种区内进行套袋隔离，到后期系统数不多时才进行空间隔离。

5.剩余种子法（半分法）

首先进行单株选择，将入选单株的种子分成两份。一份在株系比较试验圃内鉴定，不隔离、不留种；另一份包装好，编号与种植株系相同，贮存在种子柜内，下一年播种用。此法优点是可避免不良株系杂交对入选株系的影响，节省了隔离费用。缺点是株系的纯化缓慢，不能起到连续选择对有利变异的积累作用。

6.集团选择法

介于混合选择法与单株选择法之间的一种方法，选择程序是在原始群体中选择不同特征、特性的优良单株，把性状相似的单株合并成若干个集团，集团内混合留种，自由授粉，集团间隔离，淘汰与选择以集团为单位。优点是简单易行，易为群众所掌握，后代生活力不衰退，集团内性状一致性提高速度比混合选择法快。缺点是集团间需进行隔离，只能根据表现型来鉴别株间的优劣差异，集团内性状一致性提高速度比单株选择法慢。

## 二、选种目标

选种目标是指为改良现有园林植物品种和创造新类型、新品种而设定的目的和指标。由于园林植物种类和品种繁多，栽培季节和栽培方法各异，园林绿化和花卉生产对品种有多方面不同的要求，因此制定选种目标时要充分了解当地生产的现状和发展趋势、消费习惯及市场的变化，根据需要，明确所要选择的主要性状及所要达到的目标，并兼顾其他性状的合理配合，制定出可行的选种目标。

### （一）抗逆性

培育抗病虫害品种是防止园林植物遭受病虫危害的主要方法之一，与其他防治方法相比，具有效果稳定，简单易行，成本低，能减轻或避免农药对环境的污染，有利于保持生态平衡的优点。选育对某种非生物胁迫具有抗性或耐性的园林植物新品种，也能显著地提高其观赏品质，降低生产成本。园林植物在生长发育中所遇到的逆境主要有寒冷、高温、干旱、水涝、盐渍，土壤、水质和空气的污染以及农药、除草剂的残留等。为了解决上述问题，除了改善生产条件和控制环境污染外，进行抗逆性育种也是一条经济有效的途径。如我国西北地区干旱少雨，有大面积沙漠，对于该地区的园林植物进行抗逆性育种工作时主要考虑植物的抗旱育种；而我国东部不少地区盐碱危害较重，对于该地区的园林植物主要考虑抗盐碱育种；北京地区主要选择节水、节能、抗热和低温开花的园林植物品种。

## （二）新花色

随着人民生活水平和欣赏水平的提高，对园林植物的要求也越来越高，如世界各国月季以蓝色、山茶以金黄色为主要育种目标，我国菊花以绿色、兰花以素色、桂花以鲜艳的颜色、牡丹以金黄色为主要育种目标。但不同时期对花色的要求也不同，如一、二年生草花，过去以杂色为主，现以纯色为主，又如月季1955年以前以红色为主，现以粉红色为主等。对观叶植物要求色彩丰富、耐阴，此外，各色条纹、斑纹也有要求。

## （三）株型、枝干、花形、叶形奇特

奇特的株型、枝干、花形和叶形常常能显著地增加观赏效果。如沉香木花朵形状奇特，好像妇女的耳坠，故有"耳环树"的美称。沉香木还有一个俗名叫"鹰木"，因为有的花朵形状像鹰、雕等猛禽。龙游梅的曲枝、绦柳的垂枝等奇特的枝干也具有较好的观赏性。其他例子还有：银杏的叶形如一把小扇子，鹅掌楸叶片为奇特的马褂形等。

## （四）干花、切花

干花要求花期集中、生长期短、自然干燥花瓣不褪色等。切花要求色彩鲜艳、花姿优美、有香气、花瓣厚、耐贮藏、花期长且能周年供应。

## （五）彩斑

不同成因的彩斑可能对园林植物本身不利，但可以增加观赏性。如山茶植株感染病毒，叶褪绿呈黄色或变为花斑叶；郁金香受病毒感染后，花色从单色变成杂色；仙人掌的部分叶绿素突变成黄色素，形成黄绿相间的嵌合体叶片等。

# 三、芽变选种

## （一）芽变选种的概念及意义

### 1.芽变选种的概念

芽变是体细胞突变的一种，即突变发生在芽的分生组织细胞中。当芽萌发长成枝条时，在性状上的表现与原来类型不同，即为芽变。芽变包括由突变的芽发育成的枝条和繁育而成的单株变异。

利用发生变异的枝、芽进行无性繁殖，使其性状固定，并通过比较鉴定选出优系，培育成新品种的选择育种方法称为芽变选种。

2.芽变选种的意义

芽变是植物产生新变异的无限丰富的源泉，它既可为杂交育种提供新的种质资源，又可直接产生优良的新品种，因此芽变选种是选育新品种的一种简易而有效的方法。如月季植株在自然界由于受到外部条件和内部条件的影响，发生基因突变或倍性变异，改变了遗传性，从而产生了芽变，其中花色、株型的芽变频率较高。月季品种"淡索尼亚"是"索尼亚"的芽变品种，"藤墨红"是"墨红"的芽变品种。

芽变选种不仅在历史上起到过品种改良的作用，而且在近代，在国内外都很受重视。我国园林植物栽培历史悠久，种质资源丰富，为开展芽变选种提供了可能。我们应当充分利用这一有利条件，采用专业研究机构与群众选种相结合的方法，持续深入地开展芽变选种工作，不断地选出更多更好的新品种。

芽变选种的突出优点是可以对优良品种的个别缺点进行改良，优中选优，基本上保持其原有的优良性状。所以新品种一经选出，即可进行无性繁殖供生产利用，具有投入少、见效快的特点。例如武汉市从梅花品种"凝馨"中选育了"早凝馨"品种，从日本品种"锦生垂枝"中选育了"锦红垂枝"新品种。因为这两个品种的大多数性状与原品种相似，所以很快在生产上得到了栽培利用。

## （二）芽变的特点

1.芽变的多样性

（1）形态特征的变异

如直立的月季通过芽变产生蔓生性的品种，"墨红"通过芽变产生"藤墨红"品种，桧柏通过芽变产生铺地柏等。在园林植物中扭枝型的芽变品种为数不少，而且具有较高的观赏价值，例如"龙爪柳""龙游梅""龙桑"等品种。直立型枝条的品种通过芽变可产生垂枝型的品种，从而形成"线柏""垂枝梅"等品种。在蔷薇属的植物中，经常发现枝条上针刺的变异，有的针刺很多，有的针刺较少，有的无针刺等。

（2）生物学特性的变异

叶绿素突变可产生"红叶李""红枫""红叶槭"等品种。部分叶绿素突变可产生金心或金边、银心或银边的黄杨、海桐等品钟。在大丽花、凤仙花、月季花中经常出现花色素的突变，一朵花中部分颜色发生改变，对这种植株进行嫁接或组织培养，即可分离出不同花色的植株。在花卉中还经常发现花期的变异，如花期提前或者错后，但要与光照、温度等环境条件的影响区别开来。此外还有雄蕊瓣化、能育性降低或雌雄蕊退化、失去生育能力等育性的变异，形成低温开花的节能类型或冬天不变色的常绿类型的变异，以及形成抗旱、抗病虫等类型的变异。

2.芽变的重演性

同一品种相同类型的芽变可以在不同时期、不同地点、不同单株上重复发生，这就是芽变的重演性。其实质是基因突变的重演性。例如改变菊花花色的芽变，从它们发生的时间看，历史上有过（达尔文曾有过记载），现在也有（栽培的菊花经常发生），将来还会有；从它们发生的地点看，中国有，外国也有。因此，不能把调查中发现的芽变一律当成新的类型。只有经过分析、比较、鉴定，才能确定其是否为新的芽变类型。

3.芽变的稳定性

有些芽变很稳定，性状一经改变，在其生命周期中便可长期保持，并且无论采用何种繁殖方法，都能把变异的性状遗传下去。有些芽变只能在无性繁殖下保持稳定性，当采用有性繁殖时，或发生分离，其性状或全部后代都恢复成原有的类型。还有些芽变品种不经繁殖，在其发育过程中就可能失去已变异的性状，恢复成原有的类型，即所谓回复突变。例如，兰花的芽变稳定性差，且分株时容易因介质改变而"返祖"。芽变的稳定性一方面与基因突变的可逆性有关，另一方面与芽变的嵌合结构有关。

4.芽变性状的局限性

芽变和有性后代的变异不同。有性后代的变异，特别是杂交后代的变异是基因重组造成的多数性状的变异，而芽变大多数是原类型发生的基因突变，只有少数性状发生变异，因此是有局限性的。

## （三）芽变选种的方法

1.芽变选种的目标

芽变选种的目标与杂交育种目标不同。芽变选种主要是从原有优良品种中进一步选择更优良的变异，要求在保持原品种优良性状的基础上，针对其存在的主要缺点，通过选择而加以改善，改变的只是原有品种的个别缺点。

2.芽变选种的时期

从事芽变选种工作，原则上应该在植物整个生长发育过程的各个时期进行细致的观察和选择。但是，为提高芽变选种的效率，除经常性的观察选择外，还必须根据选种目标抓住最易发现芽变的有利时机，集中进行选择。例如早花和晚花芽变最好在花期前几周或后几周进行观察与选择，以便发现早花或晚花的变异。抗病、抗旱、抗寒芽变的选择最好在自然灾害发生之后，由于原有正常枝芽受到损害，使组织深层的潜伏变异表现出来，所以要注意从不定芽和由萌蘖长成的枝条中进行选择，或选择抗自然灾害能力特别强的变异类型。

3.芽变的鉴定

（1）直接鉴定法

直接检查发生芽变部位的遗传物质，包括细胞中染色体的数目、染色体的组型，可利用DNA分子标记技术。例如鉴定悬铃木无果实芽变，可检查其染色体的数目，如果是奇数多倍体，则其营养系多半不结果。此法可节省大量人力、物力和时间，但需要一定的设备和技术。

（2）间接鉴定法

也称为移植鉴定法，即通过嫁接、扦插或组织培养等无性繁殖方式将变异类型与对照类型一起移植到相同的环境条件下进行比较鉴定，以排除环境因素的影响，使突变的本质显示出来。若突变性状稳定遗传，则为芽变。如悬铃木，把不结果的芽变枝条，嫁接到普通悬铃木的枝条上，观察其是否结果。此法简便易行，但需较长时间以及较多的人力和物力。

（3）综合分析鉴定法

为了提高芽变选种效率，应根据芽变特点、芽变发生的细胞学及遗传学特性进行综合分析，剔除大部分显而易见的不遗传的变异，对少数不能确定的类型进行移植鉴定，从而减少工作量，提高效率。芽变分析的依据有以下几方面。

①变异性状的性质

质量性状一般不会随环境条件的变化而改变，如有毛无毛、花粉育性、花朵颜色等。这些一旦发生改变，即可判定为芽变。

②变异体的范围大小

变异体包括枝条变异、单株变异和多株变异。如果为多株变异，而且立地条件相同，就可以排除环境条件和栽培条件的影响，判定为芽变。

③变异的方向

凡是环境条件引起的不可遗传的变异，一般都与环境变化的方向一致。而芽变则与环境的变化方向不一致。例如：果实着色与光照条件密切相关，若在树冠下部及内部光照较差区域出现浓红型变异，则很有可能为芽变。

④变异性状的稳定性

不可遗传的变异是在特定的环境下产生的，当某一环境因素消失时，不可遗传的变异也将随之消失，而芽变即使某一环境因素消失，变异性状依然存在。

⑤变异性状的变异程度

环境造成的不可遗传变异不会超出某一品种的基因型反应规范，超出即可能是芽变。如花卉中的花径大小，在环境条件影响下小型花一般不会变成大型的。

## 四、选种的程序

### （一）原始材料圃

能代表本地气候条件的原始材料圃用于种植各种原始材料。原始材料包括当地使用的品种类型（来自生产田或种子田）、外地引入的新类型等，并设置对照。对于一、二年生的园林植物，原始材料种植1～2年；而多年生的园林植物可长期种植在原始材料圃中。

### （二）选种圃

选种圃用于种植从原始材料圃中选出的优良单株或优良群体的后代。每隔若干株行种植1～2行原始品种或对照品种进行比较。在选种圃内要对目标性状进行详细的观察、比较、鉴定，从中选出优良的株系或优良群体。当选的优良株系供品种比较试验圃进行比较选择用。每个株系种1个小区，设对照，重复2次。株系比较进行的时间长短，取决于供选群体的性状稳定与否。当群体稳定性一致时，即可进行品系鉴定。

### （三）鉴定圃

将从选种圃中选出的优系种植在鉴定圃中，进一步鉴定其一致性，继续淘汰一部分观赏性状或其他目标性状表现较差的株系，并扩大繁殖当选的优系。每隔4个株系设置1个标准品种作为对照，重复2次，鉴定圃设置年限一般为1年。鉴定圃的条件要求均匀一致，包括试验田的土壤肥力、施肥水平以及栽培管理水平等。

### （四）品种比较试验圃

品种比较试验圃用于对从鉴定圃中选出的材料进行全面的比较鉴定，同时进一步了解当选优系的生长发育习性，最后比较鉴定出一个或多个在观赏性状或其他经济性状上比对照品种更优良的新品系。品种比较试验要求精确，参试的品种不宜过多，重复3次以上。品种比较试验圃设置年限一般为2～3年。

### （五）品种区域试验及生产试验

品种比较试验选出的优良品系，申请参加省级或国家组织的品种区域试验，在预推广区域设置5个以上有代表性的试验点，以确定待审品种适宜推广的区域范围，为审定通过新品种提供重要的试验数据。生产试验要求试验地面积不小于667 m²，对照为当地生产中主栽的同类品种，时间一般为2～3年。

# 第九章　园艺植物的繁殖

## 第一节　种子繁殖与嫁接繁殖

### 一、种子繁殖

#### （一）种子繁殖的概念

种子繁殖是利用种子或果实进行园艺植物繁殖的一种繁殖方式。这类植物在营养生长后期转为生殖生长期，通过有性过程形成种子。凡是由种子播种长成的苗均称实生苗（seedling）。

#### （二）种子繁殖的特点与应用

1.种子繁殖的优点

（1）种子体积小，重量轻；在采收、运输及长期贮藏等工作上简便易行。

（2）种子来源广，播种方法简便，易于掌握，便于大量繁殖。

（3）实生苗根系发达，生长旺盛，寿命较长。

（4）对环境适应性强，并且种子不携带和传播病毒病。

2.种子繁殖的缺点

（1）木本的果树、花卉及某些多年生草本植物采用种子繁殖开花结实较晚。

（2）后代易出现变异，从而失去原有的优良性状，在蔬菜、花卉生产上常出现品种退化问题。

（3）不能用于繁殖无籽植物，如无核葡萄、无核柑橘类、香蕉及许多重瓣花卉植物。

3.种子繁殖在生产上的主要用途

（1）大部分蔬菜，一、二年生花卉及地被植物用种子繁殖。

（2）实生苗常用作果树及某些木本花卉的砧木。

（3）杂交育种必须使用播种来繁殖，并且可以利用杂交优势获得比父母本更优良的性状。

4.种子繁殖的一般程序

采种→贮藏→种子活力测定→播种→播后管理。每一个环节都有其具体的管理要求。

## （三）影响种子萌发的因素

1.环境因子

水分：种子吸水使种皮变软开裂，胚与胚乳吸胀，启动和保证了胚的生长发育，最后胚根突破种皮，种子萌发生长。为保持一定湿度，可采用覆盖（盖草、盖纸、盖塑料薄膜或玻璃）、遮阳等办法，直到幼苗出土，再逐步去除覆盖物。

温度：适宜的温度能够促使种子迅速萌发。一般而言，温带植物以15～20℃为宜，亚热带与热带植物则以25～30℃为宜。变温处理，有利于种子的萌发和幼苗的生长，昼夜温差以3～5℃为好。

氧气：种子发芽时要摄取空气中的$O_2$并放出$CO_2$，假如播种后覆土过深，压土太紧，或土壤中水分过多，种子会因缺氧而腐烂。

光照：光照条件对种子发芽的影响因植物种类而异，就大多数植物种子来说，影响很小或不起作用。但有些植物的种子有喜光性，如莴苣、芹菜种子发芽需要光照，所以它们播种后在温度、水分充足时，不覆土或覆薄土，则发芽较快。也有另一类植物种子的发芽会被光抑制，如水芹、飞燕草、葱、苋等。

2.休眠因素

种子有生活力，但即使给予适宜的环境条件仍不能发芽，此现象称为种子的休眠。种子休眠是长期自然选择的结果。在温带，春季成熟的种子立即发芽，幼苗当年可以成长。但是，秋季成熟的种子则要度过寒冷的冬季，到翌年春季才会发芽，否则幼苗在冬季将会被冻死，如许多落叶果树的种子具有自然休眠的特性。种子的休眠有利于植物适应外界自然环境以保持物种繁衍，但是这种特性会给播种育苗带来一定的困难。造成种子休眠的主要原因有种皮或果皮结构的障碍、种胚发育不全、化学物质抑制和植物激素抑制等。休眠种子需要在低温潮湿的环境中通过后熟作用才能萌发。

## （四）播前处理

### 1.机械破皮

破皮是开裂、擦伤或改变种皮的过程。用于使坚硬和不透水的果皮或种皮（如山楂、樱桃、山杏等）透水透气，从而促进发芽。用砂纸磨、锉刀锉或锤砸、碾子碾及老虎钳夹开种皮等适用于少量大粒种子。对于大量种子，则需要用特殊的机械破皮机。

### 2.化学处理

果皮及种皮坚硬或种皮有蜡质的种子（如山楂、酸枣及花椒等），亦可浸入具腐蚀性的浓硫酸（95%）或氢氧化钠（10%）溶液中，经过短时间的处理，使种皮变薄、蜡质消除、透性增加，以利于萌芽。浸后的种子必须用清水冲洗干净。用赤霉素（5～10 mg/L）处理可以打破种子休眠，代替某些种子的低温处理。大量元素肥料如硫酸铵、尿素、磷酸二氢钾等，可用于拌种。硼酸、钼酸铵、硫酸铜、过锰酸钾等微肥和稀土，可用来浸种，使用浓度一般为0.1%～0.2%。用0.3%碳酸钠和0.3%溴化钾浸种，也可促进种子萌发。

### 3.清水浸种

浸泡种子可软化种皮，除去发芽抑制物，促进种子萌发。浸种时的水温和浸泡时间是重要条件，有凉水（25～30℃）浸种、温水（55℃）浸种、热水（70～75℃）浸种和变温（90～100℃，20℃以下）浸种等。后两种适宜有厚硬壳的种子，如核桃、山桃、山杏、山楂、油松等，可将种子在开水中浸泡数秒钟，再在流水中浸泡2～3 d，待种壳一半裂口时播种，但切勿烫伤种胚。

### 4.层积处理

将种子与潮湿的介质（通常为河沙）一起贮放在低温条件下（0～5℃），以保证其顺利通过后熟作用叫层积，也称沙藏处理。春播种子常用该法来促进萌芽。层积前先浸泡种子5～24 h，待种子充分吸水后，取出晾干表皮，再与洁净河沙混匀。沙的用量是：中小粒种子一般为种子容积的3～5倍，大粒种子为5～10倍。沙的湿度以手捏成团不滴水即可，约为沙最大持水量的50%。种子量大时用沟藏法，选择背阴干燥不积水处挖沟，深50～100 cm，宽40～50 cm，长度视种子多少而定，沟底先铺5cm厚的湿沙，然后将已拌好的种子放入沟内，到距地面10 cm处为止，其上用河沙覆盖，一般要高出地面，并呈屋脊状，上面再用草或草垫盖好。种子量小时可用花盆或木箱层积。层积日数因种类而异，如八楞海棠40～60 d，毛桃80～100d，山楂200～300 d。层积期间要注意检查温度、湿度，特别是春节以后更要注意防止霉烂、过干或过早发芽，春季大部分种子露白时及时播种。

### 5.催芽

播种前催芽的技术关键是保持充足的氧气和饱和空气相对湿度，以及为各类种子的发芽提供适宜温度。保水可采用多层潮湿的纱布、麻袋布、毛巾等包裹种子。可用火炕、地热线和电热毯等维持所需的温度，一般要求20～30℃。

6.种子消毒

种子消毒可杀死种子所带病虫，并保护种子在土壤中不受病虫危害。方法有药剂浸种和药粉拌种。药剂浸种用福尔马林100倍水溶液浸种15～20 min、1%硫酸铜5 min、10%磷酸三钠或2%氢氧化钠15 min。药粉拌种用70%敌克松、50%退菌特、90%敌百虫，用量占种子重量的0.3%。

## （五）播种技术

1.播种时期

园艺植物的播种期可分为春播和秋播两种，春播从土壤解冻后开始，以2—4月为宜，秋播多在八九月份，至初冬土壤封冻前。果树一般早春播种，冬季温暖地带可晚秋播。露地蔬菜和花卉主要是春、秋两季。温室蔬菜和花卉没有严格季节限制，常随需要而定。亚热带和热带可全年播种，以幼苗避开暴雨与台风季节为宜。

2.播种方式

种子播种方式可分为大田直播和畦床播种两种。大田直播可以平畦播，也可以垄播，播后不进行移栽，就地长成苗或供作砧木进行嫁接培养成嫁接苗出圃。畦床播一般在露地苗床或室内浅盆集中育苗，经分苗培养后定植田间。

3.播种地选择

播种地应选择有机质较为丰富、疏松肥沃、排水良好的沙壤土。播前要施足基肥，整地耙平、做畦。

4.播种方法

撒播：海棠、山定子、韭菜、菠菜、小葱等小粒种子多用撒播。撒播要均匀，不可过密，撒播后用耙轻耙或用筛过的土覆盖，稍埋住种子为度。此法比较省工，而且出苗量多。但是，出苗稀密不均，管理不便，幼苗生长细弱。

条播：用条播器在苗床上按一定距离开沟，沟底宜平，沟内播种，覆土填平。条播适宜大多数种子，如苹果、梨、白菜等。

点播（穴播）：多用于大粒种子，如核桃、板栗、桃、杏、龙眼、荔枝及豆类蔬菜等的播种。先将床地整好，开穴，每穴播种2～4粒，待出苗后根据需要确定留苗株数。该方法幼苗分布均匀，营养面积大，生长快，成苗质量好，但产苗量少。

5.播种量

单位面积内所用种子的数量称播种量。播前必须确定适宜的播种量，其算式为：

播种量（kg/hm²）=每公顷计划育苗数/（每千克种子粒数×种子纯净度×种子发芽率）

在实际生产中播种量应视土壤质地、气候冷暖、病虫草害程度、雨量多少、播种方式（直播或育苗）、播种方法等情况，适当增加0.5~4倍。

6.播种深度

播种深度依种子大小、气候条件和土壤性质而定，一般为种子横径的2~5倍，如核桃等大粒种子播种深度为4~6 cm，海棠、杜梨2~3 cm，甘蓝、石竹、香椿0.5 cm为宜。总之，在不妨碍种子发芽的前提下，以较浅为宜。土壤干燥，可适当加深。秋、冬播种要比春季播种稍深，沙土比黏土要适当深播。

## （六）播后管理

1.出苗期的管理

种子发芽期要求水分足、温度高，可于播种后立即覆盖农用塑料薄膜，以增温保湿，当大部分幼芽出土后，应及时划膜或揭膜放苗。出苗前若土壤干旱，应适时喷水或渗灌，切勿大水漫灌，以防表土板结闷苗。

2.间苗移栽

出苗后，如果苗量大，应于幼苗长到2~4片真叶时进行间苗、分苗或移入大田。移栽太晚缓苗期长，太早则成活率低。移植前要采取通风降温和减少土壤湿度等措施来炼苗。移植前一两天浇透水以利起苗带土，同时喷一次防病农药。

3.松土除草

为保持育苗地土壤疏松，减少水分蒸发，并防止杂草滋生，需要勤浅耕、早除草。可用人工除草，也可机械除草，还可化学除草。除草剂的最适使用时间，以杂草刚刚露出地面时效果最好。一般苗圃1年用2次除草剂即可，第一次在播种后出苗前喷施，第二次可根据除草剂残效时间长短和苗圃地杂草生长情况而定。

4.施肥灌水

幼苗生长过程中，要适时适量补肥、浇水。迅速生长期以追施或喷施速效氮肥（尿素、腐熟人粪尿）为主，后期增施速效磷、钾肥，以促进苗木组织充实。此外，苗圃病虫害很多，应及时进行防治。

# 二、嫁接繁殖

## （一）嫁接的概念及优点

1.嫁接的概念

嫁接即人们有目的地将一株植物上的枝或芽，接到另一株植物的枝、干或根上，使之愈合，生长在一起，形成一个新的植株。通过嫁接培育出的苗木称嫁接苗。用来嫁接的枝或芽叫接穗或接芽，承受接穗的植株叫砧木。嫁接用"+"表示，即砧木+接穗，也可用"/"表示，接穗放在"/"之前。如山桃+桃，或桃/山桃。

2.嫁接繁殖的优点

（1）嫁接苗能保持优良品种接穗的性状，且生长快，树势强，结果早，因此，利于加速新品种的推广应用。

（2）可以利用砧木的某些性状如抗旱、抗寒、耐涝、耐盐碱、抗病虫等，增强栽培品种的适应性和抗逆性，以扩大栽培范围或降低生产成本，如黄瓜/黑籽西瓜、月季/蔷薇。

（3）在果树和花木生产中，可利用砧木调节树势，使树体矮化或乔化，以满足栽培上或消费上的不同需求，如苹果品种嫁接在矮化砧上，悬崖菊嫁接在独本菊上。

（4）多数砧木可用种子繁殖，故繁殖系数大，便于在生产上大面积推广种植。

## （二）嫁接成活的原理与影响因素

### 1.嫁接成活的过程

当接穗嫁接到砧木上后，在砧木和接穗伤口的表面，死细胞的残留物形成一层褐色的薄膜，覆盖着伤口。随后在愈伤激素的刺激下，伤口周围细胞及形成层细胞旺盛分裂，并使褐色的薄膜破裂，形成愈伤组织（callus）。随着愈伤组织不断增加，接穗和砧木间的空隙被填满后，砧木和接穗的愈伤组织薄壁细胞便互相连接，将两者的形成层连接起来。愈伤组织不断分化，向内形成新的木质部，向外形成新的韧皮部，进而使导管和筛管也相互沟通，这样砧穗就结合为统一体，形成一个新的植株。

### 2.影响嫁接成活的因子

砧木与接穗的亲和力：嫁接亲和力（grafting affinity）即指砧木和接穗经嫁接能愈合并正常生长的能力。具体地讲，指砧木和接穗内部组织结构、遗传和生理特性的相似性，通过嫁接能够成活以及成活后生理上相互适应。嫁接能否成功，亲和力是最基本的条件。亲和力越强，嫁接愈合性越好，成活率越高，生长发育越正常。而亲和力的强弱，取决于砧、穗之间亲缘关系的远近。一般亲缘关系越近，亲和力越强。

嫁接时期和环境条件：嫁接成败与气温、土温及砧木与接穗的活跃状态有密切关系。不同的嫁接方法，选择不同的嫁接适期。雨季、大风天气都不适于嫁接。接口保持较高的湿度，有利于愈伤组织形成，但不要浸入水中。

砧穗质量和嫁接技术：接穗和砧木发育充实，贮藏营养物质较多时，嫁接易于成活。草本植物或木本植物的未木质化嫩梢也可以嫁接，要求较高的技术。嫁接时，要求砧木和接穗削面平滑，形成层密接，操作迅速准确，接口包扎紧密。

### （三）砧木与接穗的相互影响

1.砧木对接穗的影响

砧木对地上部的生长有较大的影响。有些砧木可使嫁接苗生长旺盛高大，称乔化砧，如海棠、山定子是苹果的乔化砧；棠梨、杜梨是梨的乔化砧。有些砧木使嫁接苗生长势变弱，树体矮小，称矮化砧。砧木对接穗品种进入结果期的早晚、产量高低、质量优劣、成熟迟早及耐贮性等都有一定的影响。一般嫁接在矮化砧上的果树比乔化砧上的树结果早、品质好。目前生产上所用的砧木，多系野生或半野生的种类或类型，具有较强而广泛的适应能力，如抗寒、抗旱、抗涝、耐盐碱、抗病虫等。因此，可以相应地提高地上部的抗逆性。如黑籽南瓜作砧木嫁接黄瓜和西瓜能防治枯萎病、疫病等病害，并耐重茬，还有促进早熟和增产的作用。

2.接穗对砧木的影响

接穗对砧木根系的形态、结构及生理功能等，亦会产生很大的影响。如杜梨嫁接上鸭梨后，其根系分布浅，且易发生根蘖。

3.中间砧的影响

在乔化实生砧（基砧）上嫁接某些矮化砧木（或某些品种）的茎段，然后在该茎段上再嫁接所需要的栽培品种，该茎段称为矮化中间砧。矮化中间砧的矮化效果和中间砧的长度呈正相关，一般使用长度为20~25 cm。除此之外，还有抗病或其他用途的中间砧。

### （四）砧木的选择及接穗的采集和贮运

1.砧木选择

不同类型的砧木对气候、土壤环境条件的适应能力，以及对接穗的影响都有明显差异。需要依据下列条件选择砧木。

（1）与接穗有良好的亲和力。

（2）对接穗生长、结果有良好影响，如生长健壮、结果早、丰产、优质、长寿等。

（3）对栽培地区的环境条件适应能力强，如抗寒、抗旱、抗涝、耐盐碱等。

（4）能满足特殊要求，如矮化、乔化、抗病。

（5）资源丰富，易于大量繁殖。

2.接穗采集

为保证品种纯正，应从良种母本园或经鉴定的营养繁殖系的成年母树上采集接穗。果树生产上还要求从正在结果的树上采取。采穗树应生长健壮，具备丰产、稳产、优质的性状，并无检疫对象（如苹果锈病、花叶病，枣疯病，柑橘的黄龙病、裂皮病、溃疡病等）。接穗本身必须生长健壮充实，芽体饱满。秋季芽接，用当年生的发育枝，应能"离皮"，便于取接芽；春季枝接多用一年生的枝条。

3.接穗贮藏

春季嫁接用的接穗，可结合冬季修剪工作采集，采下后要立即修整成捆，挂上标签标明品种、数量，用沟藏法埋于湿沙中贮存起来，温度以0～10℃为宜。少量的接穗可蜡封后放在冰箱中。采用蜡封接穗的方法，操作简便，接穗保湿性好，可显著提高嫁接成活率。生长季用作嫁接（芽接或绿枝接）的接穗，采下后要立即剪除叶片和梢端幼嫩部分，保留叶柄，以减少水分蒸发。每百枝打捆，挂标签，写明品种与采集日期，用湿草、湿麻袋或湿布包好，外裹塑料薄膜保湿效果更好，但要注意通气。一般随用随采为好，提前采的或接穗数量多，一时用不完的，可悬吊在较深的井内水面上（注意不要沾水），或插在湿沙中。短时间存放的接穗，可以插泡在水盆里。

4.接穗运输

异地引种的接穗必须做好贮运工作。蜡封接穗，可直接运输，不必经特殊包装。未蜡封的接穗及芽接、绿枝接的接穗或常绿果树接穗要保湿运输，应严防日晒、雨淋。夏、秋季节高温期最好能冷藏运输，途中要注意检查湿度和通气状况。接穗运到后，要立即打开检查，安排嫁接和贮藏。

## （五）嫁接时期

1.枝接的时期

枝接一般在早春树液开始流动、芽尚未萌动时为宜。北方落叶树在3月下旬至5月上旬，南方落叶树在2—4月；常绿树在早春发芽前及每次枝梢老熟后均可进行。北方落叶树在夏季也可用嫩枝进行枝接，冬季也可在室内进行根接。

2.芽接的时期

芽接可在春、夏、秋3季进行，以夏、秋季为主。一般芽接要求砧木和接穗离皮（指木质部与韧皮部易分离），且接穗芽体充实饱满时进行为宜。落叶树在7—9月，常绿树9—11月进行。当砧木和接穗都不离皮时采用嵌芽接法。

## （六）嫁接方法

嫁接按所取材料不同可分为芽接、枝接、根接3大类。

1.芽接

凡是用一个芽片作接穗的嫁接方法通称芽接。优点是操作方法简便，嫁接速度快，砧木和接穗的利用经济，当年生砧木苗即可嫁接，而且容易愈合，接合牢固，成活率高，成苗快，适合于大量繁殖苗木。适宜芽接的时期长，且嫁接当时不剪断砧木，一次接不活，还可进行补接。

2.枝接

把带有数芽或一芽的枝条接到砧木上称枝接。枝接的优点是成活率高，嫁接苗生长快。在砧木较粗、砧穗均不离皮的条件下多用枝接，如春季对去年秋季芽接未成活的砧木进行补接。根接和室内嫁接，也多采用枝接法。枝接的缺点是，操作技术不如芽接容易掌握，而且用的接穗多，对砧木要求有一定的粗度。常见的枝接方法有切接、劈接、插皮接、腹接、舌接和靠接等，仙人掌类植物没有形成层，只要沟通部分维管束就能成活，可用平接方法，瓜类可采用劈接或插接。

3.根接法

以根系作砧木，在其上嫁接接穗。用作砧木的根可以是完整的根系，也可以是一个根段。如果是露地嫁接，可选生长粗壮的根在平滑处剪断，用劈接、插皮接等方法。也可将粗度0.5 cm以上的根系，截成8~10 cm长的根段，移入室内，在冬闲时用劈接、切接、插皮接、腹接等方法嫁接。若砧根比接穗粗，可把接穗削好插入砧根内；若砧根比接穗细，可把砧根插入接穗。接好绑缚后，用湿沙分层沟藏，待早春时植于苗圃。

## （七）嫁接苗的管理

1.检查成活、解绑及补接

嫁接后7~15 d，即可检查成活情况，芽接者接芽新鲜，叶柄一触即落者为已成活；枝接者需待接穗萌芽后有一定的生长量时才能确定是否成活。成活的要及时解除绑缚物，未成活的要予以补接。

2.剪砧

夏末和秋季芽接的在翌春发芽前及时剪去接芽以上砧木，以促进接芽萌发，春季芽接的随即剪砧，夏季芽接的一般10 d之后解绑剪砧。剪砧时，修枝剪的刀刃应迎向接芽的一面，在芽片上0.3~0.4 cm处剪下。剪口向芽背面稍微倾斜，有利于剪口愈合和接芽萌发生长，但剪口不可过低，以防伤害接芽。

3.除萌

剪砧后砧木基部会发生许多萌蘖，须及时除去，以减少对水分和养分的消耗。

4.设立支柱

接穗成活萌发后，遇有大风易被吹折或吹歪，从而影响正常生长。因此需将接穗用绳捆在立于其旁的支柱上，直到生长牢固为止。一般在新梢长到5~8 cm时，紧贴砧木立一支棍，将新梢绑于支棍上，不要过紧或过松。

5.圃内整形

某些树种和品种的半成苗，发芽后在生长期间，会萌发副梢即二次梢或多次梢，如桃树可在当年萌发2~4次副梢。可以利用副梢进行圃内整形，培养优质成形的大苗。

6.其他管理

在嫁接苗生长过程中要注意中耕除草、追肥灌水、防治病虫等工作。

# 第二节　扦插繁殖与压条繁殖

## 一、扦插繁殖

### （一）扦插的种类及方法

1.叶插（leaf cutting）

用于能在叶上发生不定芽及不定根的园艺植物，以花卉居多，大多具有粗壮的叶柄、叶脉或肥厚的叶片。如球兰、虎尾兰、千岁兰、象牙兰、大岩桐、秋海棠、落地生根等。叶插须选取发育充实的叶片，在设备良好的繁殖床内进行，维持适宜的温度及湿度，从而得到壮苗。

全叶插：以完整叶片为插条。一是平置法，即将去叶柄的叶片平铺于沙面上，加金属针或竹针固定，使叶片下面与沙面密接。落地生根和秋海棠等常用此法繁殖。二是直插法，将叶柄插入基质中，使叶片直立于沙面上，从叶柄基部发生不定芽及不定根。如大岩桐从叶柄基部发生小球茎之后再发生根及芽。非洲紫罗兰、豆瓣绿、球兰、海角樱草等均可用此法繁殖。

片叶插：将叶片分切为数块，分别进行扦插，每块叶片上形成不定芽，如蟆叶秋海棠、大岩桐、豆瓣绿、千岁兰等均可用此法繁殖。

2.茎插（stem cutting）

硬枝扦插：使用已经木质化的成熟枝条进行的扦插。果树、园林树木常用此法繁殖，如葡萄、石榴、无花果等。

嫩枝扦插：又称绿枝扦插。以当年新梢为插条，通常5～10 cm长，组织以老熟适中为宜（木本类多用半木质化枝梢），过于幼嫩易腐烂，过老则生根缓慢。嫩枝扦插必须保留一部分叶片，若全部去掉叶片则难以生根，叶片较大的种类，为避免水分过度蒸腾可将叶片剪掉一部分。切口位置应靠近节卜方，切面光滑。多数植物宜于扦插之前剪取插条，但多浆植物务必使切口干燥半天至数天后扦插，以防腐烂。无花果、柑橘，花卉中的杜鹃、一品红、虎刺梅、橡皮树等可采用此法繁殖。

芽叶插：插条仅有一芽附一片叶，芽下部带有盾形茎部一片，或一小段茎，插入沙床中，仅露芽尖即可，插后盖上薄膜，防止水分过量蒸发。叶插不易产生不定芽的种类，宜采用此法，如菊花、八仙花、山茶花、橡皮树、桂花、天竺葵、宿根福禄考等。

3.根插（root cutting）

根插是利用根上能形成不定芽的能力扦插繁殖苗木的方法。在少数果树和宿根花卉上可采用此法，如枣、山楂、梨、李等果树，薯草、牛舌草、秋牡丹、肥皂草、毛恋花、剪秋罗、宿根福禄考、芍药、补血草、荷包牡丹等花卉。一般选取粗2mm以上，长5～15 cm的根段进行沙藏，也可在秋季掘起母株，贮藏根系过冬，翌年春季扦插。冬季也可在温床或温室内进行扦插。根系抗逆性弱的，要特别注意防旱。

## （二）影响插条生根的因素

1.内在因素

植物种和品种：不同园艺植物插条生根的能力有较大的差异。极易生根的有柳树、黑杨、木槿、常青藤、南天竹、连翘、番茄、月季等。较易生根的植物有毛白杨、悬铃木、石榴、无花果、葡萄、柑橘、夹竹桃、绣线菊、石楠等。较难生根的植物有君迁子、赤杨、苦楝等。极难生根的植物有核桃、板栗、柿树、马尾松等。同一种植物不同品种枝插发根难易也不同，如美洲葡萄中的杰西卡和爱地朗发根较难。

树龄、枝龄和枝条的部位：插条的年龄以一年生枝的再生能力最强，一般枝龄越小，扦插越易成活。从一个枝条不同部位剪截的插条，其生根情况也不一样。常绿树种，春、夏、秋、冬四季均可扦插。落叶树种夏秋季节扦插，以树体中上部枝条为宜；冬、春季节扦插以枝条的中下部为好。

枝条的发育状况：凡发育充实的枝条，其营养物质比较丰富，扦插容易成活，生长也较良好。嫩枝扦插应在插条刚开始木质化即半木质化时采条；硬枝扦插多在秋末冬初，营养状况较好的情况下采条；草本植物应在植株生长旺盛时采条。

激素水平：生长素和维生素对生根和根的生长有促进作用。由于内源激素与生长调节剂的运输方向具有极性运输的特点，如枝条插倒，则生根仍在枝段的形态学下端，因此，扦插时应特别注意不要倒插。

插穗的叶面积：插条上的叶，能合成生根所需的营养物质和激素，因此嫩枝扦插时，插条的叶面积大则有利于生根。然而插条未生根前，叶面积越大，蒸腾量越大，插条容易枯死。所以，为有效地保持吸水与蒸腾间的平衡关系，实际扦插时，要依植物种类及条件，调节插条上的叶数和叶面积。一般留2～4片叶，大叶种类要将叶片剪去一半或一半以上。

2.外界因素

湿度：插条在生根前失水干枯是扦插失败的主要原因之一。扦插初期因为新根尚未生成，无法顺利供给水分，而插条的枝段和叶片因蒸腾作用不断失水，因此要尽可能保持较高的空气湿度，以减少插条和插床的水分消耗，尤其嫩枝扦插，高湿可减少叶面水分蒸腾，使叶片不致萎蔫。插床湿度要适宜，透气要良好，一般维持土壤最大持水量的60%～80%为宜。利用自动控制的间歇性喷雾装置，可维持空气的高湿度而使叶面保持一层水膜，降低叶面温度。其他如遮阳、塑料薄膜覆盖等方法，也能维持一定的空气湿度。

温度：一般树种扦插时，白天气温达到21～25℃，夜间15℃，就能满足生根需要。在土温10～12℃条件下可以萌芽，但生根则要求土温18～25℃或略高于平均气温3～5℃。如果土温偏低，或气温高于土温，扦插虽能萌芽但不能生根，由于先长枝叶大量消耗营养，反而会抑制根系发生，导致死亡。在我国北方，春季气温高于土温，扦插时要采取措施提高土壤温度，使插条先发根，如用火炕加热，或马粪酿热，有条件的还可用电热温床，以提供最适宜的温度。南方早春土温回升快于气温，要掌握时机抓紧时间进行扦插。

光照：光对根系的发生有抑制作用，因此，必须使枝条基部埋于土中避光，才可刺激生根。同时，扦插后适当遮阳，可以减少圃地水分蒸发和插条水分蒸腾，使插条保持水分平衡。但遮阳过度，又会影响土壤温度。嫩枝带叶扦插需要有适当的光照，以利于光合制造养分，促进生根。但仍要避免日光直射。夏季采用全光照弥雾嫩枝带叶扦插，可兼顾温、光、水、气的最适条件，有效提高生根率，一般在高温期晴天9时开始喷水，17时停止喷水。

氧气：扦插生根需要氧气。插床中水分、温度、氧气三者是相互依存、相互制约的。土壤中水分多，会引起土壤温度降低，并挤出土壤中的空气，造成缺氧，不利于插条愈合生根，也易导致插条腐烂。一般土壤气体中以含15%以上的氧气并保有适当水分为宜。

生根基质：理想的生根基质要求保水性、透气性良好，pH适宜，可提供营养元素，既能保持适当的湿度，又能在浇水或大雨后不积水，而且不带有害的微生物。

## （三）扦插技术

1.促进生根的方法

机械处理：将扦插材料进行剥皮、纵伤、环剥、刻伤等处理后，可以提高生根率，促进成活。

黄化处理：对不易生根的枝条在其生长初期用黑纸等材料包扎基部，能使组织黄化，皮层增厚，有利于生根。

园林生态化建设与植物育种学

浸水处理：休眠期扦插，插前将插条置于清水中浸泡12 h左右，使之充分吸水，插后可促进根原始体形成，提高扦插成活率。

加温催根处理：人为地提高插条下端生根部位的温度，降低上端发芽部位的温度，使插条先发根后发芽。常用的方法有：阳畦催根、酿热温床催根、火炕催根、电热温床催根。

药物处理：应用人工合成的各种植物生长调节剂对插条进行扦插前处理，不仅生根率、生根数和根的粗度、长度都有显著提高，而且苗木生根期缩短，生根整齐。如吲哚丁酸（IBA）和萘乙酸（NAA），可以用涂粉法或液剂浸渍法；ABT生根粉、HL-43生根剂都是多种生长调节剂的混合物，为高效、广谱性促根剂，可应用于多种园艺植物扦插促根。其他化学药剂，如B族维生素和维生素C对某些种类的插条生根有促进作用；硼可促进插条生根，与植物生长调节剂合用效果显著，IBA 50 mg/L加硼10～200 mg/L，处理插条12h，生根率可显著提高；2%～5%蔗糖液及0.1%～0.5%高锰酸钾溶液浸泡12～24 h，亦有促进生根和成活的效果。

**2.插条贮藏**

硬枝插条若不立即扦插，可按60～70 cm长剪截，按每50根或100根打捆，并标明品种、采集日期及地点。选地势干燥、排水良好地方挖沟或建窖以湿沙贮藏，短期贮藏置阴凉处湿沙埋藏。

**3.扦插时期**

不同种类的植物扦插适期不一。一般落叶阔叶树硬枝插宜在3月，嫩枝插在6—8月，常绿阔叶树多在夏季扦插（7—8月）；常绿针叶树以早春为好，草本类一年四季均可。

**4.扦插方式**

常规用露地扦插分畦插与垄插。全光照弥雾扦插是近来发展快、应用广泛的育苗新技术。采用先进的自动弥雾装置，于高温季节，在室外带叶嫩枝扦插，使插条的光合作用与生根同时进行，由自己的叶片制造营养，供本身生根和生长需要，明显地提高了扦插的生根率和成活率，尤其是对难生根的果树效果更为明显。

**5.插床基质**

易于生根的树种如葡萄等对基质要求不严，一般壤土即可。生根慢的种类及嫩枝扦插，对基质有严格的要求，常用蛭石、珍珠岩、泥炭、河沙、苔藓、林下腐殖土、炉渣灰、火山灰、木炭粉等。用过的基质应在火烧、熏蒸或杀菌剂消毒后再用。

**6.插条剪截**

在扦插繁殖中，插条剪截得长短对成活率及生长量有一定的作用。一般来讲，草本插条长7～10 cm，落叶休眠枝长15～20 cm，常绿阔叶树枝长10～15 cm。插条的切口，下端可剪削成双面楔形或单面马耳形，或者平剪，一般要求靠近节部。剪口整齐，不带毛刺。

特别要注意插条的极性，切勿上下颠倒。

7.扦插深度与角度

扦插深度要适宜，露地硬枝插得过深，地温低，易致氧气供应不足；过浅易使插条失水。一般硬枝春插时上顶芽与地面平，夏插或盐碱地插时顶芽露出地表；干旱地区扦插时，插条顶芽与地面平或稍低于地面。嫩枝插时，插条插入基质中1/3或1/2。扦插角度一般为直插，插条长者，可斜插，但角度不宜超过45°。扦插时，如果土质松软可将插条直接插入。如土质较硬，可先用木棒按株行距打孔，然后将插条顺孔插入并用土封严实。

## （四）插后管理

扦插后插条下部生根，上部发芽、展叶，直到新生的扦插苗能独立生长时为成活期。此阶段关键是水分管理，尤其绿枝扦插最好有喷雾条件。苗圃地扦插要灌足底水，成活期根据墒情及时补水，浇水后及时中耕松土。插后覆膜是一项有效的保水措施。苗木独立生长后，除继续保证水分外，还要追肥，中耕除草。在苗木进入苗干木质化时要停止浇水施肥，以免苗木徒长。

# 二、压条繁殖

## （一）直立压条

直立压条又称垂直压条或培土压条。苹果和梨的矮化砧、石榴、无花果、木槿、玉兰、夹竹桃、樱花等，均可采用直立压条法繁殖。

## （二）曲枝压条

葡萄、猕猴桃、醋栗、穗状醋栗、树莓、苹果、梨和樱桃等果树以及西府海棠、丁香等观赏树木，均可采用此法繁殖。可在春季萌芽前进行，也可在生长季节枝条已半木质化时进行。由于曲枝方法不同又分水平压条法、普通压条法和先端压条法。

1.水平压条法

采用水平压条时，母株按行距1.5 m、株距30～50 cm定植。定植时顺行向与沟底形成45°角倾斜栽植。定植当年即可压条。压条时将枝条呈水平状态压入5 cm左右的浅沟，用枝杈固定，上覆浅土。待新梢生长至20 cm左右时第一次培土。培土高约10 cm，宽约20 cm。1个月左右后，新梢长到30 cm左右时，第二次培土，培土高15～20cm，宽约30cm。枝条基部未压入土内的芽处于优势地位，应及时抹去强旺萌蘗。至秋季落叶后分株，靠近母株基部的地方，应保留一两株，供翌年再次水平压条用。

2.普通压条法

有些藤本果树如葡萄可采用普通压条法繁殖。即从供压条母株中选靠近地面的一年生枝条，在其附近挖沟，沟与母株的距离以能将枝条的中下部弯压在沟内为宜，沟的深度与宽度，一般为15～20 cm。沟挖好以后，将待压枝条的中部弯曲压入沟底，用带有分叉的枝棍将其固定。固定之前先在弯曲处进行环剥，以利生根。环剥宽度以枝蔓粗度的1/10左右为宜。枝蔓在中段压入土中后，其顶端要露出沟外，在弯曲部分填土压平，使枝蔓埋入土的部分生根，露在地面的部分则继续生长。秋末冬初将生根枝条与母株剪离，即成一独立植株。

3.先端压条法

果树中的黑树莓、紫树莓，花卉中的刺梅、迎春花等，其枝条既能抽梢又能在梢基部生根。通常在早春将枝条上部剪截，促发较多新梢，于夏季新梢尖端已不再延长，叶片小而卷曲如鼠尾状时即可将先端压入土中。当年便在叶腋处发出新梢和不定根，一般在秋季可剪离母株，成为新植株。植株包括一个顶芽、大量的根和一段10～15 cm的老茎，因为枝梢压条苗较柔弱，容易受伤和干燥，最好在栽植前夕掘苗。

## （三）空中压条

空中压条或称高枝压条。在我国古代早已用此法繁殖石榴、葡萄、柑橘、荔枝、龙眼、人心果、树菠萝等，所以国外称之为中国压条法（Chinese layering）。此法技术简单，成活率高，但对母株损伤太大。

空中压条在整个生长季节都可进行，但以春季和雨季为好。办法是选充实的二三年生枝条，在适宜部位进行环剥，环剥后用500 mg/L的IBA或NAA涂抹伤口，以利伤口愈合生根，再于环剥处敷以保湿生根基质，用塑料薄膜包紧。两三个月后即可生根。待发根后便可剪离母体而成为一个新的独立的植株。

# 第三节　分生繁殖与组织培养

## 一、分生繁殖

### （一）匍匐茎与走茎

由短缩的茎部或由叶轴的基部长出长蔓，蔓上有节，节部可以生根发芽，产生幼小植株。节间较短，横走地面的为匍匐茎（stolon），多见于草坪植物如狗牙根、野牛草等。草莓是典型的以匍匐茎繁殖的果树。节间较长不贴地面的为走茎（runner），如虎耳草、吊兰等。

### （二）蘖枝（offshoot）

许多植物的侧枝由主茎（或根）上长出，当侧枝生根时即形成新的植株。在园艺植物上，这些侧枝依种类不同分别称为短匐茎（offset）、冠芽（crown bud）、裔芽（descendant bud）、根蘖（ratoon）。根蘖，有些植物根上可以产生不定芽，萌发成根蘖，与母株分开后可形成新植株（根蘖苗）。如山楂、枣、杜梨、海棠、树莓、石榴、樱桃、萱草、玉簪、蜀葵、一枝黄花等。生产上通常在春、秋季节，利用自然根蘖进行分株繁殖。

### （三）吸芽（suction bud）

吸芽是某些植物地下茎的节上或地上茎叶腋间发生的一种芽状体，吸芽的下部可自然生根，故可形成新株。菠萝的地上茎叶腋间能抽生吸芽；香蕉的地下茎上及多浆植物中的芦荟、景天、拟石莲花等常在根际处着生吸芽。

### （四）珠芽（bulbil）、小珠芽（bulblet）及零余子（tubercle）

珠芽，是从大鳞茎的基部长出的小鳞茎。小珠芽，亦称珠芽，生于叶腋间，如卷丹、薯蓣。零余子，生于花序中，如山蒜。二者均为鳞茎状或块茎状的肉质芽。珠芽及零余子脱离母株后落地即可生根发育成新个体。

## （五）鳞茎（bulb）

有短缩呈扁盘状的鳞茎盘，肥厚多肉的鳞叶着生在鳞茎盘上，鳞叶之间可发生腋芽，每年可从腋芽中形成一个至数个子鳞茎并从老鳞茎旁分离开。百合、水仙、风信子、郁金香、大蒜、韭菜等可用此法繁殖。

# 二、组织培养

## （一）组织培养的应用

近年来，随着组织培养技术的不断发展，其应用的范围日益广泛，主要应用于以下几方面：①无性系的快速大量繁殖，如采用茎尖培养的方法，1个兰花的茎尖1年内可育成400万个原球茎，1个草莓茎尖1年内可育出成苗3000万株。目前，兰花、马铃薯、柑橘、香蕉、菠萝、香石竹、马蹄莲、玉簪等多种园艺植物，均已采用组织培养进行快速繁殖。②培育无病毒苗木。③繁殖材料的长距离寄送和无性系材料的长期贮存。④细胞次生代谢物的生产，并应用于生物制药工业。⑤细胞工程和基因工程等生物技术育种。⑥遗传学和生物学基础理论的研究。尤其是在离体快速繁殖和无病毒苗木繁育方面为园艺植物的繁殖拓宽了途径。

## （二）茎尖培养

茎尖（shoot tip）是园艺植物离体培养中最常采用的材料之一，是由茎端分生组织和几枚叶原基构成的。茎尖培养是器官培养的一种，器官培养还包括块茎、球茎、叶片、子叶、花序、花瓣、子房、花托、果实、种子等的培养。目前茎尖培养有很多成功的报道，不是解剖学上严格的茎尖或开始是、继代培养不是。一般把由外植体芽（不包括不定芽）在组织培养下直接诱发生长都称为茎尖培养。为获得无病毒植株进行的茎尖培养，其开始所取外植体仅0.1～0.5 mm，可称为严格意义上的茎尖。如果外植体为带芽的茎段，则也可称为微体扦插。茎尖培养的方法和程序如下。

1.无菌培养物建立的准备

外植体的选择：茎尖培养应在旺盛生长的植株上取外植体，未萌发的侧芽生长点和顶端芽均是常用的。大小从1～5 mm茎端分生组织到数厘米的茎尖。

外植体的消毒：将采到的茎尖切成0.5～1cm长，并将大叶除去。休眠芽先剥除鳞片。一般将材料冲洗干净后，先放入70%酒精中数秒钟，取出后放入0.1%氯化汞中，视材料老嫩程度灭菌1～8 min，再用灭菌水冲洗3遍。氯化汞是强灭菌剂，一般对难以灭菌的果树和木本观赏植物外植体表面杀菌效果较好，草本的花卉和蔬菜则可用次氯酸钠消毒10～30 min，即可达到灭菌目的。

组织的分离：在剖取茎尖时，要把茎芽置于解剖镜下，左手用镊子将其按住，右手用解剖针将叶片的叶原基去掉，使生长点露出来，通常切下顶端0.1～0.2 mm（含一两个叶原基）长的部分作培养材料，切口向下接种在培养基上，切取分生组织的大小，由培养的目的来决定。要除去病毒，最好尽量小些。如果不考虑去除病毒，只注重快速繁殖，则可取0.5～1 cm长的茎尖，也可以取整个芽。

2.培养技术

培养基制备：物种不同，适用的培养基也不同。近年来，多数茎尖培养均用MS作为基本培养基，或修改，或补加其他物质。

培养条件：接种于琼脂培养基上的茎尖，应置于有光的恒温箱或照明的培养室中进行培养，每天照光12～16 h，光照强度1000～5000lx，培养室的温度是（25±2）℃。但是有些植物的离体培养需要低温处理以打破休眠，使外植体启动萌发。如天竺葵经16℃低温处理可以显著提高茎尖培养的诱导率及其增殖率。

接种：外植体经过严格的消毒，培养基经过高压灭菌后，在超净台或接种箱内进行无菌操作。无菌接种外植体要求迅速、准确，暴露的时间尽可能短，防止外植体变干。

继代培养：茎长至长1 cm以上的可以切下，转入生根培养基中诱导生根，余下的新梢，切成若干小段，转入增殖培养基中，至30 d左右，或当新梢高1～2 cm时，又可把较大的切下生根，较小的再切成小段转入新培养基，这样一代一代继续培养下去，既可得到较大新梢以诱导生根，又可维持茎尖的无性系。

诱导生根并形成完整植株：这一过程培养的目的是促进生根，逐步使试管植株的生理类型由异养型向自养型转变，以适应移栽和最后定植的温室或露地环境条件。有3种基本的方法诱导生根：将新梢基部浸入50 mg/L或100 mg/L IBA溶液中处理4～8 h，然后转移至无激素的生根培养基中；直接移入含有生长素的培养基中培养4～6 d后转入无激素的生根培养基中；直接移入含有生长素的生根培养基中。上述3种方法均能诱导新梢生根，但第3种方法对幼根的进一步生长似有抑制作用。

小植株移栽入土：试管苗的移栽应在植株生根后不久，细小根系尚未停止生长之前及时移植。移植前一两天，要加强光照，打开瓶盖进行炼苗，使小苗逐渐适应外界环境。

## （三）无病毒苗的培育

近年来，随着园艺业的不断发展，植物病毒及其危害日益为人们所重视。病毒病的危害给园艺生产带来巨大损失，草莓病毒曾使日本草莓严重减产，几乎使草莓生产遭到灭顶之灾；柑橘衰退病曾经毁灭了巴西大部分柑橘园；圣保罗州80%的甜橙因病毒死亡。迄今尚无有效药剂和处理方法可以治愈受侵染的植物，所以通过各种措施来培育无病毒苗木是预防病毒病的重要途径。

通过热处理法获得无病毒苗木：热处理之所以能脱除病毒的依据是病毒和寄主细胞对高温的忍耐性不同，利用这一差异，选择一定的温度和时间，就能使寄主体内病毒的浓度降低，运行速度减缓或失活，而寄主细胞仍能正常存活，从而达到治疗的目的。热处理可通过热水浸泡或置于湿热空气中进行，在35～40℃下处理一段时间即可，处理时间的长短，可由几分钟到数月不等。

茎尖培养脱毒：据研究，植物体内某一部分组织器官不带病毒的原因是分生组织的细胞生长速度快，病毒在植物体内繁殖的速度相对较慢，而且病毒的传播是靠筛管组织进行转移或通过胞间连丝传递给其他细胞，因此病毒的传递扩散也受到一定限制，这样便造成植物体的分生组织细胞没有病毒。根据这个原理，可以利用茎尖培养来培育无病毒苗木。

茎尖嫁接脱毒：茎尖嫁接（shoot tip grafting，STG）是组织培养与嫁接方法相结合，用以获得无病毒苗木的一种新技术，也称之为微体嫁接（micrografting）或微芽嫁接。它是将0.1～0.2 mm的茎尖（常经过热处理之后采集）作为接穗，在解剖镜下嫁接到试管中培养出来的无病毒实生砧木上，并移栽到有滤纸桥的液体培养基中，茎尖愈合后开始生长，然后切除砧木上发生的萌蘖。生长1个月左右，再移栽到培养土中。这种方法脱毒效果好，遗传变异小，无生根难问题，已成为木本果树植物的主要脱毒方法。

珠心胚脱毒：柑橘的珠心胚一般不带病毒，用组织培养的方法培养其珠心胚，可得到无病毒的植株。培养出来的幼苗先在温室内栽培两年，观察其形态上的变异。没有发生遗传变异的苗木可作为母本，嫁接繁殖无病毒植株。珠心胚培养无病毒苗木简单易行，其缺点是有20%～30%的变异，童期长，要6～8年才能结果。

愈伤组织培养脱毒法：通过植物器官或组织诱导产生愈伤组织，然后从愈伤组织再诱导分化芽和根，长成植株，可以获得脱毒苗，这在天竺葵、马铃薯、大蒜、草莓、枸杞等植物上已先后获得成功。

# 第十章 园艺生产

## 第一节 园艺植物栽植

栽植密度与栽植方式影响园艺植物的生产性能，与栽培管理措施也密切相关，因此要结合园艺植物的生物学特性、当地的自然条件和栽培管理水平，合理地选择栽植密度和栽植方式。

### 一、栽植密度

#### （一）园艺植物种类和品种

植株的冠幅是决定栽植密度的主要依据。不同园艺植物种类和品种的生长发育特性不同，在植株高矮、冠幅、生长势等方面差异很大。一般植株高大、生长势较旺、比较喜光的种类和品种，其栽植的株行距应加大，反之则缩小株行距。例如，茄一般品种冠幅40~60cm，早熟品种的冠幅小于晚熟品种，露地栽培早熟品种每公顷定植45000~57500株，晚熟品种22500~30000株；辣椒一般品种冠幅小于茄，每公顷定植株数大于茄。

#### （二）气候与种植园土地条件

气候、土壤及地形地势等生态条件影响园艺植物的生长从而影响着栽植密度。一般来说，气候适宜、肥水条件较好的情况下植株生长发育良好，应适当稀植，使个体充分发育，利用单株优势实现高产；相反，气候干旱、土壤贫瘠、肥力低下时植株生长会受到抑制，植株矮小，则应适当密植，通过增加群体株数获得高产。

### （三）栽培设施和栽植方式

园艺作物生产有不同形式的支架栽培、匍匐栽培，以及单株植、丛植、带状植等多种栽植方式，这些都会影响栽植密度。例如，冬瓜普通无支架栽培每公顷栽植6000~9000株，而支架栽培可达22500株；葡萄篱架栽培每公顷栽植1665~3330株，棚架则栽植624~1330株；辣椒、月季、牡丹、黄杨、石榴等园艺植物较适宜丛植，丛植时1穴栽植2~3株，栽植密度大。设施栽培能为作物创造良好的生长发育条件，植株生长旺盛，栽植密度一般比露地小。例如，辣椒设施栽培每公顷定植可达5万株。

### （四）栽培技术水平

通常，密植时应采取相应的管理措施，来控制植株过分生长或徒长，避免植株个体和群体光照恶化，保证正常的生长发育。种植园管理粗放、栽培技术水平较低时应适当稀植。另外，嫁接栽培时砧木对植株大小影响很大，如用矮化砧和半矮化砧嫁接的树冠显著小于乔化砧，苹果乔化砧的品种冠幅4~6m，矮化砧时冠幅只有3~5m。因此，矮化砧的果树应适当密植。

## 二、栽植方式

### （一）长方形栽植

栽植行距大于株距，相邻株间的平面构成长方形。这种栽植方式株距小，便于密植；行距宽，有利于通风透光和栽培管理，是园艺作物生产中广泛应用的一种栽植方式。

### （二）正方形栽植

行距与株距相等，特点是每株占有一定相对独立的空间，植株间通风透光好，无行间与株间之分，纵横作业均可，适用于稀植栽培。由于土地利用不经济，这种栽植方式实际应用较少。

### （三）三角形栽植

两行植株错开栽植，相邻3株呈正三角形或等腰三角形，行距与株距相等或不等。这种方式适合密植。

### （四）带状栽植

也称宽窄行栽植。由2~4行植株组成1带，带间距离大于带内的行间距离。带内可以是长方形栽植，也可以是正方形或三角形栽植。这是最适宜密植的栽植方式，带内密栽可充分利用土地和空间，也可增强群体的抗逆性（如防风、抗旱等），带间距离宽、作业方便、透光通气状况好。在园艺作物生产上应用比较普遍，如畦栽蔬菜、花卉等。

### （五）计划密植

又称变化栽植，是一种有计划分阶段变化密度的栽植形式，即开始时采用高于正常的密度栽植，以增加单位面积上的株数，提高地面覆盖率和叶面积系数，充分利用空间，提高光能利用率，达到早期丰产；待植株冠幅较大植株间相交时，再间伐和移走一部分植株达到正常栽植密度。计划密植管理时应对临时株和永久株区别对待，首先保证永久植株的正常生长发育，也要充分利用好临时植株。计划密植在果树及蔬菜生产上都有应用。

此外，还有山区丘陵地果树的等高栽植，公园、道旁及风景地观赏绿化树木、花卉的单植、丛植、片植、混植等多种栽培方式。

## 三、栽植时期

### （一）果树及观赏树木的栽植时期

一般落叶观赏树木和落叶果树多在落叶后至萌芽前栽植，主要包括秋植和春植。苗木在这段时期内处于休眠状态，体内贮藏营养丰富，水分蒸腾较少，根系易于恢复，因此栽植成活率高。秋植有利于根系的伤口愈合，促进新根生长，缩短第二年的缓苗期，但在冬春季干旱和寒冷地区幼株易受冻和抽条。因而冬春较寒冷或秋季少雨地区应以春栽为宜，冬季温暖地区可选择秋植。

常绿果树及观赏树木，在春、夏、秋季均可栽植，通常以新梢停止生长时栽植较好。春夏栽植时应注意去掉一些枝叶，以减少树体水分蒸发散失，栽植后充分灌水，促进缓苗，提高成活率。

### （二）蔬菜及草本花卉的栽植时期

蔬菜和草本花卉植物的栽植时期变化较大，可根据实际需要和可能随时栽植，但以春秋两季栽植为主。一般在露地生产时，喜温性作物如茄果类、瓜类、水生蔬菜等应在晚霜过后栽植。耐寒性植物如莴苣、小白菜和葱蒜类等以早春栽植、播种为主，也可秋季播种栽植。在保护地生产时，因设施性能和栽培目的不同，蔬菜或草本花卉植物的栽植时期可提早或延后。

## 四、栽植方法

### （一）果树及观赏树木的栽植

先将表土混合好肥料，取其一半填入坑内，培成丘状，按品种栽植计划将苗木放入坑内使根系均匀分布在坑底的土丘上，同时进行前后、左右对直，校正位置。然后将另外一半掺肥土分层填入坑中，每填一层土都要踏实，并随时将苗木稍稍上下提动，使根系与土壤紧密接触，最后将心土填入栽植穴，直至填土接近地面，根茎应高于地面5cm左右，并在苗木四周筑起直径1m的灌水盘。栽植后立即灌水，要灌足灌透。水渗下后要求根茎与地面平齐，然后堆土成丘状，以利保墒。为防止矮砧苗木的接穗生根，嫁接口应高出地面10cm。

### （二）蔬菜及草本花卉的栽植

蔬菜及草本花卉栽植的方法简单，一般按预定的株行距开沟或挖穴，放入秧苗，填土压实即可。栽植深度依作物种类而定，一般因植株根系较小，可比秧苗原先所处地表位置稍深。

## 五、栽植后管理

### （一）果树及观赏树木栽后管理

包括整修、防寒、防病虫与补栽等树体管理和土肥水管理。

1.整修植株

根据树种、品种类型、树形要求及栽培条件对有些果树苗木进行定干处理，即在干高要求基础上加20cm左右的整形带将苗木剪截。定干一般在幼树成活后春季发芽前进行。不同树种的干高要求不同。稀植的苹果、梨一般为80~100cm（包括整形带20cm），桃树为40~60cm（包括整形带15~20cm）。对观赏树木要按实际需要进行树冠整修，同时去掉一些伤枝、病枝等，以利苗木成活和成形。

2.幼树防寒

抽条是指幼龄树木越冬后枝干失水干枯的现象。在北方，无论春栽还是秋栽都要注意防止冻害和发生抽条。冬季可埋土防寒，春季可设置风障或套塑料薄膜袋保护，以防发生抽条。

3.防治病虫害

幼树树体幼小，枝、芽、叶稀少，应注意防治金龟子、毛虫、红蜘蛛、蚜虫等虫害和病害，以利于提高成活率和促进苗木生长。

4.检查成活情况并及时补栽

栽后14～21d应检查苗木栽植成活情况，出现缺苗情况时应及时补栽。

5.土肥水管理

秋栽植株采用埋土防寒的，在春季要及时出土，避免在土中萌芽而影响成活。栽植后修筑树盘或树行，及时灌水，促进根系与土壤充分接触和发生新根。春季为提高地温和保持土壤水分，可在发芽前树下覆盖地膜，促进苗木成活。及时进行中耕可保水、增温、抑制杂草滋生，提高土壤肥力，对苗木的根系下扎和生长十分有益。展叶后可连续根外追肥2～3次，每次间隔15d左右，以速效氮肥为主。6月以后，可以进行土壤追肥1～2次，要少量多次，勤施薄肥，以复合肥为佳。结合追肥或视土壤墒情进行灌水，以保证苗木成活并且生长良好。

## （二）蔬菜及草本花卉栽后管理

1.灌水

栽植后第一次灌水称为定植水，以浸透土壤使秧苗根系与土壤紧密接触为宜，不宜大水漫灌，否则既影响地温，不利于缓苗，也会冲倒冲泡栽植的秧苗。栽植后5～7d，幼苗叶片舒展或发出新叶，表明根系开始恢复生长和吸收功能，苗已缓转，这时浇缓苗水。缓苗水可降低土壤溶液浓度，避免伤根，促进根系快速生长。

2.移苗补苗

出现死苗、缺苗现象时，要及时移苗补栽。补栽的秧苗要求是同品种定植时专门留下的备用苗。

3.中耕

缓苗水下渗后及时进行中耕，不仅能抑制杂草滋生，保持土壤水分，还可提高土壤温度，促进根系下扎，发生新根，防止徒长，调节地上部和地下部及营养生长和生殖生长的平衡。如番茄在第一花序果实迅速膨大前不浇水，进行中耕蹲苗。蹲苗时间一般为10～15d，应根据不同蔬菜种类、栽培季节及生长情况等灵活掌握。

# 第二节　园艺植物整形与修剪

本节我们以观赏植物为例来介绍园艺植物整形与修剪。观赏植物整形是指在植物生长前期（幼树时期），为构成一定的理想树形而进行的植株生长调整工作。观赏植物修剪是指植株成形后才实施的技术措施，目的是维持和发展一定的树形。整形是目的，修剪是手段。整形是通过一定的修剪措施来完成的，而修剪又是在整形的基础上，根据某种树形的要求而实施的技术措施，二者紧密相关。整形与修剪要在土、肥、水管理的基础上进行，它是提高园林绿化艺术水平不可缺少的环节。

整形与修剪可以调整观赏植物的长势，防止徒长，使营养集中供应给所需的枝叶，促进开花，使叶、花、果所组成的树冠相映成趣，创造出协调美观的景致，或构成特定的园景。

## 一、整形与修剪的目的

### （一）调节植株生长和发育

整形与修剪可以调节树体水分平衡及生长与开花结果。

1.促进树体水分平衡，保证移栽成活

在苗木移栽之前或以后修剪枝叶，减少水分蒸腾，缓解移栽伤根导致的根部吸水功能下降与叶片大量耗水的矛盾，保证移栽成活率。

2.调节生长与开花结果

在观花、观果的植物中，生长与结果之间有着一定的矛盾，通过修剪的方式来打破原来的营养生长和生殖生长之间的平衡，调节树体的养分分配，协调营养生长和生殖生长，使双方达到相对的均衡。

### （二）保证植株形体健康

放任生长或修剪不当的树木，往往树冠郁闭，致使树冠内部相对湿度增加，为喜欢阴湿环境的病虫繁殖提供了条件。如果枝条过密，内膛枝得不到足够的光照，内膛小枝光合作用降低，致使枝条下部光秃，开花部位也随之外移，呈现表面化。经过适当修剪，去掉部分枝条，树冠内空气流通、光照充足，则会减少病虫害发生。内膛小枝得到充足的光照，光合作用加强，促使其分化大量的花芽，为开花创造条件。

### （三）控制树体的结构，培养良好的树形

多年生的观赏树木枝条过密，可能逐渐出现枯枝、死枝及病虫枝，影响树木的外观。观赏树木的配置要与周围的房屋、亭台、假山、漏窗、水面、草坪等空间相协调，形成各类景观。因此，栽植养护要通过不断的适度修剪来控制与调整树体的大小，以免过于拥挤，影响景观效果。

### （四）调节树木与环境的关系

修剪可以调节树木个体与群体结构，提高有效叶面积指数和改善光照条件，提高光能利用率；还有利于通风，调节温度与湿度，创造良好的微域气候，使树冠扩展快，枝量多，分布合理，能更有效地利用空间。

树上的死枝、劈裂枝和折断枝，如不及时处理，将给人们的生命、财产造成威胁，其中城市街道两旁和公园内树木枝条坠落带来的危险更大。下垂的活枝，如果妨碍行人和车辆通行，必须修至2.5～3.5m的高度。去掉已经接触或即将接触通信或电力线的枝条，是保证线路安全的重要措施。同样，为了防止树木对房屋等建筑造成损害，也要进行合理的修剪。

### （五）促进老树复壮更新

树体进入衰老阶段后，树冠出现秃裸，生长势减弱，而对一棵衰老的树木进行强修剪，剪掉树冠上的主枝或部分侧枝，可刺激隐芽长出新枝，选留其中一些有培养前途的代替原有老枝，进而可以形成新的树冠，达到恢复树势、更新复壮的目的。例如，对许多大花型的月季品种，在每年秋季落叶后，将植株上的绝大部分低枝条修剪，仅保留基部主茎和重剪后的短侧枝，让它们在翌年重新萌发新枝。这样对树冠年年进行更新，反而会比保留老枝生长茂盛，开花数量也会逐年增加。

## 二、整形与修剪的原则

不同的树种生长习性不同，其顶端优势、萌芽力、成枝力有极大差别，修剪方法也有所不同。对具有很强萌芽发枝能力的树种，可进行多次修剪；而对萌芽发枝力弱或愈伤能力弱的树种，则应少行修剪或只行轻度修剪。同一树种因树龄、树势、栽培目的和功能不同，整形与修剪的方法也不尽相同。

行道树以遮荫为主，应将顶端优势转移到方位合适、树势均衡的几个主枝上，使它横向发展，形成合轴树形或尖塔树形，树冠高大丰满；以观花果为主的树木采取短截1年生枝，去除顶端优势，使植株的生长优势转移到中下部，采用自然开心形的整形方式，培养立体结构良好的树形，以利于通风透光。

幼年期植株生长势旺盛，修剪不宜过重，否则会使枝条不能在秋季充分成熟，降低抗寒力，也会使开花年龄延迟。所以，除特殊需要外，幼龄小树只宜轻剪，不宜重剪。成年期多年生观赏树木正处于旺盛的开花结果阶段，树冠优美，整形与修剪的目的在于保持植株的健壮完美，使开花结果能持续保持下去。衰老期多年生观赏树木，因生长势衰弱，每年的生长量小于死亡量，修剪时应以重剪为主，以刺激其恢复生长势，并可利用徒长枝来达到更新复壮的目的。

# 三、整形与修剪技术

## （一）整形技术

观赏植物的整形方式因栽培目的、配置方式和环境状况不同而有很大的不同，在实际应用中主要有3种常用的方式。

1.自然式整形

在树木本身特有的自然树形基础上，按照树木本身的生长发育习性，稍加人工调整而形成的自然树形。这不仅体现园林树木的自然美，也符合树木自身的生长发育习性，有利于树木的养护管理。行道树、庭荫树及一般风景树等基本上都采用自然式整形。长圆形如玉兰、海棠；圆球形如黄刺玫、榆叶梅；扁圆形如槐树、观赏桃；伞形如合欢、垂枝桃；卵圆形如苹果、紫叶李；拱形如连翘、迎春。

2.人工式整形

由于园林绿化的特殊要求，有时将树木修剪成有规则的几何图形如方形、圆形、多边形等，或修剪成各种动物图形。这类整形违背了树木生长发育的自然规律，抑制强度较大；所采用的植物材料又要求萌芽力和成枝力都较强的树种，如黄杨、罗汉松、六月雪等，并且只要见有枯死的枝条就要立即剪除，以求能保持整齐一致，所以往往为满足特殊的观赏要求才采用此种方式。

3.自然与人工混合式整形

根据园林绿化上的某种要求，对自然树形加以或多或少的人工改造而形成的形式。常见的有杯状形、开心形、多领导干形、中央领导干形、丛球形、棚架形等。

### （二）修剪技术

分为休眠期修剪和生长期修剪。休眠期修剪是自树木休眠后至次年春季树液开始流动前进行的，而生长期修剪是萌芽后至新梢或副梢延长生长停止前进行的。

1.休眠期修剪

包括截干和剪枝两种措施。截干是对干茎或粗大的主枝、骨干枝等进行截断的措施，具有促进树木更新复壮的作用。在截除粗大的侧生枝干时，为防止发生劈裂，应先用锯在粗枝基部的下方，由下向上锯入1/3～2/5，然后在侧枝基部略前方处由上向下锯入，最后将伤口削平，并涂上护伤剂，如接蜡、白涂剂、桐油或油漆，以免病虫侵害和水分散失。

2.生长期修剪

包括折裂、抹芽、摘心、捻梢等多种措施。折裂是为防止枝条生长过旺，或为了曲折枝条使之形成各种苍劲的艺术造型，在早春芽略萌动时对枝条施行的一种修剪措施。抹芽是把枝条上多余的芽抹掉，以改善其他保留芽的养分供应而增强其生长势；或将主芽除去而使副芽或隐芽萌发，以抑制过强的生长势或延迟发芽期。摘心是将新梢顶端摘除的措施，摘除部分长2～5cm。摘心可抑制新梢生长，使养分转移到芽、果或枝部，有利于花芽分化、果实肥大或枝条充实。但摘心后，新梢上部的芽容易萌动成二次梢，可待其生长数叶后再次摘心。捻梢是将新梢屈曲但不使其断离母枝的措施，多在新梢生长过长时应用。此外，还有屈枝、摘叶、摘蕾、摘果等修剪措施。

修剪应按照"由基到梢，由内及外"的顺序进行，即先看树冠的整体应整成何种形状，然后由主枝的基部自内向外逐渐向上修剪，这样既可避免出现差错，又可保证修剪质量，提高工作效率。

## 四、不同观赏植物的整形与修剪

### （一）行道树的整形与修剪

行道树必须有一个通直的主干，栽在道路两侧，主干高度以3～4m为好，以免妨碍车辆的通行，公园内的园路树或林荫路上的树木主干高度以不影响游人为原则，一般枝下高在2m左右。行道树要考虑装饰性的需要，要求它们的高度和分枝点基本一致，树冠要整齐，富有装饰性。成形后不需要大量修剪，经常进行常规修剪（疏除病虫枝、衰老枝、交叉枝、冗长枝等），即可保持理想的树形。在生长季树干上萌生的枝条要趁没有木质化之前抹掉，不然长大后会影响交通，如枝条木质化后再疏掉还会在树干上留下疤痕，有碍美观。行道树除要求具有直立的主干以外，一般不做特殊的造型，以采用有主干疏散形为好。一般分为有较强中干的（有主轴）和中干不强或不明显的（无主轴）两种。有较强中心干的行道树一般栽植在道路比较宽、上面没有架高压线的街道上，中心干不强或不明显的行道树栽植在街道比较窄或架有高压线的街道上。

## （二）庭荫树的整形与修剪

庭荫树种植于庭院和公园中以取其荫，以为游人提供遮荫纳凉为主要目的的树种，应具有庞大的树冠、挺拔的树形、光滑的树干。为这类树木整形时，首先要培养一段高矮适中，挺拔粗壮的树干。树木定植后尽早把1.0~1.5m甚至以下的枝条全部剪掉，以后随着树体的不断增大，再逐年疏掉树冠下部的分生侧枝。作为遮荫树，要为游人提供在树下自由活动的空间，一般应在2.0~2.2m；栽植在山坡或花坛中央的观赏树主干大多不超过1m。庭荫树树冠的大小与树高的比例，一般以2/3以上为佳，以不小于1/2为宜。

## （三）灌木的整形与修剪

花后发叶的树种可在春季开花后修剪老枝并保持理想树姿。像榆叶梅枝条稠密，可适当疏剪弱枝、病枝。用重剪进行枝条的更新，用轻剪维持树形。对于具有拱形枝的种类如迎春可将老枝重剪，促进抽发强壮的新枝条以充分发挥其树形的优点。

当年新梢开花的枝条可在冬季或早春修剪。例如，八仙花、山梅花可重剪使新梢强健。珍珠梅、月季等在生长季节中开花不断的，除早春重剪老枝外，还应在花后将新梢重短剪，以便再次发枝开花。

观赏枝条及绿叶的种类，应在冬季或早春进行重剪，以后轻剪，促使多萌发枝叶。例如，红瑞木等耐寒的观枝植物，可在早春修剪，以便冬季枝条充分发挥观赏作用。

萌芽力强的树种或冬季易干梢的种类可在冬季自地面刈去，使来年春季重新长出新枝。

## （四）绿篱的整形与修剪

绿篱又称植篱、生篱。常见的绿篱形式有规则式和自然式两种。自然式绿篱一般不用专门修剪整形，适当控制高度，在栽培管理中去除病老枝即可；规则式绿篱每行只能选择1个树种，所有苗木的高度、干径、分枝等要根据绿篱的设计大致相同，为今后的整形与修剪工作打下良好的基础。定植后的绿篱最好任其生长1年，以免因修剪过早，妨碍地下根系的生长。从第二年开始，再按照所要求的绿篱高度开始进行修剪，截去苗高的1/3~1/2。为使苗木分枝高度尽量降低，多发分枝，提早郁闭，可在生长期内对所有新梢进行2~3次修剪，2~3年内反复进行，直到绿篱下部分枝条长得匀称、稠密，上部树冠彼此连接成形为止。绿篱成形后，可根据需要整剪成形。正确的修剪方法是先剪其两侧，使其侧面呈一个斜面，两侧剪完，再剪平顶部，整个断面呈梯形。这样修剪可抑制绿篱植株上下各部枝条的顶端优势，刺激上下部枝条再长新侧枝，而这些侧枝的位置，距离主干相对较近，有利于获得充足的养分。同时，上小下大的斜面有利于绿篱下部枝条获得充足光照，从而使全树枝叶茂盛，维持美观外形。

### （五）藤本类的整形与修剪

有棚架式、凉廊式、篱垣式、附壁式和直立式等树形。

1.棚架式

适于卷须类及缠绕类藤本植物。应在地面处重剪，使发生数条强壮的主蔓，垂直引导主蔓于棚架的顶部，使侧蔓均匀分布在棚架上，形成荫棚，如紫藤。

2.凉廊式

常用于卷须类及缠绕类植物，偶尔用于吸附类植物。因凉廊有侧方格架，所以主蔓勿过早诱引至廊顶，否则易形成侧面空虚。

3.篱垣式

多用于卷须类及缠绕类植物。将侧蔓水平诱引后，每年对侧枝进行短截，就能形成整齐的篱垣，如金银花。

4.附壁式

常用于爬墙虎、凌霄、扶芳藤、常春藤等靠吸盘或吸附根可自行附壁而逐渐布满墙面的植物。修剪时注意使壁面基部全部覆盖，各蔓枝在壁面上分布均匀，避免互相重叠交错。附壁式最容易出现的问题是基部空虚，不能维持基部枝条长期茂密，对此应采取轻、重修剪及曲枝诱引等综合措施加以纠正。

5.直立式

对于一些茎蔓粗壮的种类，如紫藤等，可以整形与修剪成直立灌木式，用于公园道路旁或草坪上效果较好。

# 第三节 园艺植物灌水与排水

## 一、灌水方法

随着科学技术和工业生产的发展，灌水方法也不断改进，向着机械化、管道化和节水化的方向发展，灌水效果和灌水效率也大大提高。

### （一）地面灌水

地面灌水（surface irrigation）是生产上最为常用的传统的灌溉方法，包括漫灌、畦灌、沟灌、穴灌、盘灌（树盘灌水）等形式。果树及多年生木本花卉植物平地种植园的封冻水、解冻水可用漫灌，灌水充分，有利于更好地稳定土壤温度和湿度；生长季节的灌水采用沟灌能经济用水，防止土壤板结，水经沟底及沟壁浸润根系，有利于根系生长和吸收；山地及水源缺乏的种植园也可用穴灌，用水经济，有效可行。蔬菜及草本花卉多畦栽，故灌水多采用开渠畦灌，灌水均匀、充分。地面灌溉虽然简单易行，但存在浪费水源、易造成土壤板结、肥力下降的现象，山地丘陵地种植园还会造成土壤冲刷的问题。生产上地面灌水后应及时中耕松土。

### （二）喷灌

喷灌（sprinkling irrigation）是利用喷灌设备将水加压经喷头喷至空中的一种灌溉方法，比地面输水灌溉节水50%~60%。按其设备能与移动有固定式、半固定式和移动式3种方式。果园喷灌一般树冠以上多采用固定式喷灌系统，喷头射程较远，冠中冠下可采用半固定式或移动式喷灌系统。采用喷灌进行灌水可节约用水，调节种植园小气候，不破坏土壤结构，不受地形限制，高效省工，还可喷肥、喷药。但喷灌所用管道需要压力高，设备投资较大，能耗较大，成本较高，风大时难以做到灌溉均匀，且增加水量损失；另外，喷灌明显增加空气湿度，会增加某些真菌病害的发生。

微喷灌是利用直接安装在毛管上，或与毛管连接的灌水器即微喷头，将压力水以喷洒状的形式喷洒在作物根区附近的土壤表面的一种灌水形式，简称微喷，是一种高效、经济的喷灌技术，特别适用于各类花卉和蔬菜设施规模生产。微喷灌喷水雾化程度高，不易损坏各种植物，且能增加植物的光合作用，促进作物生长，既能节水、省人工，又可结合肥料、农药喷洒，不会引起水土流失，药肥损失；造价低廉，一次性投资回收快，且安装容易，快捷；使用年限长，且喷头更换容易；兼有喷灌不易堵塞和滴灌耗水少的优点，克服了它们两者的一些缺点。但微喷灌会增加空气湿度，对一些容易因空气湿度大而产生病害的作物，不能使用微喷灌；在空气干燥，风力大的地区使用微喷灌因蒸发漂移损失较大，一般也不选用。

### （三）滴灌

滴灌（drip irrigation）是将水加压经过滤后再通过毛管、滴头，以水滴或细小水流缓慢地输送到植物根域附近土壤的灌溉方式，具有节约用水，持续供水，维持土壤水分稳定，不破坏土壤结构，不受地形限制，可以施肥，省工高效，有利根系生长吸收等优点。不足之处是所需管材较多，投资较大，管道和滴头容易堵塞，要求过滤设备良好。在设施栽培内应用滴灌可降低棚内湿度，减少病害的发生。内镶式滴灌适用于按行株距栽种的作物，如番茄、茄、辣椒、南瓜、黄瓜等蔬菜。

### （四）渗灌

渗灌（infiltrating irigation）是通过地下管道系统，使灌溉水从渗水管渗出，在土壤毛细管的作用下，自下而上浸润植物根域的灌溉方法。可减少水分地表蒸发散失，不破坏土壤结构，经常保持根区湿润、通气良好，具有节约用水，灌水效果好，有利于根系吸收、生长等优点，是理想的灌溉方式。园艺植物设施栽培时采用渗灌，可降低空气湿度，明显减少病害发生。渗灌中渗水管道的埋深和间距是影响渗灌效果的主要因素，一般以埋深40~60cm，间距2~3cm为宜。

### （五）节水灌溉

节水灌溉是一项系统工程，包括水土保持、土壤管理和输水、灌水、耗水等环节的节水技术。目前主要有如下几种节水技术。

1.渠道防渗和管道输水灌溉技术

采用混凝土护面、浆砌石衬砌、塑料薄膜等多种方法进行渠道防渗处理，与土渠相比，可减少渗漏输水损失60%~90%，并加快输水速度。

管道输水技术是将低压管道埋设在地下或铺设在地面，将灌溉水直接输送到田间，常用的输水管多为硬塑管或软塑管。该技术具有投资少、节水、省工、节地和节省能耗等优点，比土渠输水灌溉省水30%~50%。

**2.田间地面灌水技术**

在习惯大水漫灌或大畦大沟灌溉的地方，推广宽畦改窄畦，长畦改短畦，长沟改短沟，控制田间灌水量，提高灌水的有效利用率，是节水灌溉行之有效的措施。

**3.涌流灌溉技术**

通过改进放水方式，把传统的沟、畦一次放水改为间歇放水，进行间歇灌溉。间歇放水，使水流呈波涌状推进，由于土壤孔隙会自行封闭，在土壤表层形成一薄封闭层，水流推进速度快。在用相同水量灌水时，间歇灌溉水流前进距离为连续灌溉的1～3倍，从而大大减少了深层渗漏，提高了灌水均匀度，田间水的利用系数可达0.8～0.9。间歇灌溉比连续沟灌可节水38%，省时一半左右；比连续畦灌节水26%。

**4.膜上灌溉和膜下滴灌技术**

膜上灌溉是我国在地膜覆盖栽培技术的基础上发展起来的一种新的地面灌溉方法。它是将地膜平铺于畦中或沟中，畦、沟全部被地膜所覆盖，让灌溉水在地膜表面的凹形沟内借助重力流动，从而实现利用地膜输水，并通过作物的放苗孔和专设灌水孔入渗给作物，改变了传统的大水漫灌浇地的方法，其灌水效果类似于滴灌。由于放苗孔和专设灌水孔只占田间灌溉面积的1%～5%，其他面积主要依靠旁侧渗水湿润，因而膜上灌实际上也属于局部灌溉。

膜下滴灌是将地膜栽培技术与滴灌技术有机结合，即在滴灌带或滴灌毛管上覆盖一层地膜，在设施作物越冬栽培中应用较多。

**5.微灌技术**

将水和肥料加压、过滤，经各级管道和灌水器具将水输送到植物根部附近，属于局部灌溉，只湿润部分土壤。与地面灌溉相比，微灌技术可节水80%～85%。当前在我国推广的微灌形式主要有微喷灌、滴灌、渗灌、微管灌、涌泉灌溉和膜下滴灌等。微灌在果树、花卉、设施蔬菜等生产中应用效益十分突出。

**6.关键时期灌水和调亏灌水技术**

在水资源紧缺的条件下，应选择植物一生中对水最敏感、对产量影响最大的时期灌水，在关键时期灌水可提高灌溉水的有效利用率。

调亏灌水技术是指作物在某一生育期内，有目的、主动地减少灌水量，造成作物受到一定程度的水胁迫的灌溉方法。它有别于其他非充分灌溉方式，如亏水灌溉、有限灌溉等。番茄采用调亏灌水，不但可以节水，而且可以提升果实品质。

总之，通过提高灌溉管理水平，采用科学的灌溉方式，根据植物需水量和对土壤墒情的监测，进行适时适量的科学灌溉，达到节水的目的。

## 二、排水技术

园艺植物正常生长发育需要不断地供给水分，但土壤水分过多时影响土壤通透性，氧气供应不足又会抑制植物根系的呼吸作用，降低对水分、矿物质的吸收功能，严重时可导致地上部枯萎，落花、落果、落叶，甚至根系或植株死亡，所以排水工作也非常重要。在容易积水或排水不良的种植园区，在建园时就要做好排水工程的规划设计，修筑排水系统，做到及时排水。

积水一般主要来自雨涝、上游地区泄洪、地下水异常上升与灌溉不当的淹水等方面。虽然不同种类的园艺植物的耐涝性各有不同，但多数情况是涝害比干旱更能加速植株死亡，涝害发生5～15d就会使一半以上的栽培植物完全死亡。水生植物地上部怕淹，淹水1～2d都可能带来严重危害。

目前生产上应用的排水方式主要有3种，即明沟排水、暗管排水和井排水。

明沟排水是我国大量应用的传统方法，是在地表面挖沟排水，主要排除地表径流。在较大的种植园区可设主排、干排、支排和毛排渠4级，组成网状排水系统，排水效果较好。但明沟排水工程量大，占地面积大，易塌方堵水，养护维修任务重。

暗管排水技术多在不易开沟的栽植区使用，一般是在地下一定深度内，按一定比降埋设管道，将地下水浸渗入集水井再抽排出去，作用与机井相同，但较节省资金，管理更方便。暗管排水具有不占地，不妨碍生产操作，排水效果好，养护任务轻，使用年限长等优点。

井排水对于内涝积水地排水效果好，黏土层的积水可通过大井内的压力向土壤深处的沙积层扩散。

明沟暗管结合排水技术，也称明暗结合排水技术，在布局上是一条明沟、一条暗管（出口在支沟边坡）。明暗结合排水技术的使用范围是支沟深度在1.5m以下，经治理后无滑塌现象，在自流排水条件相对好一些的地区效果最佳。明暗结合排水技术减少了一级管的埋设，省去抽排集水井，节省了电费，管理十分方便，节约耕地。

# 第四节　园艺植物施肥

## 一、肥料的种类及其特点

### （一）有机肥

有机肥（organic fertilizer）是天然有机质经微生物分解或发酵而成的一类肥料，含有丰富的有机物。有机肥是一类完全肥料，不仅含有大量元素和许多微量元素，还含有一些植物生长所需的激素和多种土壤有益微生物。传统的有机肥又叫农家肥。合理施用有机肥一方面可以增加土壤有机质含量和多种生物活性物质，改善土壤物理、化学和生物学性状，提高土壤肥力；另一方面能够为作物提供持续、全面的养分供应，不但可以增加作物产量，而且能够提升农产品品质。有机肥和无机肥配合施用，还可以提高化学肥料的利用率。有机肥主要有以下几种。

1.动物粪肥类

是指人以及畜、禽等动物的排泄物，含有丰富的有机质和作物所需的各种营养元素，属优质有机肥。猪、牛、马、羊等家畜的厩肥是农村的主要有机肥源，占农村有机肥总量的60%~70%。

动物粪尿肥的肥力与动物饲料或食物结构有关。人类摄取的食物丰富，养分全面，因此人粪尿的有效成分含量高。鸡、鸭、鹅等家禽的饲料组成远高于家畜，其有机肥中氮磷、钾元素也较多，是用作高效作物如保护地蔬菜、果树等底肥的主要有机肥品种。而家畜的食物结构一般比较简单，因此厩肥肥力在有机肥中相对较低。

2.堆沤肥类

堆肥是利用作物秸秆、杂草、落叶、垃圾及其他有机废物为主要原料，再配一定量的动物粪尿、污水和少量泥土堆制，经好氧微生物分解而成的一类有机肥料。堆制过程就是微生物分解有机质的过程，因此必须创造适合微生物活动的条件。堆肥多在高温季节进行，堆料含水量控制在65%~75%，有利于微生物的好氧性发酵。微生物发酵过程产生的高温有利于促进有机物充分腐熟和杀灭病虫。充分腐熟后的堆肥适宜作基肥。

沤肥所用物料与堆肥基本相同，区别在于沤肥是使原料在淹水条件下，经微生物厌氧发酵而成。

**3.作物秸秆肥**

以麦秸、稻草、玉米秸、豆秸、油菜秸等直接还田的肥料。各种作物秸秆含有相当数量的营养元素，具有改善土壤的物理和化学性状，增加作物产量的作用。作物秸秆因植物种类不同，所含营养元素的多少也不同。一般来说，豆科作物秸秆含氮元素较多，禾本科作物秸秆含钾元素较丰富。

**4.绿肥**

以新鲜植物体就地翻压、异地施用或经沤堆而成的肥料。绿肥是利用其植物体的全部或部分作为肥料，是一种养分完全的生物肥源。其主要分为豆科绿肥和非豆科绿肥两大类。豆科绿肥的根部有根瘤，根瘤菌有固定空气中氮素的作用，如紫云英、豌豆、苕子、豇豆、木豆、绿豆、田菁等。非豆科绿肥，指一切没有根瘤的，本身不能固定空气中氮素的植物，如油菜、肥田萝卜、金光菊、黑麦草、大米草、水生绿肥等。绿肥植物适应性强，大多数具有较强的抗逆性，容易栽培，是改良障碍性土壤的"先锋作物"。绿肥作物有机质丰富，含有氮、磷、钾和多种微量元素等养分，且分解快，肥效迅速。

**5.饼肥和糟渣肥**

饼肥是以各种含油分较多的种子经压榨去油后的残渣制成的肥料，如菜籽饼、棉籽饼、豆饼、芝麻饼、花生饼、蓖麻饼等，一般营养丰富，肥力高。糟渣肥是用酒糟、酱油渣、醋渣、味精渣、粉渣等制成的肥料。

**6.土杂肥**

土杂肥包括各种土肥（炕土、熏土、硝土）、泥肥（以河泥、塘泥、沟泥、港泥、湖泥等，经过厌氧微生物分解而成的肥料）、草木灰、生活垃圾等。这类肥料所含成分比较复杂，收集施用时应根据农田保护的有关标准，避免污染园、田环境。

**7.沼气肥**

在密封的沼气池中，有机物经微生物厌氧发酵制取沼气后的副产物。其主要有沼气水肥和沼气渣肥两种。沼气肥是花卉、果树和蔬菜等作物的优良有机肥料，具有促进植物生长和增产的功能。

**8.海肥**

是以海洋生物为主要成分的有机肥料，包括植物性海肥、动物性海肥和矿物性海肥。

**9.腐殖酸类肥料**

简称腐肥，是以泥炭、褐煤、风化煤为主要原料经酸或碱等化学处理和掺入少量无机肥料而制成的肥料。其中富含腐殖酸和一定标明量的养分，如腐殖酸铵（简称腐铵）、硝基腐殖酸铵（简称硝基腐铵）、腐殖酸钠（钾）肥、腐殖酸氮磷复合肥等。腐肥既含有大量有机质，具有农家肥料的多种功能，又含有速效养分，兼有化肥的某些特性，所以是一类多功能的有机无机复合肥料。

腐殖酸类肥料具有改良土壤理化性状，提高化肥利用率，刺激作物生长发育，增强农作物抗逆性，改善农产品品质等多种功能。

## （二）化肥

化肥（chemical fertilizer）也称无机肥料（inorganic fertilizer），是通过化学合成方式将某些含有肥料成分的矿物质，经过粉碎、精选、加工制成的肥料。与有机肥相比，化肥具有养分含量高、肥效快、便于运输等优点。化肥常按所含的营养元素或肥效的快慢分为不同类别。

1.按所含的养分分类

分为氮肥、磷肥、钾肥、微肥、复混（合）肥等类型。其中，氮肥、磷肥、钾肥分别含有肥料的三要素之一，称其为"单一肥料"或"单元肥料"。

常见的氮肥有铵态氮肥（如碳酸氢铵、硫酸铵、氯化铵、氨水、液氨）、硝态氮肥（如硝酸钠、硝酸钾、硝酸钙）、硝铵态氮肥（如硝酸铵）、酰胺态氮肥（如尿素）、缓释氮肥（如脲甲醛）。常见的磷肥有水溶性磷肥（如过磷酸钙、重过磷酸钙）、枸溶性磷肥（如钙镁磷肥、钢渣磷肥）、难溶性磷肥（如磷矿粉、骨粉）。常见的钾肥有氯化钾、硫酸钾。常见的钙肥有生石灰、熟石灰、过磷酸钙。常见的硫肥有硫酸铵、石膏、硫黄等。常见的镁肥有硫酸镁、白云石、钙镁磷肥。常见的微量元素化肥有硼肥、锌肥、锰肥、铁肥、钼肥。

复混（合）肥是指用化学方法或物理方法加工制成的氮、磷、钾3种养分中至少有两种养分标明量的化肥。复混（合）肥包括复合肥、掺合肥、有机—无机复混肥，以复合肥较多。含有两种主要营养元素的复混（合）肥称为"二元复混（合）肥"，含有三种主要营养元素的称为"三元复混（合）肥"。常见的复混（合）肥有磷酸铵、磷酸二氢钾、硝酸钾和硝酸磷肥等。

复混（合）肥料养分种类多、含量高，副成分少；物理性状好，便于贮存和使用。但其主要缺点，一是养分比例固定，不能完全适用于任何土壤和作物；二是难以满足不同营养施肥技术的要求，如复合氮磷钾肥只能按照同一时期、施肥方式和深度施用。

2.按肥效快慢分类

分为速效化肥和缓效化肥。速效化肥是指被作物吸收利用较快的肥料，如氮素化肥（石灰氮除外）、水溶性磷肥、钾肥等；缓效化肥是被作物吸收利用迟缓的肥料如钙镁磷肥、磷矿粉、钢渣磷肥等。

缓效化肥，又称控释化肥，肥料中含有养分的化合物在土壤中释放速度缓慢或者养分释放速度可以得到一定程度的控制以供作物持续吸收利用。缓效化肥可分为三大类：难溶于水的化合物，如磷酸镁铵等；包膜或涂层化肥，如包硫尿素等；载体缓释化肥，即肥料养分与天然或合成物质呈物理或化学键合的肥料。施用缓释化肥可以减少肥料养分（特别是氮素）在土壤中的损失，减少施肥作业次数，避免过量施肥对种苗造成伤害。

### （三）微生物肥料

微生物肥料是用特定的微生物菌种生产的活性微生物制剂，无毒无害，不污染环境。通过微生物活动改善植物的营养或产生植物激素，促进植物生长。目前微生物肥料主要有根瘤菌肥、固态菌肥、磷细菌肥、硅酸盐细菌肥、复合微生物肥等。

根瘤菌肥是能在豆科作物上形成根瘤菌的肥料，通过生物固氮可增加土壤中的氮素营养。固态菌肥是含有自生固氮菌、联合固氮菌的肥料，能在土壤和作物根际固定氮素，为作物提供氮素营养。磷细菌肥是含有磷细菌、解磷真菌、菌根菌剂的肥料，能把土壤中的难溶性磷转化为作物可利用的有效磷，改善磷素营养。硅酸盐细菌肥是含有硅酸盐细菌、其他解钾微生物的制剂，俗称钾细菌肥。硅酸盐细菌生长代谢产生的有机酸类物质，能够将土壤中含钾的长石、云母、磷灰石、磷矿粉等矿物的难溶性钾及磷溶解出来被作物和菌体本身利用，菌体中富含的钾在菌死亡后又被作物吸收；产生的激素、氨基酸、多糖等物质可促进作物生长。复合微生物肥是含有两种以上有益微生物的肥料，以固氮类细菌、活化钾细菌、活化磷细菌3类有益细菌共生的体系为主，互不拮抗，能提高土壤营养供应水平，是生产无污染绿色食品的理想肥源。

## 二、施肥方法

### （一）基肥施用方法

**1.撒施法**

即在作物播种前，将肥料均匀地撒施于地表，然后翻耕入土。该施肥方式适用于种植密度较大的作物和施肥用量大的情况，如蔬菜和观赏植物等。

**2.条施和穴施法**

指在播种前结合整地做畦、开沟或开穴，将肥料施入其中后覆土播种。适用于条播（多数蔬菜和花卉）或穴播（多数果树）作物。这属于集中施肥，肥效较高。但应注意肥料的浓度不宜过高，有机肥应充分腐熟。

**3.分层施肥法**

根据所用基肥的性质结合深耕，把迟效性肥料施入下层，上层施速效性肥料，各层肥料应分布均匀。这种施肥方式可以满足作物根系伸长时对养分的需要，对生长期长、深根性作物效果更明显。

### （二）种肥施用方法

1.拌种法

用少量的肥料和种子拌和在一起播种。拌种肥料用量都较少，拌种时，肥料和种子应该都是干的，随拌随播。

2.浸种法

一些水溶性肥料可配成稀溶液，将种子浸泡一定时间后，取出播种。经过处理的种子，发芽出苗比较整齐健壮，抗逆性增强，有利于作物增产。但要严格掌握溶液浓度、浸泡时间，以免对种子造成不良影响。

3.蘸秧根法

是在栽植作物秧苗时，将根部蘸上一定浓度的肥料，随蘸随栽。常可与农药混在一起，既防病虫，又有营养作用。

4.盖种肥法

播种以后，再用一定量的肥料盖在种子上面，多用有机肥料。肥料除供给作物养分外，还有保墒、保温作用，促进作物的早期生长。在作物套种或穴播时，可采用此法。

### （三）追肥施用方法

1.撒施法

一般适合作物植株密度较大，根系遍布于整个耕层，追肥用量又多的情况下采用，要求撒施均匀，并与中耕、除草和灌排水相结合。撒施法简便易行，但肥料利用率不高，经济效益差。

2.条施法

适用于条播园艺作物。追肥时，可先中耕、除草，然后在行间开沟，将肥料施入其中覆土。施肥深度应与作物根系入土深度相适应。

3.穴施法

在株行距较大的作物的株间或行间开穴施入肥料，如大型果菜和果树。此法肥料用量少，又可减少损失，但费工。

4.环施法

适合于行距较大的作物，如果树。沿树干周围开环状沟，将肥料施于沟内然后覆土，环状沟的直径和深度应与作物根系分布的区域相适应。

**5.冲施法**

适合于液体肥料和水溶性肥料追肥，是结合作物灌水（沟灌或畦灌）进行追肥的方法，在设施蔬菜生产中应用较多。

**6.灌溉施肥法**

是结合喷灌、滴灌、渗灌和微灌等灌溉形式，将肥料与灌水同时输送到作物根区的追肥方法，也叫水肥一体化技术，在设施园艺作物生产中应用多，适合于液体肥料和水溶性肥料追肥。

**7.根外施法**

是利用植物叶片、嫩枝、幼果、枝干等具有吸收能力的特点，将稀释到一定浓度的液体肥料喷施或涂抹于树体、器官表面的一种施肥方法，常用的是叶面喷施，此外还有枝干涂抹、注射、吊瓶等方法。叶面喷施追肥在生长期间均可进行，其优点是见效快，喷后12～24h就可见效，可满足植物对营养元素的急需，尤其是对某些微量元素、容易被土壤固定而根系难以吸收利用的营养元素，叶面喷施效果更好。叶面喷施应选无风天气，在上午10时前、下午4时后喷洒，均匀喷在叶片背面为好；喷施肥料浓度一般为0.1%～0.5%，喷后可持效10～15d。

# 第五节　园艺植物有害生物防治

有害生物综合防治，就是以保障产品质量安全为前提，从种植园生态系统出发，以预防为主，协调应用农业、生物、物理、化学等手段防治病害、虫害及杂草的策略和措施。综合防治要有全局观念，措施要安全、有效、经济，能够相辅相成、取长补短、力求兼治、化繁为简，既把病、虫、草害控制在经济损害水平以下，又将其对产品和环境的不良影响控制在最小范围，以维护种植园生态系统的自然平衡。

## 一、植物检疫

植物检疫（plant quarantine）是按照国家颁布的有关法令，对植物及其产品进行管理和控制，防止危险性病、虫、杂草传播蔓延。植物检疫可分为对内检疫（国内检疫）和对外检疫（国际检疫）。不同国家或地区，其检疫对象是不同的，但其共同的原则是：检疫为害严重而又难防治的，主要由人为传播的，在本地区尚未发生或仅在局部发生的病害、害虫和杂草。植物检疫可采用在现场或产地进行检查，在观察圃进行观察，在实验室内进行检验等方法。植物材料经检疫机关进行抽样检查后，根据检查结果，按照检查的条例规定，签发检疫证书后方可调运。如发现检疫对象，可依据情况分别进行消毒、销毁、加工使用、种子作食用或退回等处理。

## 二、园艺防治

园艺防治（horticultural control）就是利用园艺植物栽培管理的各项技术措施，如选用抗性品种，促进寄主健壮生长以增强抗性，清洁栽培环境，调控栽培环境因子等，避免或减轻病、虫、草害的发生，将其控制在经济受害水平之下。

### （一）选育和选用抗性品种

园艺植物的不同种类和品种，对病、虫、草害的抵抗能力差异很大，选育和选用抗性品种是避免或减轻病、虫、草害发生和流行的最经济且具实效的途径。

### （二）选用不带病、虫、草害的繁殖材料

在生产上，对繁殖材料进行精选和必要的消毒处理，减少侵染源，是减少病、虫、草害的重要手段。

### （三）嫁接栽培

利用抗病虫或具有化感抑草作用的砧木与栽培品种的接穗进行嫁接，可以增强寄主的抗性。

### （四）合理设计栽培制度和布局作物群体结构

合理的轮作、间套作等栽培制度可以改变或恶化病原物、害虫和杂草的环境条件，起到中断传播和抑制的作用。常用的轮作方式有水旱轮作、粮菜轮作、粮果轮作等。合理的作物布局也可以起到控制作用，如采用成熟期不同的品种，可有效地避开病、虫、草害的流行时期。通过间作、套作、混作，可以丰富生物的多样性，抑制有害生物的发生和为害。

### （五）清洁栽培环境

大多数病原物和害虫都在土壤、杂草或植物病残体中越冬，对园地进行精耕细作，铲除病原物和害虫寄主杂草，在生长季和休眠季节及时清除园地中的病枝、病叶、病果和杂

草，集中深埋或烧毁，可以大大减少病原物、害虫和杂草数量；深翻土壤冻垡和晒垡，可使病原物、害虫和杂草在土层深处窒息或冻晒致死。经常中耕，可有效减少杂草的发生。

### （六）调控环境因子，创造不利有害生物的生态

在生产中，尤其是在设施栽培中，利用群体结构设计自然或强制措施，调控和改变与有害生物发生紧密相关的环境因子，创造不利于有害生物发生或流行的生态环境，减轻病、虫、杂草的为害程度。

## 三、物理机械防治

物理机械防治（physical and mechanical control）是指利用各种物理因子、机械设备防治病、虫、草害的技术措施。其包括筛选法，热处理法，光电辐射处理法，捕杀诱杀法，趋避法等。

### （一）筛选法

有些病原物、害虫和杂草混杂在作物的种子或繁殖器官中，采用风选、水选和筛选的方法，可以淘汰或减少混杂在其中的病原物、害虫和杂草，减少田间有害生物源。

### （二）热处理法

利用有害生物不耐高温的特性，采用热处理可杀死某些病原物、害虫和杂草。热处理方法可以处理种子、土壤，也可以处理植株，如：温汤浸种、热水烫种、干热处理种子；在黄瓜设施栽培中采用高温闷棚法防治霜霉病等；在明火局部烧烤病斑或害虫。

### （三）光电辐射处理法

利用光、电波、磁场、γ射线、X射线、红外线、紫外线、超声波等电磁辐射进行处理，可直接杀灭有害生物或使其不育，从而控制有害生物的发生和为害。这类方法具有穿透力强、杀虫效果好、无污染、成本低和快速等特点。晒种和晒土就是利用光能射线杀死种子和土壤中病原物和害虫的一种方法。利用激光的光束可杀死多种害虫，如红宝石和钕激光辐射可使害虫表皮裂开，害虫因脱水而死；二氧化碳激光辐射可使虫体变质，破坏含大量脂肪的细胞或阻碍孵化等。微波具有加热快和加热均匀的特点，应用微波技术可快速高温杀灭害虫，如利用小型微波炉处理杀死植物种子中的害虫。

### （四）捕杀诱杀法

就是采用人工捕杀，或采用色、光等物理诱因诱捕或诱杀有害生物，主要用于控制害

虫。例如，多数夜间活动的昆虫均有趋光性，特别是对300～400nm的紫外线趋性很强。利用黑光灯诱虫，诱集面积大，成本低，能消灭大量虫源，降低下一代的虫口密度。利用蚜虫、白粉虱等对黄色、蓝色的趋性，在栽培田设置黄色或蓝色胶板诱粘害虫。此外，还有多种简单而有效的器械工具，如钩杀天牛用的各种铁丝钩，各种梳具、拉网和粘网、黑光灯、金属卤化物诱虫灯，光电结合的高压网灭虫灯、诱蚜色板、避蚜膜，以及诱集害虫前来产卵或越冬的高粱、玉米等作物秸秆等，可以直接杀死或诱集后集中杀死害虫，达到控制害虫数量的目的。此外，还可以采用毒饵诱杀、饵木诱杀等措施。

### （五）趋避法

就是采用各种隔离或趋避措施防治有害生物。例如，在设施等栽培环境中利用防虫网阻碍蚜虫等迁飞性害虫，并防止其传毒传病。地膜覆盖可造成局部环境高温和机械阻碍作用而抑制杂草生长为害，温室和塑料大棚在一定程度上可产生物理阻隔作用而阻止病、虫、杂草的传播为害。采用银灰色膜避蚜；对重病区隔离，可防止病害蔓延；采用挖障碍沟、设障碍物、土表覆盖薄膜或盖草、树干涂胶或刷白、喷防病膜、果实套袋等措施都可以阻碍病虫传播和为害。

## 四、生物防治

生物防治（biological control）是利用自然界生物间的矛盾，用有益的生物天敌或微生物及其代谢产物来防治病、虫、草害的方法。其优点是对人、畜、植物安全，无污染，不会引起病原物或害虫形成抗性，对一些病、虫、草害具有长期的控制作用，有良好的生态效益。

### （一）微生物的利用

一种微生物对另一种微生物的生长发育有抑制甚至消解作用的现象，称为拮抗现象，对其他微生物有拮抗作用的微生物称为拮抗微生物。拮抗微生物产生的对其他微生物有拮抗作用的代谢产物称为抗生素。

1.拮抗菌和抗生素的利用

土壤中存在的大量微生物处于一种平衡状态，通过人工培养拮抗菌并将其施入土壤，可以改变土壤微生物群落之间的平衡关系，达到用有益微生物控制有害微生物的目的。一些放线菌、真菌和细菌产生的抗生素已被广泛用于对植物病、虫害的防治，如春雷霉素、链霉素、内疗素、青霉素、四环素、灰黄素等。目前已开发利用的拮抗菌有细菌、真菌、放线菌，在土传病害的控制中应用较多。

2.寄生微生物的利用

在自然界存在多种能引起昆虫疾病的真菌、细菌、病毒和原生动物。例如，利用寄生于细菌和放线菌体内的噬菌体防治植物病害；利用可感染蚜虫、蝗虫及蝇类的虫霉属，可寄生于鳞翅目、鞘翅目、同翅目及螨类的白僵菌属、绿僵菌属，对粉虱有较高致病力的座壳孢菌属等。能使昆虫致病的细菌有90多种。例如，生产上应用苏芸金杆菌防治菜粉蝶、菜蛾、松毛虫、金龟子等多种害虫。能侵染昆虫的病毒有500多种，其中核型多角体病毒、颗粒体病毒、细胞质多角体病毒，可使感病虫体组织软化，体壁破裂，并从裂缝处排出无臭混浊液体而死亡。昆虫病毒的专一性极强，使用最为安全。在杂草防治上也可利用一些寄主选择性强的病原微生物使杂草发病，从而控制杂草。例如，用菟丝子枯萎菌防治菟丝子。

3.交叉保护作用的应用

在自然界的许多病原物中都有强毒株系和弱毒株系的存在，在寄主上先接种病原物的弱毒株系，多能限制强毒株系的侵染，减轻强毒株系的危害，称之为交叉保护现象。在番茄花叶病、柑橘的部分病毒病、苹果花叶病、栗干枯病的防治中都成功地利用了交叉保护作用。

## （二）寄生性和捕食性虫鸟的利用

寄生性昆虫很多，最主要的是寄生蜂，如姬蜂、小茧蜂、蚜茧蜂、肿腿蜂、黑卵蜂、小蜂类，还有寄生蝇。最常见的捕食性昆虫有蜻蜓、螳螂、猎蝽、花蝽、刺蝽、草蛉、食虫虻、食蚜蝇、步行虫、瓢虫、胡蜂、泥蜂等。大多数蜘蛛、鸟类、两栖类、爬虫类、少数鱼类和哺乳动物，也是捕食害虫的重要动物。在杂草防治上，也可利用一些寄主专一的昆虫，如可用一种瘿蚊防治泽兰。另外，也可在水田养鱼和果园放牧抑制杂草，减轻杂草为害。

## （三）昆虫激素的利用

利用昆虫激素防治虫害是生物防治的一条新途径，广泛应用的有保幼激素和性外激素。在昆虫体内保幼激素水平极低的幼虫末期和蛹期，施用保幼激素，可打乱昆虫正常发育进程，使昆虫出现各种变态类型而死亡。利用保幼激素对豌豆蚜、草莓蚜、烟青虫的防治效果突出。应用性外激素可以迷惑昆虫，使之找不到配偶而丧失交配的机会，不能顺利地繁衍后代；或诱集害虫成虫，加以捕杀。

## （四）不育昆虫的利用

利用射线或化学约剂处理昆虫，或利用杂交培育辐射不育型、化学不育型、遗传不育型昆虫；然后大量释放这种不育的个体，使之与野外自然昆虫进行交配，使后代不育；经过累代释放，最终消灭有害昆虫种群。

### （五）基因工程技术

利用基因转移技术，可以把其他植物的抗病、虫基因转移到目标作物中，使其获得对某种病、虫害的抗性。另外，可把致病基因转移到病原物或害虫体内，使其感病而死亡。例如，利用某些细菌体内的一种基因物质，使夜盗蛾产生致命毒素。

### （六）植物防治的利用

就是利用植物的抑菌防虫作用、化感作用或诱捕作用等控制有害生物。例如，果园生草法就是利用一种草本植物来抑制果园有害生物的方法。生草法应用较多的是植株低矮、便于管理、生长期长、与目标作物肥水矛盾小的豆科植物和禾本科植物。生草不但可用于防治杂草，还有利于保水、保肥，增加天敌数量，减少病、虫、草害的发生。豇豆种子中含有大量的牡荆碱和异牡荆碱等黄酮类化感物，可抑制多种杂草的萌发及根系的生长。大蒜等葱属植物具有抑菌作用，通过间作套种或合理轮作可以控制其他作物发生病害。

### （七）人工灭虫

利用人工或各种简单的器械捕捉或直接消灭害虫。例如，利用金龟子的假死性，在其成虫盛发期晃动果树，使金龟子掉落后将其捕杀；挖掉桃小食心虫的越冬茧，进行人工捕杀；喷水冲刷红蜘蛛；人工刮除或刮刷枝干上的介虫、树裂缝中越冬的苹果绵蚜、红蜘蛛、梨木虱等小型害虫；人工捕杀小地老虎幼虫；人工摘取害虫卵块、捕捉幼虫集中销毁等。

## 五、化学防治

化学防治是指用化学农药防治病、虫、草害的方法，具有见效快、效果好、受环境条件影响小、便于机械化操作等优点，但易造成环境污染和产品有害化学物质残留超标。所以化学防治应注意遵循无公害、绿色和有机园艺产品的生产要求。

农药的种类很多，主要的种类有杀菌剂、杀虫剂、杀螨剂和除草剂等，又有粉剂、可湿性粉剂、乳油、水剂、胶悬剂、缓释剂、超低容量制剂、颗粒剂、烟剂和气雾剂等剂型。常用的化学防治方法有种苗处理、土壤处理和叶面喷洒等。化学防治应注意以下事项。

## （一）正确选择农药种类

每种农药都有适宜的防治对象和一定的残留期，有的为内吸性的，有的为触杀性的。使用时，要认真了解每种农药的性质，正确选择和使用，达到防治病、虫、草害，保护天敌，保护环境的目的。同时要经常更换针对一种防治对象的农药种类，以降低病原物、害虫和杂草的抗药性。

## （二）适量用药

根据农药的性质、气候状况和防治对象、保护对象的动态，确定用药的适宜浓度、用药次数、用药量。

## （三）科学施药

根据作物对象、栽培环境、天气状况等因素，确定适宜的用药方法。例如，喷雾要选择晴朗、无风的天气进行，并要避开中午的高温。设施室内病虫害防治首选烟雾剂进行熏蒸防治，环境湿度高时可用粉尘剂，通风时选用叶面喷雾法。

## （四）合理混用

由于各种农药的理化性质不同，有些农药不能混合使用，而有些农药混合使用可提高药效和工效。可以混合使用的农药，除考虑酸碱性一致外，可采取长效与短效、触杀与内吸、农药与肥料、农药与展着剂等配合施用。

## （五）交替用药

为了避免产生抗药性，应注意交替用药，并按农药施用安全间隔期合理用药，保障防效和产品安全。

# 结束语

　　从美国著名海洋生态学家蕾切尔·卡逊出版的《寂静的春天》一书到联合国的气候变化大会，人类终于在对自身文明发展漫长过程中出现的失误的深刻反省中认识到地球环境生态的严重危机。要真正实现生态安全，就是要使生态环境能够有利于经济增长，有利于经济活动中效率的提高，有利于人们健康状况的改善和生活质量的提高，避免因自然资源衰竭、资源生产率下降、环境污染和退化给社会生活和生产造成的短期灾害和长期不利影响，实现经济社会的可持续发展，最终建立资源节约型和环境友好型社会。筛选与培育高生态效益的园林植物并应用于生态园林建设，实现园林植物应用中生态效益的最大化，正是维护生态安全、维系生态健康的重要内容。

# 参考文献

[1]卢山，陈波，周之静.节约型园林建设理论、方法与实践[M].北京：中国电力出版社，2017.

[2]张祖荣.园林树木栽培学[M].上海：上海交通大学出版社，2017.

[3]胡晶，汪伟，杨程中.园林景观设计与实训[M].武汉：华中科技大学出版社，2017.

[4]王利民，王雅坤，王力强.当代园林树木育苗技术[M].郑州：中原农民出版社，2017.

[5]柳青.园林绿化工程造价员工作笔记[M].北京：机械工业出版社，2017.

[6]彭赟."大工程观"的风景园林专业概论[M].长春：东北师范大学出版社，2017.

[7]张国栋.园林绿化工程·建设工程造价岗位培训训练题库[M].北京：中国建筑工业出版社，2018.

[8]侯文俊，徐国栋，白晶.城市园林建设与生态环境保护[M].延吉：延边大学出版社，2018.

[9]龙剑波，刘兆文，刘君.中国风景园林建筑[M].北京：北京工业大学出版社，2018.

[10]陈新.美国风景·园林纵横[M].上海：同济大学出版社，2018.

[11]曾明颖，王仁睿，王早.园林植物与造景[M].重庆：重庆大学出版社，2018.

[12]胡宗海.现代园林植物生态设计[M].哈尔滨：东北林业大学出版社，2018.

[13]孔德静，张钧，胥明.城市建设与园林规划设计研究[M].长春：吉林科学技术出版社，2019.

[14]袁惠燕，王波，刘婷.园林植物栽培养护[M].苏州：苏州大学出版社，2019.

[15]武静.风景园林概论[M].北京：中国建材工业出版社，2019.

[16]朱明德.园林企业经营管理[M].重庆：重庆大学出版社，2019.

[17]谷达华，周玉卿.园林工程测量[M].重庆：重庆大学出版社，2019.

[18]刘勇.园林设计基础[M].北京：中国农业大学出版社，2019.

[19]吕明华，赵海耀，王云江.园林工程[M].北京：中国建材工业出版社，2019.

[20]孔令让.植物育种学[M].2版.北京：高等教育出版社，2019.

[21]张菊平.园艺植物育种学[M].北京：化学工业出版社，2019.

[22]孙其信.作物育种学[M].北京：中国农业大学出版社，2019.

[23]张秀省，高祥斌，黄凯.风景园林管理与法规[M].2版.重庆：重庆大学出版社，2020.

[24]张文婷，王子邦.园林植物景观设计[M].西安：西安交通大学出版社，2020.

[25]陈丽，张辛阳.风景园林工程[M].武汉：华中科技大学出版社，2020.

[26]陆娟，赖茜.景观设计与园林规划[M].延吉：延边大学出版社，2020.

[27]圣倩倩，祝遵凌.园林植物生态功能研究与应用[M].南京：东南大学出版社，2020.

[28]姜超，何恩铭，黄永相.作物育种学[M].成都：电子科技大学出版社，2020.

[29]罗俊杰，欧巧明，王红梅.现代农业生物技术育种[M].兰州：兰州大学出版社，2020.

[30]朱立新，朱元娣.园艺通论[M].5版.北京：中国农业大学出版社，2020.

[31]邹学校.辣椒育种栽培新技术[M].长沙：湖南科学技术出版社，2021.

[32]刘茜，李辉，张颖君.作物传统育种与现代分子设计育种[M].长春：吉林科学技术出版社，2021.